전철변전시스템공학

박창옥 · 유근배 공저

도서출판 태영문화사

머 리 말

1899년 9월 18일 경인선 제물포~노량진간 33.2[km] 구간에 단군선조 개국이래 처음으로 철마가 우렁찬 기적을 울리며 지축을 흔들때 이 땅에도 산업사회가 시작되었다.

그날로부터 107년의 세월이 흘러가면서 우리철도도 한세기를 보내고 새로운 100년을 맞아 대변혁을 시도하고 있다. 고속철도건설, 일반철도 확충 및 현대화, 광역철도건설을 위한 "한국철도시설공단"이 2004년 1월 1일 탄생하였고, 2005년 1월 1일부터는 국영철도 한세기를 마감하고 "한국철도공사 Korail"이 새롭고 힘차게 출발하였다.

2004년 4월 1일 세계 5번째로 경부고속철도 "KTX"가 개통되었고 2005년 3월 30일 충북선 115[km]와 경부선 천안~조치원간 32.7[km], 영동선 동해~강릉간 41.5[km](05. 9. 8)가 개통됨에 따라 전철화율이 21[%]대에서 선진국 수준인 48.2[%]로 비약적인 발전을 하게 되었다. 뿐만 아니라 중앙선 청량리~덕소간 17.8[km]가 복선전철화 공사도 2005년 12월 16일 개통되었으며 경부선 조치원~대구간 197[km] 복선전철화도 2006년에는 준공될 것이다. 한편 전라선 복선전철화도 2010년 준공 목표로 공사가 한창 진행중이다. 이는 전기철도를 공부하고자 하는 젊은 학도들에겐 매우 고무적이고 희망적인 일이 아닐 수 없다.

산업선 전철과 수도권 전철이 개통된지 30년, 한세대가 지나고 고속철도가 개통된 지금 전기철도의 이론과 실무에 정통한 전문 인력은 매우 부족한 실정이다.

불행중 다행으로 근래 전기철도기술자가 국가공인기술자로 자리매김하고 국내 여러 대학에서 전기철도과를 개설하고 있어 매우 고무적이라고 하겠다.

문제는 국내에서는 아직 대학에서 강의할 만한 교재가 개발되어 있지 않아 충실한 강의를 할 수 있을지 걱정이지만 그동안 철도청이나 철도시설공단에서 발간한 전철관련 자료와 경험을 접목하여 교재를 편찬하고자 하였다.

부족한 부분은 앞으로 계속 수정 보완할 것을 약속드리며 어려운 여건에도 이 책을 출판해 주신 도서출판 태영문화사 임직원 여러분께 고마운 마음을 전합니다.

저자 씀

차 례

제2장 단락 전류 계산

제3장 계기용 변성기

제4장 보호계전기의 정정

제 1 장

전기철도 급전시스템

1.1 전기철도 급전 방식

1.1.1 전기철도의 종별(種別)과 전철화(電鐵化) 방식

(1) 전기철도의 종별

전기철도는 수송량, 운전거리, 운전속도, 교통기관으로서의 사명 등에 따라 개략적으로 다음과 같이 나눌 수 있다.

(가) 도시 철도

① 시가(市街) 철도 : 노면 전차, Trolley bus(무궤도 전차)

② 도시 고속철도 : 지하철, Mono-rail(단궤 철도), 신(新)교통

③ 근교·통근 철도 : 전차를 주로 하는 고(高)가감속 열차

(나) 도시간 철도

① 고속 여객 열차

② 간선 철도 : 대 편성 열차, 고속 화물 열차

(다) 특수 철도

① 전용 철도 : 삼림, 광산, 항만

② 등산 철도 : 암 철도, 강견(鋼牽) 철도

(2) 전철화(電鐵化) 방식

철도 전철화에 의한 동력 근대화는 디젤화와 함께 진행되고 있다. 해외에서는 직류가 3,000[V], 교류가 25[kV]가 주류를 이루고 있는데 비해, 일본에서는 직류가 1,500[V], 교류가 재래선이 20[kV], 신간선이 25[kV]로, 해외에 비해 전압이 낮은 것이 특징이다.

(가) 직류 급전 방식

직류 급전 방식의 특징(特長)은, 전기철도용 주(主) 전동기로서 우수한 특성을 갖는 직류 직권 전동기를 전차선 전압에서 그대로 이용할 수 있으며, 전기차 설비가 간단해지는 것이다. 또한, 터널 단면을 작게 할 수 있는 한편, 과선교 높이를 낮게 할 수 있는 장점이 있다.

한편, 급전 전압이 낮으므로 변전소 간격이 짧아 지상에 전력 변환장치가 필요하다. 또, 전식에 대해서도 고려할 필요가 있다.

(나) 단상(單相) 교류 급전 방식

교류 급전회로는, 전력회사 송전선과 전차선로를 변압기로 묶고 있을 뿐이며, 변전설비는 간단하고 또, 급전 전압을 높게 취할 수 있기 때문에 변전소 간격도 길어진다.

급전 전압이 높고 급전 전류가 작기 때문에 신간선과 같은 고속 운전에는 최적의 방식이 되고 있다. 그러나, 차량에 변압기와 정류기가 필요하기 때문에 차량 설비가 복잡해지는 점과, 전차선로의 절연 이격이 커지는 등의 결점이 있다.

단상 교류 급전 방식은 당초, 유럽에서 단상 정류자 전동기를 이용하여 정류 불량을 경감하기 위해 25[Hz], 16 · 2/3[Hz] 등의 특수 저주파가 채용되었다. 그 후, 실리콘 정류기의 진보에 따라 용이하게 직류로 변환할 수 있게 되었기 때문에 상용 주파수에 의한 전철화가 진전되고 있다.

(다) 3상 교류 방식

주 전동기에 3상 유도 전동기를 이용하기 때문에 전기차 설비는 간단하다. 고속 제어가 곤란하며 또, 기동 토크(torque)도 작으나, 전력 회생 제어는 용이하게 행

할 수 있다. 3상식은 일반 전기철도에는 부적합하다.

일본에서는 3상 600[V]를 이용, 사이리스터(thyristor) 위상 제어를 하여 직류 전동기를 구동하는 신교통 시스템이 실용화 되어 있다.

1.1.2 전기철도 수송의 경제성

철도의 동력으로서 사용되고 있는 증기 기관, 내연 기관 및 전동기에 대해 에너지의 사용 효율을 비교하면 대략, 증기 운전이 5[%], 디젤 운전이 20[%], 전기 운전이 26[%]로 되어 전기 운전이 유리하다.

이들 운전의 경제성은 연료나 전력의 단가, 인건비 등에 따라 다르나 우리나라에서는 하루 통과 열차 회수 50~100회를 경계로 하여, 이 이상이 되면 전기 운전이 유리하고, 그 이하의 선구(線區)에서는 디젤 운전이 유리하다고 한다.

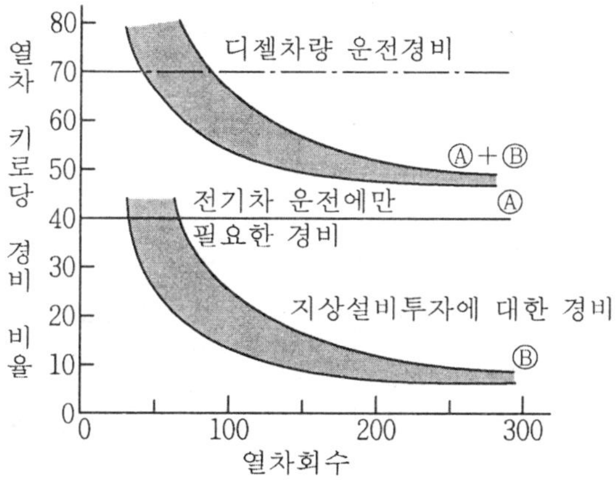

❖❖ 그림 1-1 전기운전과 디젤운전의 경제 비교 ❖❖

직류 급전 방식은, 전기차의 가격은 저렴하지만 변전소 등의 지상 설비 가격이 비싸다. 한편, 교류 급전 방식은 변전소 등 지상 설비의 가격은 저렴하지만 차량의 가격이 비싸다. 또한, 직류 급전 방식이 터널 단면이 작고, 전압이 높은 교류 방식은 터널 단면이 커진다.

그러므로 운전 밀도가 높은 선구(線區)나 지하철에서는 직류 급전 방식이 유리하며 도시간 수송이나 신간선 등에서는 교류 급전 방식이 유리하다.

1.2 해외의 전철화 방식

1.2.1 해외의 전철화 상황

철도 전철화에 따른 동력 근대화는 디젤화와 함께 진행되고 있다. 해외에서는 직류가 3,000[V], 교류가 25[kV]가 주류인데 비해 일본에서는 직류가 15,000[V], 교류가 재래선이 20[kV], 신간선이 25[kV]로 해외에 비해 전압이 낮은 것이 특징이다.

해외에서, 직류로는 3[kV] 방식이 주류를 이루고 있다. 속도 250[km/h] 이상의 철도에서는 단상 교류 급전 방식이 주류인데, 이탈리아에서는 직류 3[kV] 방식이 채용되고 있다.

해외의 단상 교류 방식에서는 25[kV] 상용 주파수 방식이 주류를 이루고 있다.

1.2.2 주(主) 급전 방식

(1) 수전 방식

급전용 변압기는 단상 변압기를 사용하는 것이 보통이며, 설비가 비교적 단순(simple)하게 되어 있다. 전철용 변전소에서는 전원계통의 단상 부하로 인한 불평형의 경감을 위해 수전하는 상(相)을 주기적(cyclic), 순차적으로 어긋나게 하고 있다.

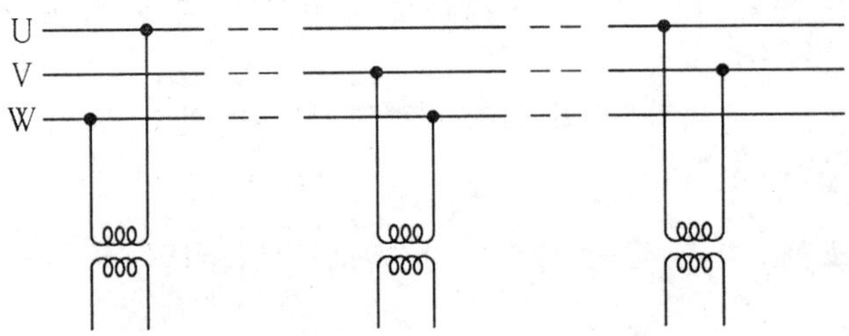

❖❖ 그림 1-2 단상 변압기에 의한 주기적(cyclic) 수전 ❖❖

(2) 급전회로

급전회로는 직접 방식, BT급전 방식 및 AT급전 방식이 채용되고 있다. TGV에서는 당초 직접 급전 방식도 채용하였으나 최근에는 AT급전 방식이 주류를 이루고 있다.

(가) TGV 급전 방식

프랑스 TGV에서의 AT급전 방식에서는 변전소의 AT(제1 AT)가 생략되어 있는 것이 특징이다. 급전 구분소의 이전원(異電源) 충돌 구역(butt section)에서는 일본 신간선과 같은 전환 섹션을 설치하고 있지 않다. 그러므로 전기차는 섹션 통과시 운전사의 노치 오프(notch off) 운용으로 통과하고 있다.

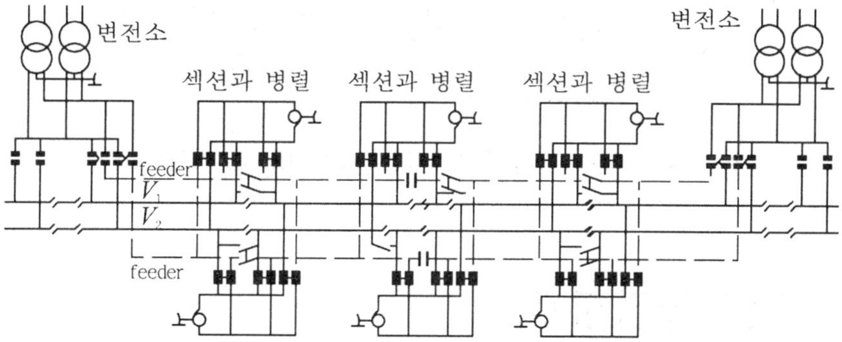

❖❖ 그림 1-3 TGV 급전 방식 ❖❖

(나) AT 1 : 2 방식

미국의 철도에서는 급전선측의 전압을 전차선측의 전압에 대해 2배의 변압비를 갖는 AT 1 : 2 급전 방식이 채용되어 있다.

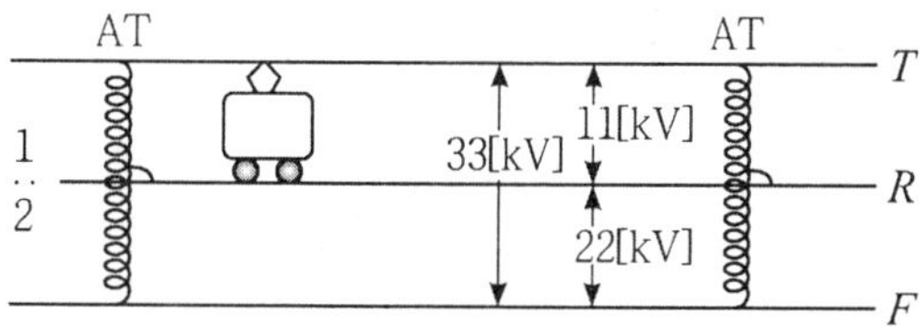

❖❖ 그림 1-4 AT(1 : 2) 급전 방식 ❖❖

(다) 16 · 2/3[Hz] 급전 방식

독일에서는 전동 발전기를 이용하여 3상 110[kV] 교류에서 단상 15[kV], 주파수 16 · 2/3[Hz]로 변환, 직접 급전 방식으로 급전하고 있다. 이 경우, 회전기를 사용하고 있으므로 전원에 대한 불평형은 발생하지 않으며 단상측을 병렬로 할 수 있어 이상(異相) 섹션이 없는 점과 전압 강하를 작게 할 수 있다는 특징이 있다.

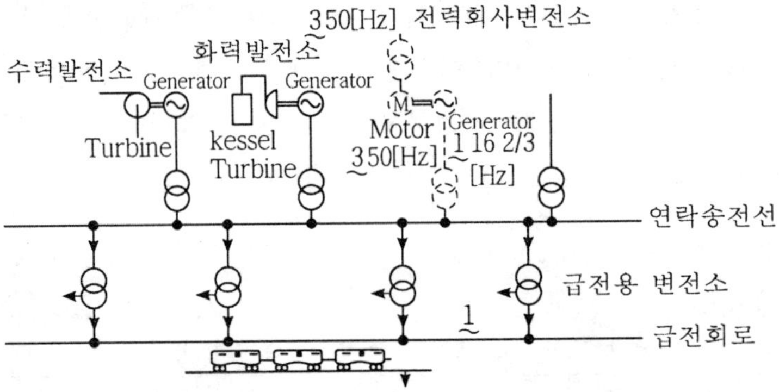

❖❖ 그림 1-5 독일 직접 급전 방식(16 · 2/3[Hz]) ❖❖

1.3 교류 급전회로

1.3.1 급전용 변전소

(1) 교류 변전소의 구성

교류 급전회로에 급전하는 변전소에서는 일반 전력 회사계의 교류 3상 송전선에서 수전하여 전기차에 적합한 전압으로 변환해서 급전하고 있으며 결선 예를 그림 1-6에 나타내었고 그 수전 전압과 수전단(受電端) 계통 단락용량의 개략적인 값은 표 1-1과 같다.

표 1-1 급전용 변전소와 수전전압과 단락용량

선로 구간		수전 전압[kV]	3상 단락 용량[MVA]
재래선	특별 고압	66, 77, 110, 154	300 ~ 3,000
	초고압	187, 275	1,200 ~ 5,000
신간선	특별 고압	77, 154	500 ~ 3,300
	초고압	220, 275	3,000 ~ 10,000

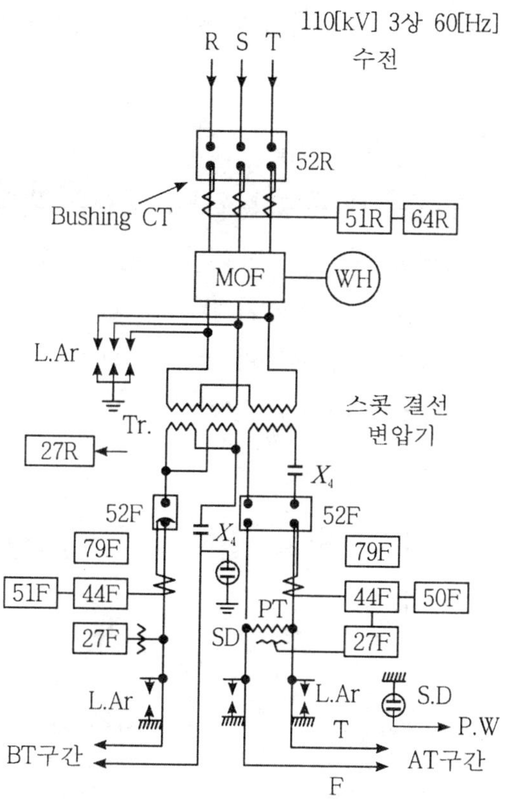

❖❖ 그림 1-6 교류 변전소 결선 예 ❖❖

(2) 급전용 변압기

3상 전력계통에서 대용량의 단상 전력을 사용하면 3상측에 불평형 전압이 발생하고 3상 기기에 역상 전류가 흐르는데 회전기는 이 영향을 가장 받기 쉬워 과열이나 토크(torque)의 감소가 일어난다. 그러므로 3상측의 전류를 될 수 있는 한 평형하도록 하는 것이 바람직하기 때문에 교류 전기철도에 대해서는 전기설비기술기준 제272조 및 고시 47조에서, 연속 2시간의 평균 부하에서 전압 불평형율 3 [%] 이내로 하도록 정해져 있다.

그래서, 3상 전력을 2상 전력으로 변환하고, 급전회로를 방면별 또는 상하선별로 해서, 3상측 3선의 전류가 거의 같아지도록 하고 있다. 3상 2상 변환 변압기에는 여러 결선이 있는데 현재, 특별 고압 수전용으로서 스콧(scott) 결선 변압기 및 초고압 수전용으로서 변형 우드 브리지(wood bridge) 결선 변압기가 사용되고 있다.

전기차 부하는 변동이 크기 때문에 급전용 변압기의 과부하 내량(耐量)으로서, 정격 전류의 300[%]에 상당하는 부하에서 2분간 연속 사용해도 이상 없을 것으로 하고 있다.

(가) 스콧(scott) 결선 변압기

그림 1-7에 변압기의 결선을 나타내었다. 2차측 전압을 같게 하기 위해 M좌 변압기의 권수비를 1 : 1로 하였을 때, T좌 변압기의 권수비를 $(\sqrt{3}/2) : 1$로 한 것이며, 1차측은 비접지로 하고 있다. 이 변압기의 M좌와 T좌에 각각 동일한 단상 부하를 접속한 경우, 1차측에 3상 평형 전류가 흐르게 된다.

변압기의 1차, 2차 전류 간에는 다음의 관계가 있다.

$$\left.\begin{aligned} \dot{I}_U &= \dot{I}_M - \dot{I}_T/\sqrt{3} \\ \dot{I}_V &= 2\dot{I}_T/\sqrt{3} \\ \dot{I}_W &= -\dot{I}_M - \dot{I}_T/\sqrt{3} \end{aligned}\right\} \tag{1-1}$$

M좌와 T좌의 부하가 같을 경우에는 $\dot{I}_M = j\dot{I}_T$이며, V상 전압을 기준으로 하면,

$$\left.\begin{aligned} \dot{I}_U &= (-1/2 + j\sqrt{3}/2)(2\dot{I}_T/\sqrt{3}) \\ \dot{I}_V &= 2\dot{I}_T/\sqrt{3} \\ \dot{I}_W &= (-1/2 - j\sqrt{3}/2)(2\dot{I}_T/\sqrt{3}) \end{aligned}\right\} \tag{1-2}$$

로 된다. 3상측 전류의 크기는 $(2\dot{I}_T/\sqrt{3})$으로, 위상각이 120° 다르므로 평형한다.

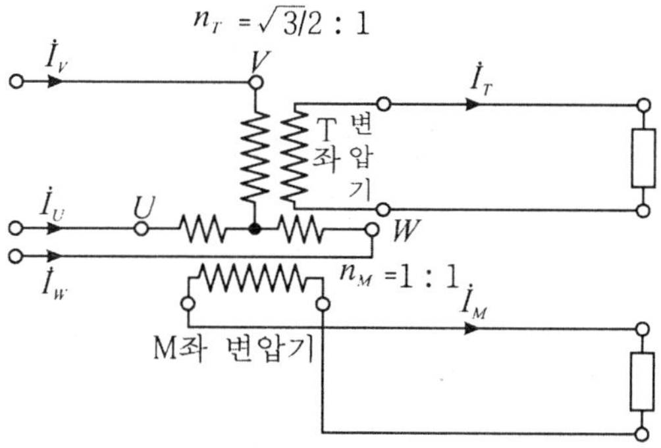

❖❖ 그림 1-7 스콧 결선 변압기 ❖❖

(나) 3권선 스콧 결선 변압기

AT급전회로에서는 전기차 전압의 2배로 급전하고 있기 때문에 AT가 접속되어 있지 않을 때의 변압기 2차측 지락을 고려해서, 변전소 급전측의 절연 계급을 전기차 전압의 2배에 견디는 60호 절연으로 하고 있다. 이에 대해, 특별고압으로 수전하는 동해도 신간선에서는 그림 1-8에 나타낸 것과 같이 스콧 결선 변압기를 3권선으로 하고, 급전측에 중성점을 인출, 레일에 접속해서 절연 계급을 전기차 전압과 같은 30호 절연으로 저감하고 있다.

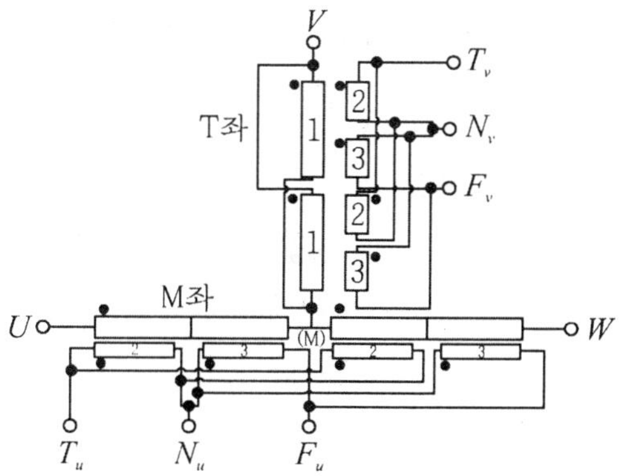

❖❖ 그림 1-8 3권선 스콧 결선 변압기의 결선 예 ❖❖

AT급전용으로서의 3권선 변압기의 기본 구조는 그림 1-9에 나타낸 것처럼 샌드위치 권선, 스플릿 권선 및 별도 철심각 권선이 있다.

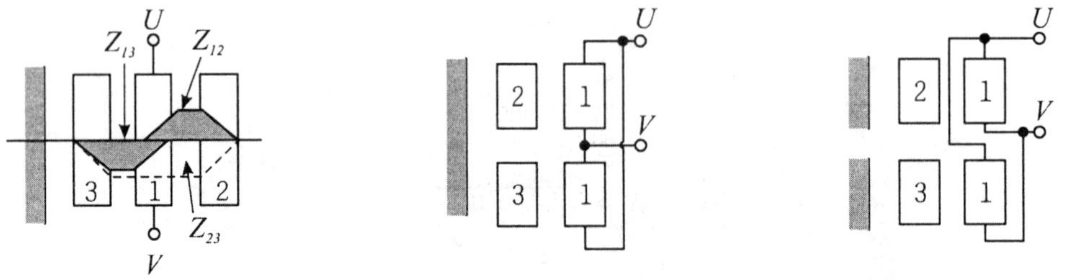

(a) 샌드위치 권선 (b) 스플릿 권선 (c) 별도 철심각 권선

❖❖ 그림 1-9 3권선 변압기의 구조 개략도 ❖❖

권선간의 누설 임피던스를 Z_{12}, Z_{13}, Z_{23}으로 하면, 급전측 분리 임피던스는 다음 식으로 된다.

$$\left.\begin{aligned} Z_T &= (3Z_{12} + Z_{13} - Z_{23})/2 \\ Z_N &= (Z_{23} - Z_{12} - Z_{13})/2 \\ Z_F &= (3Z_{13} + Z_{12} - Z_{23})/2 \end{aligned}\right\} \tag{1-3}$$

중성점의 임피던스 Z_N은 어떤 구조의 변압기에서도 Z_T, Z_F에 비해 매우 작은데, 그 값은 샌드위치 권선이 (+), 스플릿 권선이 (−), 별도 철심각 권선이 0이다.

(다) 변형 우드 브리지(Wood Bridge) 결선 변압기

신간선에서는 초고압 220[kV], 275[kV] 수전을 함에 따라 3상측 중성점의 직접접지가 가능한 변압기가 필요해 졌다.

그림 1-10은 변형 우드 브리지 결선 변압기로, 주 변압기는 Y-△결선을 조합하고 A좌와 B좌의 전압을 동일하게 하기 위해 B좌측에 승압 변압기를 접속하고 있다. 주 변압기의 3상 각 상의 임피던스를 각각 같게 하면, 1차측 중성점을 접지해도 부하 전류로 인한 중성점 전류는 흐르지 않는다. A좌, B좌 부하에 따른 3상 평형 조건은 스콧 결선 변압기와 동일하다.

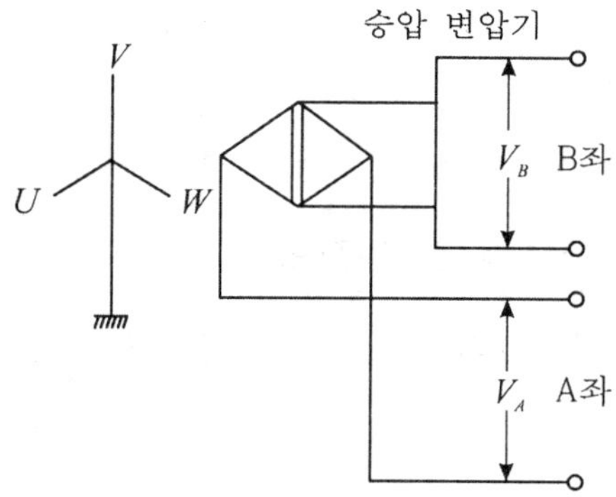

❖❖ 그림 1-10 변형 우드 브리지 결선 변압기 ❖❖

(라) 부등변 스콧 결선 변압기

그림 1-11에 나타낸 바와 같이 스콧 결선 변압기의 M좌와 T좌를 직렬로 접속하고, 사변 S좌를 급전 전압으로 해서 1계통의 급전회로에 접속하는 것이다.

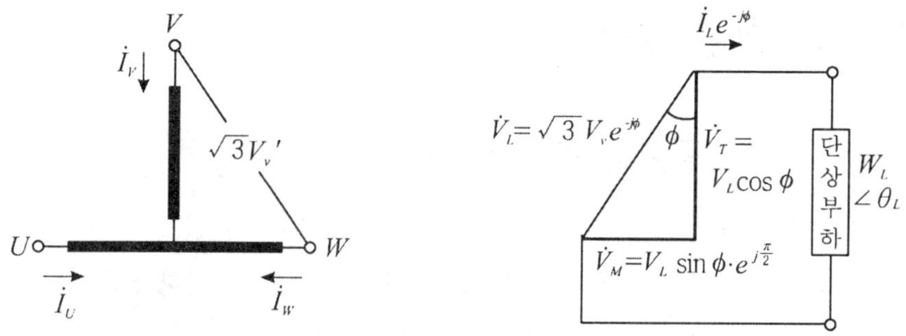

❖❖ 그림 1-11 부등변 스콧 결선 변압기와 단상 부하의 접속 ❖❖

이 경우, 단상 부하가 발생하는 3상측 전류를 V상 기준으로서 구하면 다음 식으로 된다.

$$\left.\begin{aligned} I_U &= -I_L \sin\phi \cdot \exp(-j\phi) - I_L/\sqrt{3} \cdot \cos\phi \cdot \exp(-j\phi) \\ I_V &= 2I_L/\sqrt{3} \cdot \cos\phi \cdot \exp(-j\phi) \\ I_W &= I_L \sin\phi \cdot \exp(-j\phi) - I_L / \sqrt{3} \cdot \cos\phi \cdot \exp(-j\phi) \end{aligned}\right\} \quad (1\text{-}4)$$

식 (1-4)에서, I_U, I_V, I_W의 순으로 전류가 작으며, 불평형임을 알 수 있다. 또, 이 전류 분포는 스콧 결선 변압기의 M-T 단락의 전류 분포와도 일치한다.

식 (1-4)에서 정상(正相) 전력과 역상(逆相) 전력을 구하고, 역률 개선을 위해서는 정상 전력의 허수부가 0으로, 또한 평형화하기 위해서는 역상 전력이 0이 되도록 M좌와 T좌에 각각 보상 용량을 접속하여 사용한다.

(마) 급전용 변압기의 2차측 출력 전압

표 1-2는 급전용 변압기의 2차측 출력 전압을 각 선로 구간에 대해 나타낸 것이다.

표 1-2 급전용 변압기의 2차측 출력 전압

선로 구간	변압기의 출력 전압[kV]		
	BT급전	AT급전	동축(同軸) 급전
재래선	22	44	—
신간선	—	60	30

1.3.2 급전회로 구성

(1) 각 전기소의 종별과 변전소 간격

교류 전력을 급전하기 위해 철도 연선에 급전용 교류 변전소(Sub-station, 이하 SS), 급전 구분을 하기 위해 급전 구분소(Sectioning Post, 이하 SP) 및 한정 구분을 하기 위해 보조 급전 구분소(Sub-sectioning Post, 이하 SSP)가 설치되어 있다. 또, 급전 구분을 하지 않고 AT만 있는 곳을 **AT 포스트**(AT Post, 이하 ATP)라 한다. 이들의 포스트를 총칭해서 **전기소**라 칭한다.

교류 급전회로의 일반적인 구성을 그림 1-12에 변전소 간격의 개요를 표 1-3에 나타내었다.

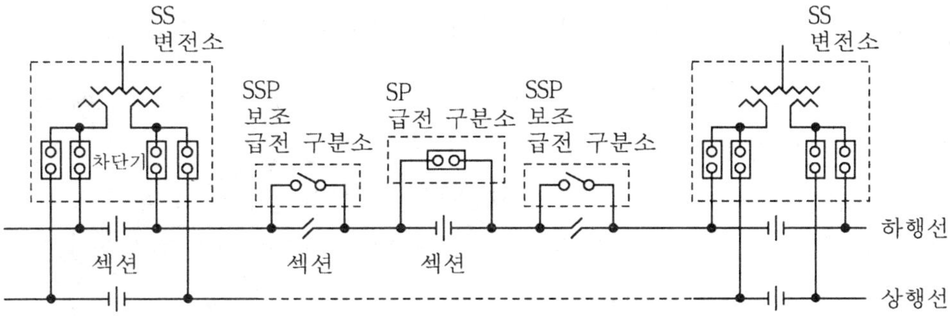

❖❖ 그림 1-12 교류 급전 회로의 구성 ❖❖

표 1-3 변전소 간격

선로 구간	변전소 간격[km]		
	BT급전	AT급전	동축(同軸)급전
재래선	30~50	90~110	—
신간선	—	20~60	10

(2) 전차선 전압

교류 급전회로에서는 부하의 변동이 크고 이동하기 때문에 비교적 큰 전압 변동을 허용하고 있다. 전기차에 직접 인가되는 전차선 전압의 허용값을 표 1-4에 나타내었다. 교류 급전회로의 변전소 간격은 전차선의 최저 전압을 고려해서 결정되는 것이 일반적이다.

표 1-4 전차선 전압의 허용 변동 범위

종 별	재래선[kV]	신간선[kV]
최고	22	30
표준	20	25
최저	16(17)	22.5
순시 최저	—	20

( )는 주요 선로 구간

(3) 방면별 이상(異相) 급전 방식과 상하선별 이상 급전 방식

M좌(A좌) 및 T좌(B좌) 전압을 변전소를 중심으로 좌우의 급전 회로에 급전하는 방식을 방면별(方面別) 이상(異相) 급전 방식, 상하선(上下線)의 급전 회로로 급전하는 방식을 상하선별 이상(異相) 급전 방식이라 한다. JR 각 사의 전철화 방식에서는 방면별 이상 급전 방식이 주(主)이며, 상하선별 이상 급전 방식은 1990년도까지 동해도 신간선의 BT급전회로에만 이용되었다.

(4) 각종 급전 계통

표 1-5에 각종 급전 계통을 나타내었다.

(가) 단독 급전

좌우 양(兩) 변전소(SS1, SS2)에서 급전하고, 급전 구분소 (SP) 등에서 구분하여 급전하는 방식으로, 전 선로 구간에 걸쳐 널리 채용되고 있다.

표 1-5 각종 급전 계통

급전 계통	계통도 (SS_1 SSP_1 SP SSP_2 SS_2)
단독 급전	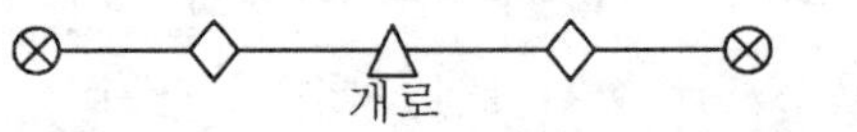
연장 급전	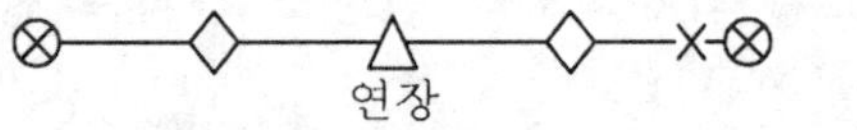
병렬 급전	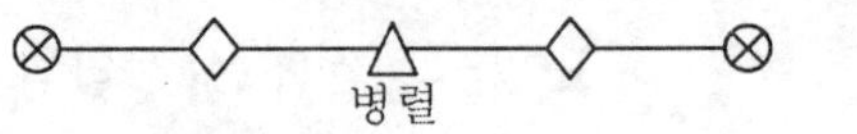
상하 타이 급전	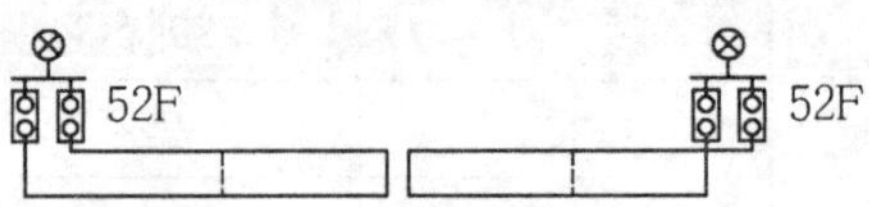
일괄 급전	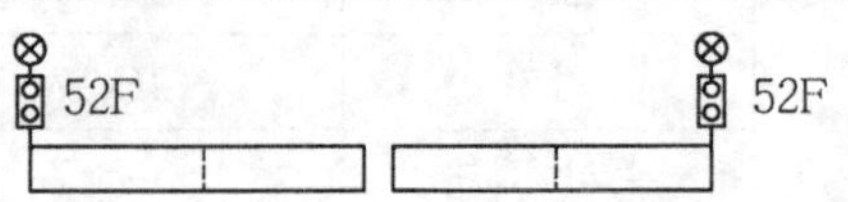

(나) 연장 급전

급전 구분소(SP)를 연장급전 취급 개소로 하고 한쪽 편의 변전소(예를 들어

SS_1)에서 전(全) 선으로 급전하고 SS_2에서는 급전하지 않는 방식으로 심야의 경(輕)부하시나 SS_2의 고장시 등 계통 운용에 널리 적용되고 있다.

(다) 병렬 급전

좌우 변전소에서 급전하며 급전 구분소(SP) 등에서 구분하지 않고 양(兩) 변전소를 병렬로 묶고 있는 방식으로 전원 계통이 동일한 東海道 신간선 일부에서 적용되고 있다.

(라) 상하 타이(tie) 급전

방면별 이상 급전방식을 채용하고 있는 복선 구간에서 급전 구분소(SP) 또는 보조 급전 구분소(SSP) 등에서 상하(上下)의 전차선 및 급전선을 각각 묶는 방식으로 급전회로의 전압 강하 개선 및 동상(同相) 섹션의 아크 소호 대책에 효과가 있기 때문에 널리 적용되고 있다.

1.3.3 각종 급전 방식과 구성

일본에서의 급전 방식은 1957년에 BT급전방식에 의한 선산선 및 북육본선의 영업 개시로 시작되었다. 1964년에 개업한 동해도 신간선에서도 BT급전방식이 채용되어 있다.

그 후, BT section 아크 소호의 발본적인 해결을 꾀하여 고속 대용량 전기차에 적합한 방식으로서, AT급전 방식이 개발되었다. AT급전 방식은 1970년에, 록아도 본선 팔대 이남의 전철화에 채용되고 그 후, 1972년에 산양 신간선, 1982년에 동북 · 상월 신간선에 채용되어 현재의 표준방식이 되고 있다.

최근에 동해도 신간선의 설비 갱신에 따른 AT급전회로로의 변경 공사에서 동경 지구는 용지가 협소하기 때문에 1987년에 동축(同軸) 케이블 급전 방식이 채용되었다. 마찬가지로, 동북 신간선의 동경으로의 연장 운전에 있어서도 동축 케이블 급전방식이 채용되었다.

(1) 직접 급전 방식

직접 급전 방식의 구성을 그림 1-13에 나타내었다.

직접 급전 방식은 전차선(T)과 레일(R)로 이루어지는 가장 기본적인 구성이다.

그 변형으로서, 레일과 병행하게 NF를 설치, NF 접속선(CNF)으로 수 [km]마다 레일과 NF를 묶는, NF가 있는 직접 급전회로도 있다. 이 경우 NF는 보호선의 역할을 수행함과 동시에 통신 유도에 대해 차폐 효과를 갖는다.

직접 급전 방식은 회로 구성이 간단하기 때문에 경제적이며 보수성도 좋으나, 귀회로 전류를 전 구간에 걸쳐 레일에 흘려 보내기 때문에 통신선으로의 유도 장해가 크고 레일 전위도 높아지는 등의 결점이 있다.

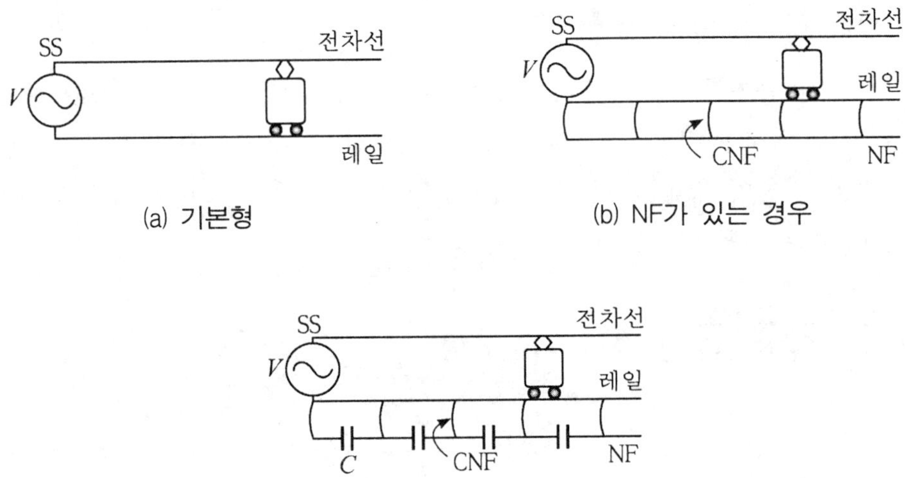

(a) 기본형

(b) NF가 있는 경우

(c) NF 콘덴서가 있는 경우

❖❖ 그림 1-13 직접 급전 방식의 구성 ❖❖

또한, NF에 직렬 콘덴서를 삽입해서 NF로 향하는 기본파 전류의 분류(分流)를 많게 한 NF 콘덴서 직접 급전 방식은 통신선으로의 유도 위험전압 및 레일 전위의 경감에 유효하다. NF 콘덴서의 값으로는 NF의 등가(等價) 자기 임피던스를 구해 그 리액턴스분과 같은 값의 콘덴서를 이용하면 된다.

직접 급전 방식은 일본에서는 실용되고 있지 않으나 다른 급전 방식의 말단(末端) 일부, 차량 기지 급전회로 등이 직접 급전 방식과 같은 구성으로 되는 경우가 있다. 해외에서는 널리 실용되고 있다.

(2) BT급전 방식

(가) 흡상 변압기의 특성

흡상 변압기(BT)는 1차 권선과 2차 권선의 권수비가 1 : 1인 변압기이며 그림 1-14의 등가회로로 나타낼 수 있다.

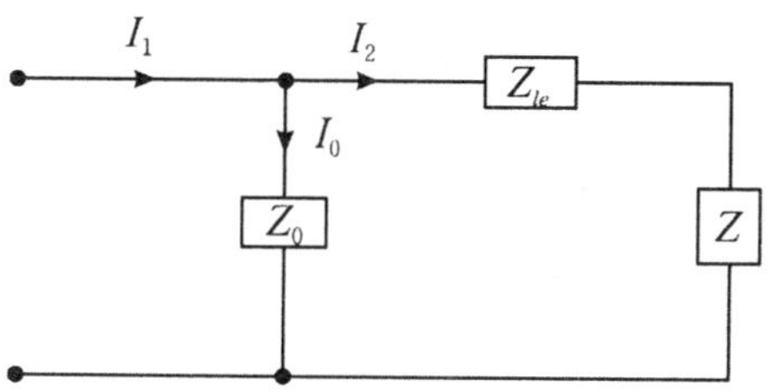

Z_0 : 여자 임피던스
Z_{le} : 누설 임피던스
Z : 부하 임피던스

❖❖ 그림 1-14 BT의 등가회로 ❖❖

이 등가회로에서 다음 식이 성립한다.

$$\left.\begin{aligned} & I_0 = I_1 - I_2 \\ & \frac{I_2}{I_0} = \frac{Z_0}{Z_{le} + Z} \end{aligned}\right\} \tag{1-5}$$

이때, I_1은 전차선 전류, I_2는 NF전류에 상당하고, I_0은 여자전류로, 전차선 전류와 NF전류의 차(差)가 되어 레일 전류에 상당한다.

이에 따라 I_1은

$$I_1 = I_0\left(1 + \frac{Z}{Z_{le} + Z}\right) \tag{1-6}$$

로 된다.

BT의 부하 임피던스 Z는 예를 들어 NF가 있는 BT급전 방식의 경우, 레일의 전압 강하를 무시하면 구간 D의 NF 전(全)전압 강하를 I_2로 나누면 구해진다. 즉, 부하 임피던스는

$$Z = (Z_{NN} - Z_{TN})D \tag{1-7}$$

이때, Z_{NN} : NF의 자기 임피던스

Z_{TN} : 전차선과 NF간의 상호 임피던스

재래선의 경우, $Z \fallingdotseq 0.4D$이며, 흡상선 간격을 4[km]로 하면 $Z = 1.6[\Omega]$이 된다. 정격 부하 전류를 200[A]로 하면 BT의 정격은 $W_{BT} = I^2Z = 64$[kVA]가 된다.

이어서, BT의 누설 임피던스를 $Z_{le} = 0.135[\Omega]$ 일정(一定)으로 하고 실측한 그림 1-15의 $I_0 - Z_0$ 특성을 식 (1-5)에 대입해서, 흡상선 간격 3[km] 및 4[km]에 대해 $I_1 - Z_0$ 특성을 구한 것이 그림 1-16이다. 즉, 1차 전류가 정격값 200[A]를 초과하면 여자 임피던스는 급속하게 작아지는 특성이 있다. 이는 변압기 철심이 포화하기 때문이며 실질적으로 정격 전류의 약 2배 위치부터 BT의 흡상 효과가 감소한다.

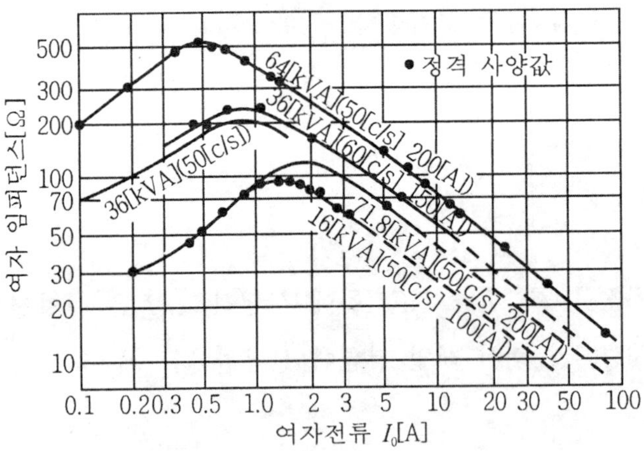

❖❖ 그림 1-15 BT의 $I_0 - Z_0$ 특성 ❖❖

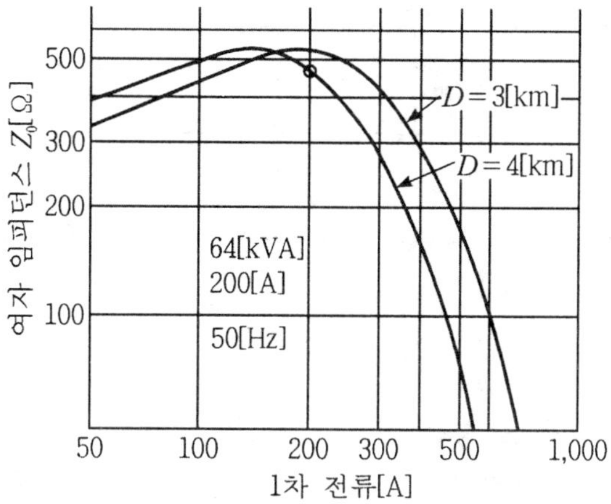

❖❖ 그림 1-16 BT의 $I_1 - Z_0$ 특성 ❖❖

현재 사용되고 있는 재래선용 BT의 정격을 표 1-6에 나타내었다. 과부하 내량은 300[%] 10분간으로 하고 있다.

표 1-6 재래선용 BT의 정격

용량[kVA]	주파수[Hz]	정격 전압[V]	정격 전류[A]
36	50 · 60	240	150
64	50 · 60	320	200
144	50 · 60	480	300

(나) 급전회로 구성

BT급전 방식은 그림 1-17에 나타낸 것처럼 약 4[km]마다 전차선에 섹션(section)을 만들고 BT를 배치하여 레일에 흐르는 귀회로 전류를 흡상하는 구성이며 통신유도 경감 효과가 크다.

BT급전 방식에는 레일을 절연해서 전차선과 레일에 BT를 삽입했을 뿐인 간단한 회로와 NF를 설치하여 NF에 전류를 흡상하는 회로 2종류가 있다. 전자(前者)는 간단하나 통신유도 경감효과는 후자보다 상당히 떨어진다. 또, 레일 절연 섹션 사이에는 BT 2차측 단자 전압이 나타나 전기차 통과시에 차륜(車輪)에 의한 단락 · 개방이 반복되므로, 절연부의 보수성이 나쁘고 부하 전류가 그다지 크지 않은 경우에 이용된다.

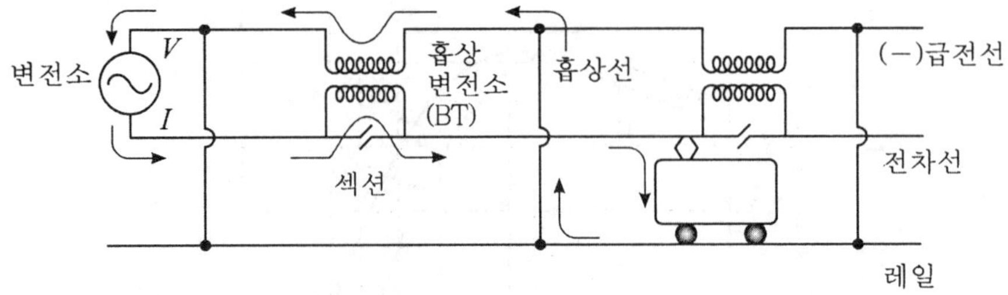

❖❖ 그림 1-17 BT급전 방식의 구성(NF 있음) ❖❖

BT급전 방식은 통신 유도 경감 작용면에서는 우수하나, 직접 급전 방식에 비해 회로 구성이 복잡해지고 급전회로 임피던스도 크다는 등의 불리한 점이 있다. 특히 신간선과 같은 대용량 부하로 되면, BT섹션에 발생하는 아크가 크고 이 소호를 위한 대책이 필요하여 전차선 구조는 더욱 복잡해진다.

일본에서는 NF가 있는 방식이 이용되고 있는데 해외에서는 NF가 없는 방식의 실용 예도 있다.

(다) BT섹션의 아크 소호 대책

NF가 있는 방식일 때 전기차가 BT섹션을 통과할 경우, 섹션부에 아크가 발생, 부하 전류가 커지면 과대한 아크로 되어 전차선의 소선이 끊기는 등의 손상으로까지 발전한다.

전기차의 팬터그래프가 BT섹션을 단락하고, 이어서 전원측으로 부터 흐르고 있는 전류를 차단하는데 이 전류를 **차단 전류**, 차단한 순간에 발생하는 BT섹션의 과도 전압을 **순시(瞬時) 회복 전압**, 그 후의 정상 전압을 **회복 전압**이라 부르고 있다.

BT섹션에 발생하는 회복 전압은 레일 전위를 무시하면 흡상선~흡상선 간 NF의 전압 강하이며,

$$V_{BT} = (Z_{NN} - Z_{TN})D \cdot I_{NF} \tag{1-8}$$

로 표현된다.

BT섹션의 아크 소호에 관한 차단 전류와 회복 전압은 東海道 신간선 개업 전의 압궁 모델선의 시험결과로부터, 회복 전압 3[kV](순시 회복전압 300~350[V])의 상태에서 차단 전류의 한계치는 280[A]가 안전권(安全圈)일 것으로 생각되고 있다.

BT섹션의 아크 소호에 대한 대책으로는 현재 다음과 같은 방식이 실용화되어

있다.

① NF콘덴서 방식 : NF회로에 그림 1-18과 같이 직렬로 1.8~2.5[Ω] 정도의 직렬 콘덴서를 삽입하고, NF회로의 리액턴스분을 보상해서 부하 전류의 차단 전류분을 NF회로에 많이 분류시키는 한편, 회복 전압을 작게 하는 방식이며, 그 등가회로를 그림 1-19에 나타내었다.

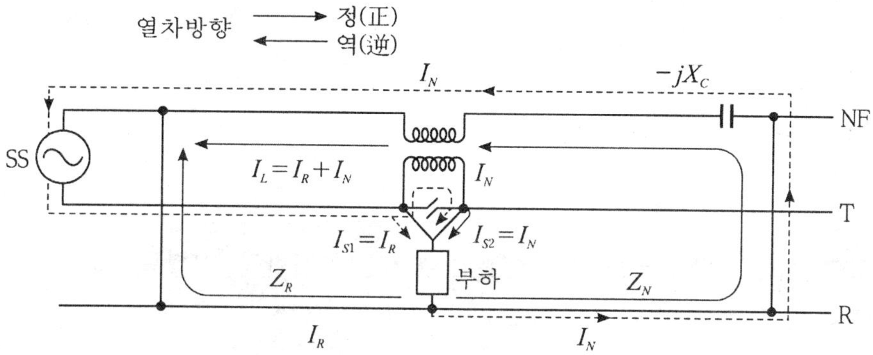

❖❖ 그림 1-18 NF 콘덴서 방식 ❖❖

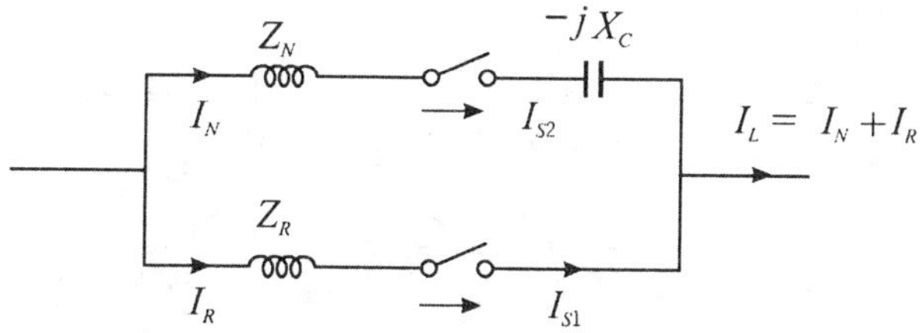

❖❖ 그림 1-19 NF 콘덴서 방식의 등가회로 ❖❖

이 때,

$Z_R = r_R + jX_R$(근(近)회로 임피던스)

$Z_N = r_N + jX_N$(우(迂)회로 임피던스)

여기서, I_L : 부하 전류, I_{S1} : 열차방향이 정(正)방향인 경우의 차단 전류, I_{S2} : 열차방향이 역(逆)방향인 경우의 차단 전류, I_R : 섹션 단락시의 근(近)회로 전류, I_N : 섹션 단락시의 우(迂)회로 전류, X_C : NF 콘덴서의 옴(Ω)수

로 한다면 차단 전류는

$$I_{S1}(\text{정(正)방향}) = I_R = \frac{Z_N - jX_C}{Z_R + Z_N - jX_C} \cdot I_L \tag{1-9}$$

$$I_{S2}(\text{역(逆)방향}) = I_N = \frac{Z_R}{Z_R + Z_N - jX_C} \cdot I_L \tag{1-10}$$

또, 회복 전압 V_R은

$$V_{R1}(\text{정(正)방향}) = I_L(Z_N - jX_C) \tag{1-11}$$

$$V_{R2}(\text{역(逆)방향}) = I_L Z_R \tag{1-12}$$

로 된다.

② 저항 섹션 방식 : BT섹션에 에어 섹션을 삽입하고 직렬로 10[Ω]의 저항을 삽입하여 차단 전류를 억제하는 방식이다.

동해도 신간선의 BT급전회로에서 사용되었다.

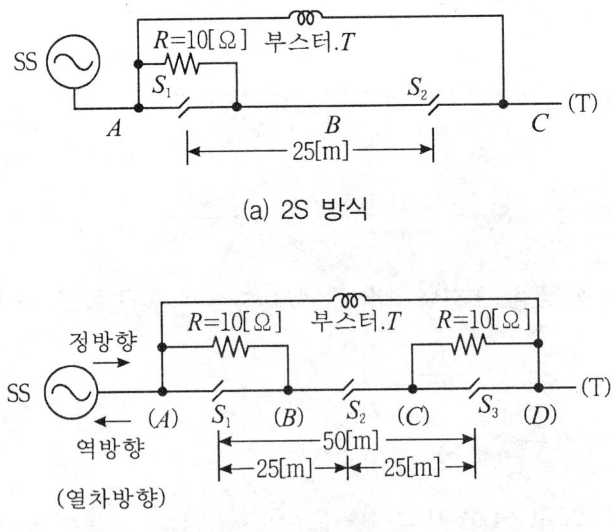

❖❖ 그림 1-20 저항섹션 방식 ❖❖

재래선에 대해서는 여러 종류의 전기차가 주행하므로 한층 더 검토가 필요하다.

(3) AT급전 방식

(가) 단권 변압기의 특성

단권 변압기(AT)는 2개의 권선이 서로 공통 부분을 갖는 변압기이며, 공통 부분을 **분로 권선**, 선로에 직렬이 되는 부분을 **직렬 권선**이라 한다.

AT의 용량에는 자기(自己)용량과 선로용량이 있다. 자기용량은 직렬 권선 또는 분로 권선의 전압과 전류의 곱(積)이며, 실질적인 크기를 나타낸다. 선로용량은 선로에 공급할 수 있는 용량이다.

일본에서의 AT급전 방식에서는 AT의 권수비를 1 : 1로 하고 있으며 자기용량의 2배가 선로용량이 된다. 표 1-7에, 현재 AT급전회로에 사용되고 있는 AT의 정격을 나타내었다.

표 1-7 AT급전용 단권 변압기의 정격

선로구간	정격 전압(kV)		자기용량(kVA)	선로용량(kVA)
	1차	2차		
재래선	44	22	1000, 1500, 2000 3000, 5000	자기용량의 2배
신간선	60	30	7500, 10000	

AT급전회로에 사용할 경우 유도 장해를 고려하여 변압기의 임피던스는 최대한 작게 하고 또한 2차측 단자에서 본 중성점 환산 임피던스를 0.45[Ω] 이하로 하고 있다.

그리고, 과부하 내량으로서 급전용 변압기와 마찬가지로 정격 전류의 300[%]에 상당하는 부하에서 2분간 연속해도 이상을 인지할 수 없을 것으로 하고 있다. 그 위에 고장 전류를 고려해서 단락 강도를 정격 전류의 25배 또는 35배로 하고 있다.

(나) 기본형

AT급전 방식은 그림 1-21에 나타낸 바와 같이 변전소의 급전 전압을 전차선 전압보다 높게 하고, 선로를 따라 약 10[km]마다 설비된 AT로 필요한 전차선 전압으로 강압하여 전기차에 전력을 공급하는 방식이다.

일본에서의 AT급전 방식에서는 AT의 권수비를 1 : 1로 하고 있으며 변전소의 급전 전압은 전차선 전압의 2배이다. 부하 용량을 일정하게 하면 전류는 1/2로 되므로, 전압 강하는 전차선 전압으로 환산하면 1/4로 되어 변전소 간격을 크게 취할 수 있으며, 대전력의 공급에 적합하다. 변전소 간격을 연장하는 것은 전원을 얻는 지점이 떨어져 있을 경우에 유리하다. 더욱이 부하 전류가 좌우의 AT에 의해 흡상되기 때문에 긴 통신선에 대한 유도 전압을 상쇄하는 점과 레일에 흐르는 전류를 한정하는 점 등으로 인해 유도장해 경감 효과도 크다. 그러나 상당한 용량의 AT를 약 10[km]마다 배치해야 하는 점 및 전차선과 동일한 절연 계급의 급전선을 전선에 걸쳐 설비할 필요가 있어 회로 구성은 복잡해진다.

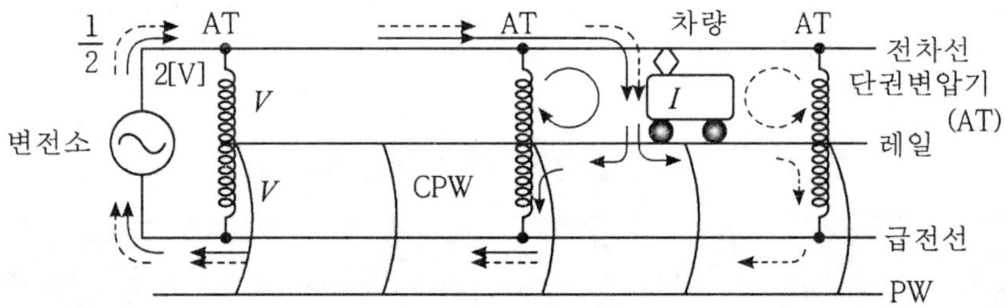

❖❖ 그림 1-21 AT급전 방식의 구성 ❖❖

(다) 3권선 변압기에 의한 절연 저감 방식

3권선 변압기를 사용하고 중성점을 레일에 접속하면, AT가 접속되지 않을 때에 변전소 구내에서 지락 고장이 발생해도 급전측의 전위가 상승하지 않고 전차선 전압과 같은 전압 레벨(level)로 절연을 저감하는 것이 가능해진다.

변압기의 권수비를 1 : 1 : 1로 하고 T상 지락을 생각하면, 건전상(健全相) 전압 V_{FE}는 다음 식이 된다.

$$V_{FE} = V_0 - (Z_0 - Z_N)I_T = \left(1 - \frac{Z_0 - Z_N}{Z_0 + Z_T + Z_N}\right)V_0 \qquad (1\text{-}13)$$

이 식으로 부터 $Z_0 \geq Z_N$이면 건전상의 전압은 상승하지 않음을 알 수 있다.

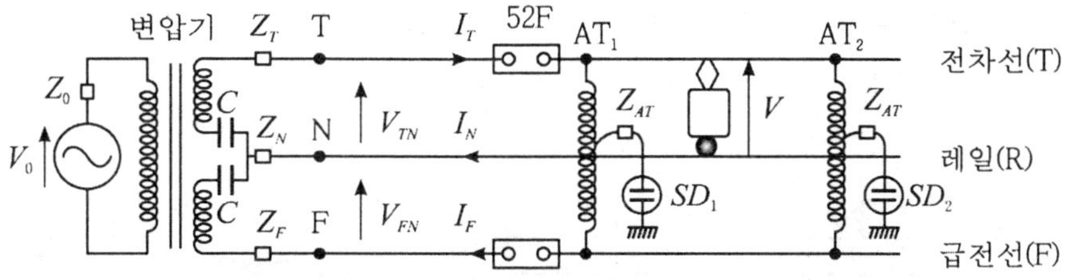

❖❖ 그림 1-22 3권선 변압기를 이용한 AT급전회로(1상분) ❖❖

부하가 변전소 근방에 있을 때, T상과 F상 권선에 전류 불평형이 발생하고, 그 크기는 변압기의 급전측 분리 임피던스를 Z_T, Z_N, Z_F, AT의 누설 임피던스를 Z_{AT}라 하면 다음 식으로 표현되며, 직렬 콘덴서가 없을 경우에 10[%] 정도이다.

$$\alpha = \frac{I_T - I_F}{I_T + I_F} = \frac{-Z_T + Z_F + 4Z_{AT}}{Z_T + Z_F + 4Z_N + 4Z_{AT}} \tag{1-14}$$

부하 전류는 부하에 가까운 쪽의 AT에서 많이 공급되기 때문에 부하가 변전소에서 멀어짐에 따라 불평형은 작아져 제2 AT보다 먼 부하에서는 전류 불평형율 α가 거의 0으로 된다.

(라) AT(1 : n) 급전 방식

현재 AT급전회로 방식에서의 AT 권수비는 1 : 1로 하고 있으며, 변전소의 급전 전압은 전차 전압의 2배이다. 이에 비해 AT의 권수비를 1 : n으로 취하며 전차선 전압은 종래와 같이 하고 역(逆)극성측인 급전선측의 전압을 n배로 해서 변전소의 급전 전압을 $(1+n)$배로 하는 AT(1 : n) 급전 방식이 전압 강하 대책상 유리하다고 생각된다.

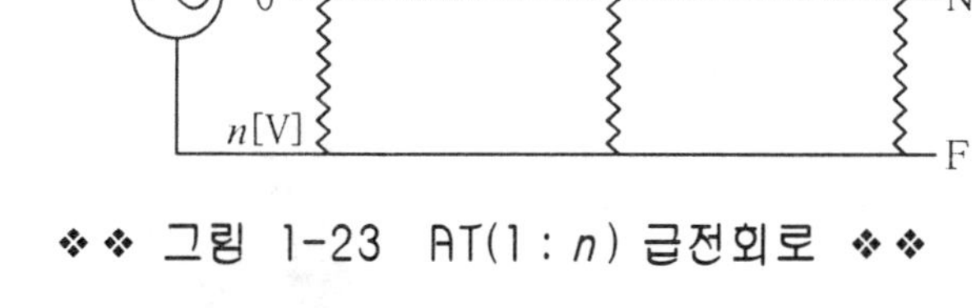

❖❖ 그림 1-23 AT(1 : n) 급전회로 ❖❖

AT(1 : n) 급전회로의 기본 구성을 그림 1-23에 나타내었다. 급전선 전압을 높게 함으로써 선로 임피던스를 작게 할 수 있다. 그림 1-24에 전차선과 레일 단락 시의 선로 임피던스를 나타내었다.

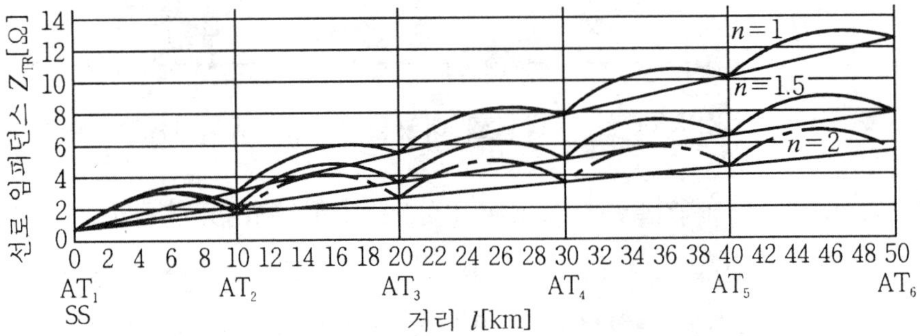

❖❖ 그림 1-24 T-R 단락 선로 임피던스 ❖❖

AT(1 : n) 급전회로에 사용되는 급전용 변압기는 종래와 달리 0전위점이 중심에 없는 것이 특징이며, 수전 전압이 154[kV] 이하인 특별 고압계통에서는 스콧 결선 변압기를 사용할 수 있다. 한편, 1차측 중성점을 직접 접지로 하고 있는 초고압 계통에서는 A좌와 B좌의 0 전위점이 일치하지 않게 되기 때문에 현재의 변형 우드 브리지 결선에서는 환류(還流)가 흘러 사용할 수 없다. 그러므로 A좌와 B좌를 독립된 결선으로 할 필요가 있다.

권수비가 1 : n인 AT의 전류 분포는 그림 1-25에 나타낸 것처럼 T상 권선에 많은 전류가 흐른다. AT용량의 표현은 앞에 기술한 바와 같이 자기(自己)용량으로 표현하고 있으며 선로용량에 대한 자기 용량의 비는

$$\text{자기용량/선로용량} = n/(n+1) \tag{1-15}$$

로 되어, n의 값이 클수록 선로용량에 대한 자기용량의 비율이 커지게 된다.

표 1-8은 선로용량으로서 6,000[kVA]의 AT가 필요하다고 간주하고, 선로용량과 자기용량의 관계를 나타낸 것이다.

표 1-8 AT의 권수비와 용량

권수비	선로용량	자기용량
1 : 1	6,000[kVA]	3,000[kVA]
1 : 1.5		3,600
1 : 2		4,000

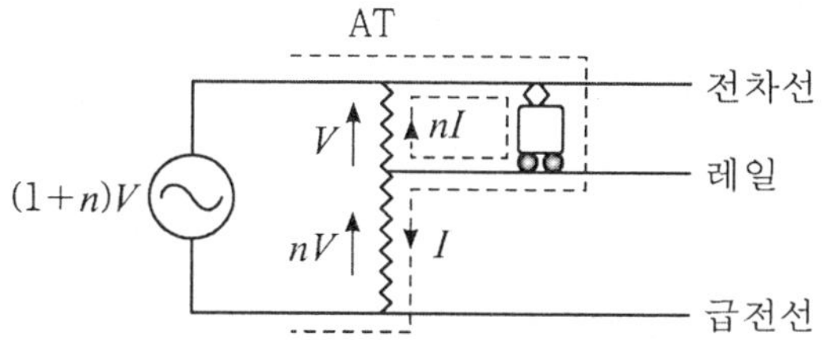

❖❖ 그림 1-25 1 : n인 AT의 전류 분포 ❖❖

(마) 변전소 AT의 생략 방식

3권선 변압기를 사용함으로써 변전소 AT를 생략하는 것이 가능해진다. 이 경우 변압기의 T상과 F상의 용량에 차이가 발생하는 점, 통신 유도를 고려하면 변전소에서 다음 AT까지의 간격을 일반 AT의 간격에 비해 짧게 할 필요가 있는 점, 변전소가 탈락했을 때에 말단이 직접 급전방식으로 되어 통신 유도가 커지는 등의 이유로 일본에서는 이용되고 있지 않다.

그러나, 프랑스 등에서는 단상 3권선 변압기를 이용한 변전소 AT의 생략 방식이 채용되고 있다.

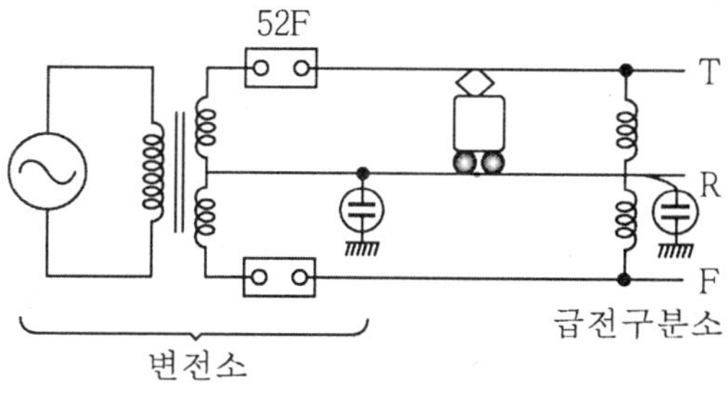

❖❖ 그림 1-26 변전소 AT의 생략 방식 ❖❖

1.4 교류 급전회로의 보호

1.4.1 교류 급전회로의 각종 전압·전류 파형

(1) 전기차 부하의 특징

(가) 타려(他勵) 변환식 차량

교류 전기차는 차상(車上)에 변압기를 설비하고, 변압기의 탭 제어 또는 정류기의 위상 제어 등으로 간단히 주 전동기의 단자 전압을 변경할 수 있다. 변전소에서 본 역행 부하의 역률은 0.7~0.8 정도이다. 또한, 사이리스터 위상 제어차의 경우는 회생 제동(brake)이 가능하며 회생시의 역률은 −0.4~−0.5 정도이다. 그림 1-27은 재래선 BT급전회로에서 측정한 부하 영역이며 회생차가 있는 경우에는 폭넓게 분포한다.

일반적으로 전기차 전류의 고조파 함유율은 n을 고조파 차수(次數)로 하면 다음 식 정도로 표현되며, 제3조파를 주체로 한 홀수 조파의 고조파를 함유하고 있다.

$$I_n / I_1 = (1 \sim 2) \cdot 100 / n^2 [\%] \tag{1-16}$$

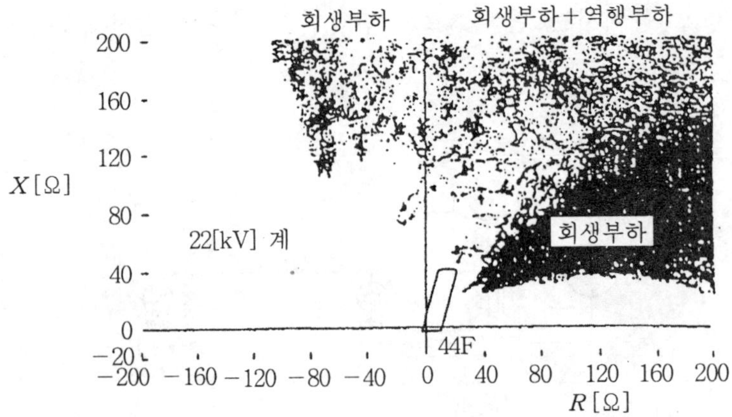

❖❖ 그림 1-27 재래선 BT급전회로의 부하 영역 ❖❖

(나) 자려 변환식 차량

PWM제어차의 역률은 역행시 1, 회생시 −1을 목표로 하고 있으며(그림 1-28) 타려 변환식 차량과 비교할 때 동일 출력의 경우 전류값이 작고 회생 출력을 크게 할 수 있는 특징이 있다.

특히, PWM제어차는 회생중에 변전소가 정전되어도 차량에서 전압을 발생하는 특징이 있다. 그러므로 제 3장의 교류 전기차 항목에 기술한 방법으로 정전을 검지하고 있다. 전력 설비면에서는 전환 개폐기 고장시 예비기로의 전환 연동을 위해 1초 이내로 정전을 검지할 필요가 있는데 이러한 방법에 따라 충분히 만족되고 있다.

PWM제어차의 고조파는 저차(低次)가 타려 변환식 차량의 1/3 정도이며, 고차(高次)에 대해서도 컨버터를 다중화하고 반송파 위상을 어긋나게 하여 작게 하고 있다.

그리고 재래선용 전차에서는 사이리스터 위상 제어로 교류를 직류로 변환, VVVF제어로 3상 유도 전동기를 구동하는 차량이 있는데 변전소에서 보면 타려 변환식 차량과 같은 특성을 갖는다.

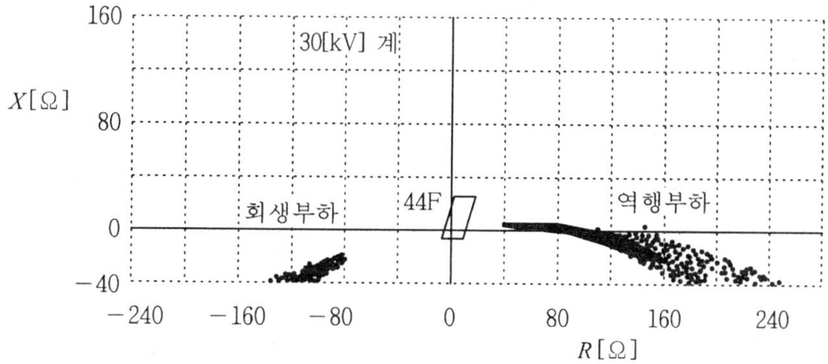

❖❖ 그림 1-28 신간선 PWM제어차의 부하 영역 ❖❖

(2) 변압기의 무부하(無負荷) 여자 돌입전류

무부하 변압기를 투입하면 변압기에 상하 비대칭의 여자 돌입전류가 흐른다. 급전회로의 무부하 변압기 투입에는 초기 급전시의 AT 투입과 전기차가 변전소 앞과 급전 구분소 앞의 이(異)전원이 만나는 섹션을 통과할 때의 차량용 변압기 투입이 있다.

AT의 여자 돌입전류는 차단기 투입 위상 0° 및 180°일 때 크고 90°일 때 작다. 그림 1-29는 차량용 변압기의 여자 돌입전류 파형 예이다. 전류값은 정현파 실효값 환산으로 수 1,000[A]에 달하는 경우가 있다. 여자 돌입전류는 시간과 함께 감쇠한다. 또 상하 비대칭 파형이기 때문에 제2조파 함유율이 50[%] 정도인데 부하전류와 중첩하면 15[%] 정도로 저하하는 경우가 있다.

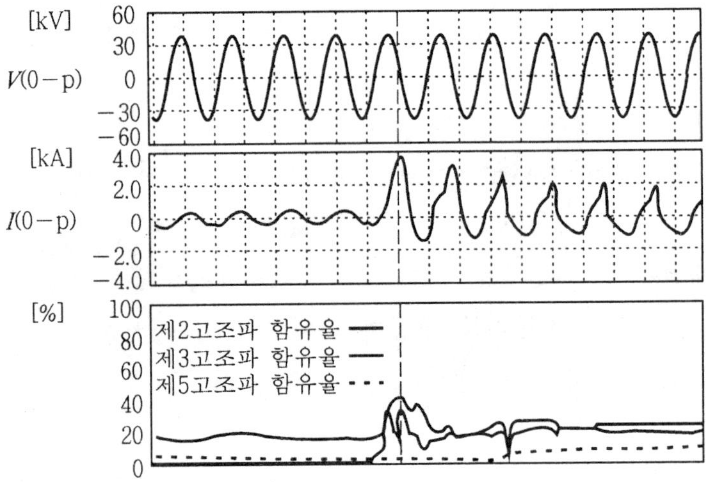

❖❖ 그림 1-29 신간선 전차 주(主) 변압기의 여자 돌입전류 파형 ❖❖

(3) 탭 제어차의 부하 돌입전류

동해도 신간선의 개업 당초부터 존재한 차량 형식인 0계 전차는 탭 제어를 하고 있기 때문에 역행 상태로 통과하면 주 회로는 접속된 상태여서 재가압시에는 그림 1-30과 같은 부하 돌입전류가 흐르고 그 크기는 최대 1,200[A] 정도이다.

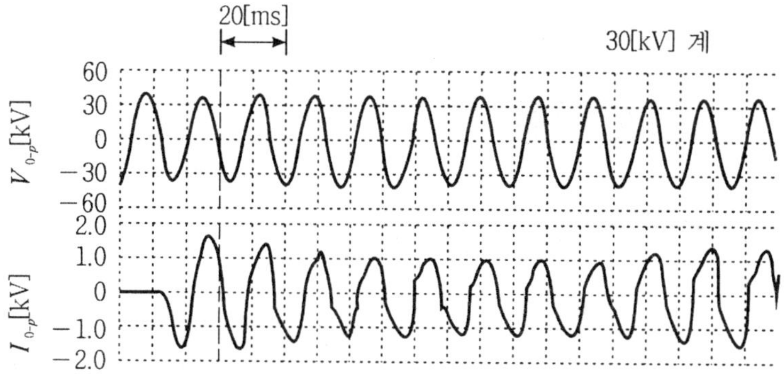

❖❖ 그림 1-30 신간선 0계 전차의 부하 돌입전류 파형 예 ❖❖

(4) 고장 전류 파형

교류 급전회로에서 발생하는 고장에는 차량 고장, 가선 고장, 날라드는 물체, 조류로 인한 피해, 애자 섬락, 수목 접촉 등이 있으며 신간선에서 30[kV], 재래선에서 22[kV]의 특별 고압을 사용하고 있기 때문에 고장 전류도 크다.

급전 중에 고장이 발생한 경우의 변전소 급전점에서 본 전압·전류 파형 예를 그림 1-31에 나타내었다.

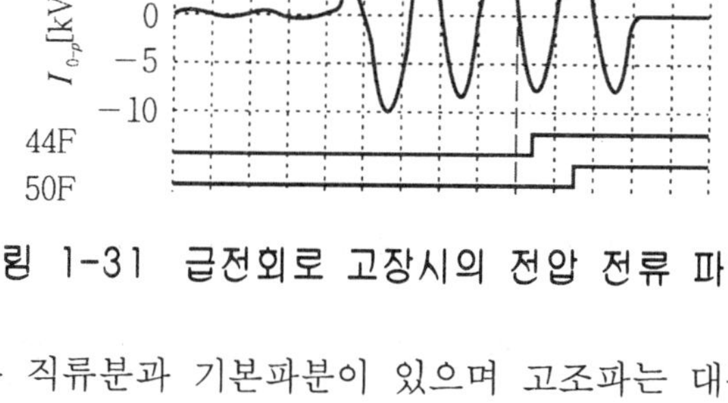

❖❖ 그림 1-31 급전회로 고장시의 전압 전류 파형 ❖❖

고장 전류 파형은 직류분과 기본파분이 있으며 고조파는 대부분 포함되지 않는다.

한편, 초기 급전시의 고장인 경우는 전압이 0에서부터 일어나(rise) 고장 전류에는 약간 AT의 여자 돌입전류가 합성되는 경우가 있다.

1.4.2 급전 보호 계전 방식

(1) 보호 계전기 입력의 사고방식

교류 급전회로의 보호 계전 방식으로는 거리 계전기와 교류 $\triangle I$형 고장선택장치를 병용하고 있다. 어떤 경우라도 계기용 변성기를 이용해서 고전압·대전류의 전기량을 계전기에 적합한 전기량으로 변환할 필요가 있다.

(가) 계기용 변압기

BT급전회로에서는 T상(전차선)과 NF측에 계기용 변압기 PT를 접속하여 예를 들어 재래선에서는 22[kV]를 110[V]로 변환한다.

AT급전회로에서는 당초 T상과 F상(급전선)에 PT를 접속하고 있었는데 최근에는 절연 계급이 낮은 T상과 N상에 접속하고 있다. 예를 들어 신간선의 경우 실제의 PT 비(比)는 30[kV]/100[V]인데 60[kV]/100[V]로서 임피던스를 계산·정정한다.

(나) 계기용 변류기

BT급전회로에서는 T상에 변류기 CT를 삽입하고 있다.

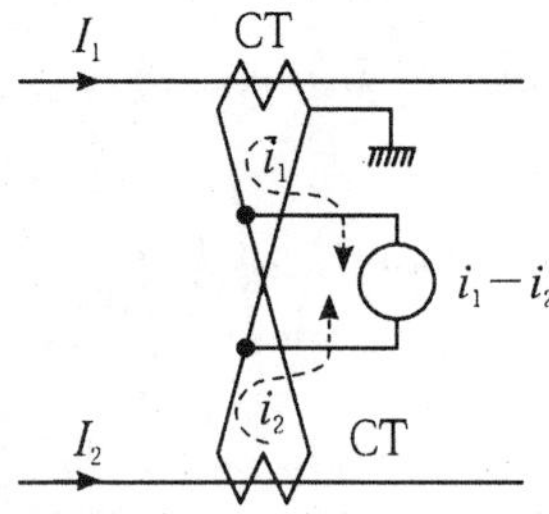

❖❖ 1-32 CT의 차(差)접속 ❖❖

AT급전회로에서는 T상과 F상에 CT를 삽입하고 그림 1-32에 나타낸 차(差)접속을 하여 T상과 F상의 전류를 합성하고 있다. 이는 다음에 기술할 AT급전회로의 타선(他線) 흡상 현상에 기인한다.

CT 비(比)는 예로 재래선의 경우는 1,000[A]/5[A], 800[A]/5[A], 750[A]/5[A],

400[A]/5[A] 등이, 신간선의 경우는 1,500[A]/5[A]가 이용되고 있다.

(다) AT급전회로의 타선(他線) 흡상 현상

상하선으로 구성되는 AT급전회로에서 고장 회선에 전류가 흐르는 것은 당연하나 다른 회선에도 AT의 중성점을 통해 전류가 흐른다. 전류 분포 예는 그림 1-33과 같으며 보호 계전기의 입력용 CT를 차(差)접속하여 막을 수 있다.

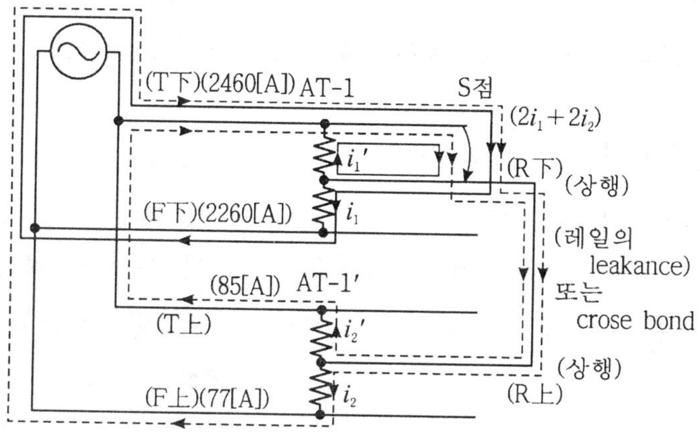

❖❖ 그림 1-33 타선(他線) 흡상 현상의 원리 ❖❖

(라) 거리 계전기의 입력회로 접속

그림 1-34에 BT급전회로 및 AT급전회로에 대해 거리 계전기의 입력회로 접속법을 나타내었다.

전류 입력은 2권선형으로 되어 있으며 계전기 속에 보조 CT로서 (5[A]+5[A]/5[A])가 편입되어 있고 CT 비(比)는 변하지 않도록 하고 있다.

BT급전회로용으로서 사용할 경우는 C_2-C_4 단자를 단락하고 C_1-C_3 단자에서 전류를 입력한다. AT급전회로용으로서 사용할 경우는 T상과 F상의 전류를 입력하고 계전기 내부에서 차(差)접속으로 하여 합성하고 있다.

교류 ΔI형 고장선택장치에 대해서도 전류 입력 회로는 거리 계전기와 같다.

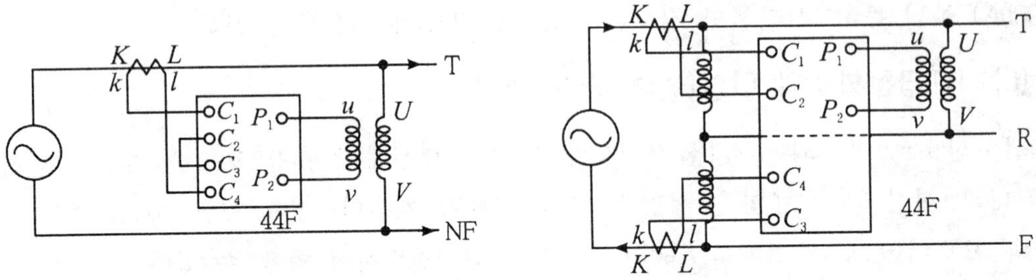

(a) BT 급전회로 (b) AT 급전회로

❖❖ 그림 1-34 거리 계전기(44F)의 입력회로 접속법 ❖❖

(마) 실계(實系)와 계전기계(relay系)

실회로의 전압을 PT로, 전류를 CT로 변환해서 보호 계전기에 입력하기 위해 환산이 필요하다. 특히 거리 계전기에서는 임피던스가 다르다. 예로, 신간선에서 전압은 T상과 N상에 PT를 접속하고 있으며 PT 비는 $k_{PT}=60[kV]/100[V]$, 전류는 T상 전류와 F상 전류를 계전기 내에서 차(差)접속해서 합성하고 있으며 CT 비는 $k_{CT}=1,500[A]/5[A]$이다.

따라서 대문자를 1차(60[kV]계), 소문자를 2차(계전기(relay)계)로 하면, 다음 식의 관계가 있다.

$$Z(實)=\frac{V}{I}=\frac{k_{PT}\cdot V}{k_{CT}\cdot i}=\frac{k_{PT}}{k_{CT}}Z(Ry)=2Z(Ry) \qquad (1\text{-}17)$$

30[kV]계로 표시하면 전압비의 자승에 비례하기 때문에 60[kV]계 임피던스의 1/4이 된다.

(2) 보호 계전 방식의 사고방식

보호 계전 방식은 2조의 동작 원리가 다른 계전기를 편성해서 이용하는 것이 바람직하다. 현재는 그림 1-35에 나타내 것처럼 임피던스를 감시하여 평행사변형의 보호 영역 내에 들어갔을 때에 동작하는 거리 계전기 44F와 급전 전류 변화가 일정값 이상일 때에 동작하는 교류 $\triangle I$형 고장선택장치 50F를 편성해서 사용하고 있다.

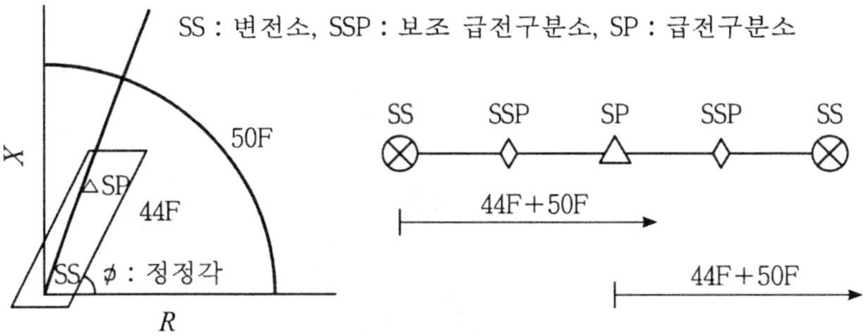

(a) 44F와 50F의 보호 영역 (b) 보호 범위

❖❖ 그림 1-35 교류 급전회로의 보호 계전 방식 ❖❖

재래선에서는 거리 계전기를 주(主) 보호로 하고 있으며 보호 목표를 거의 커버해 왔다. 그러나 최근에는 부하의 증가, 교류 회생차의 도입 등에 따라 보호 영역을 축소하지 않을 수 없는 상황이 되었기 때문에 부하 전류의 고조파 특성을 검출해서 보호 영역을 전환하는 거리 계전기가 개발되어 1991년부터 적용되고 있다.

또한, 50F도 후비(後備) 보호로서 이용하고 있다.

신간선에서는 부하가 크기 때문에 보호의 목표로 하는 평행사변형의 우측 상부로 부하가 침입한다. 그래서 당초 세로로 긴 거리 계전기 44F와 저항 고장을 검출하는 가로가 긴 거리 계전기 44FR을 편성하였었다. 그런데 고(高)역률의 PWM제어차가 도입됨에 따라 부하 영역이 44FR의 보호 영역과 일치하여 44FR은 사용할 수 없다.

그러므로 저항 고장을 커버하기 위해 50F를 주 보호로서 이중계(二重系)로 하는 한편 거리 계전기에 대해서는 44F만으로 하고 있다. 또한 부하 전류의 계속 시간 특성을 고려한 과전류 계전기 51F를 설치하여 전차선의 온도 상승 등 전선 및 기기의 열적 보호를 수행하고 있다.

(가) 보호의 목표

그림 1-36은 AT급전회로의 변전소에서 본 저항 R－리액턴스 X의 특성 예이다. 선로각은 약 75°이고, 임피던스는 변화가 크며 말단의 SP보다도 약간 앞쪽이 조금 크다.

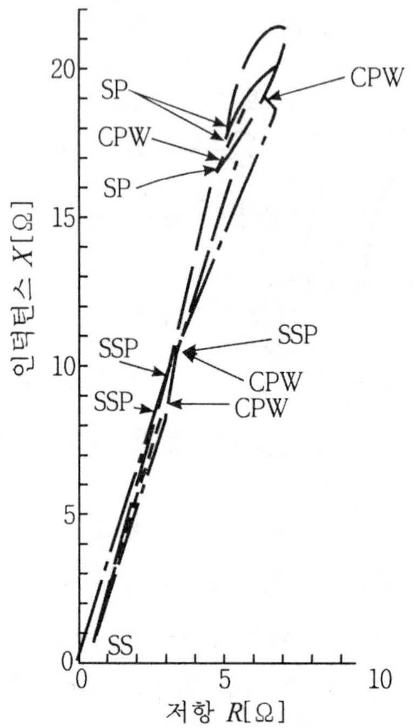

❖❖ 그림 1-36 AT 급전회로의 $R-X$도 ❖❖

보호의 목표로 리액턴스분은 보호하는 전기소까지의 리액턴스에 20[%]의 여유를 보고 있다. 보호하는 전기소로서는 당초에는 연장 급전을 고려해서 연접 변전소까지로 하였었으나 최근에는 부하의 증가나 교류 회생차로 인해 평행사변형의 상부에 부하가 침입하기 때문에 급전 구분소까지로 하고 급전 구분소에도 보호 계전기를 설치해서 연락을 차단함으로써 변전소를 차단하는 경우가 많다.

저항분은 전기설비기술기준의 제1종 접지공사의 상한값인 10[Ω]으로 하고 있다.

저항분의 10[Ω]은 전차선-레일(대지)간 고장의 경우로 예를 들어 AT급전의 경우는 변전소 급전 전압이 전차선-레일간 전압의 2배이므로 변전소에서 보면(60[kV]/30[kV]) 2배로 되어 40[Ω]으로 보인다. 또한 상하선을 묶은 회로에서의 고장 전류는 상하선으로 분류하여 가령 말단 고장인 경우 저항분은 2배인 80[Ω]으로 보인다.

(나) 자동 재폐로

급전회로 고장 중 예를 들어 애자 섬락 등에서는 고장 전류를 차단함으로써 아크가 소멸해서 절연이 회복, 재급전이 가능해지는 경우가 많으므로 0.5초 후에 재폐로하는 방식을 채용하고 있다. 자동 재폐로에서 재급전이 불가능한 경우는 고장이 계속되고 있기 때문에 전력지령원의 판단에 따르게 된다.

(다) 여자 돌입전류로 인한 불요 동작에 대한 대책

급전회로에서는 AT나 차량용 변압기 등이 무부하 여자 돌입전류를 발생, 전류값이 크기 때문에 보호 계전기가 불요 동작하는 원인이 된다.

① 제2조파 검출에 의한 방법 : 거리 계전기나 교류 $\triangle I$형 고장선택장치에서는 제2조파 함유율이 재래선용에서는 15[%] 이상일 때, 신간선용에서는 12[%] 이상일 때에 출력을 억지(抑止)해서 불요 동작을 방지하고 있다.

② 섹션 전류 보상에 의한 방법 : 신간선에서는 전환 섹션에서 차량용 변압기의 무부하 여자 돌입전류가 발생한다. 그래서 그림 1-37에 나타낸 바와 같이 전환 섹션 전류의 1/2~1/3을 보호 계전기의 입력에서 줄이는 것으로 대책을 삼을 수 있다. 본 방식에서는 전환 섹션의 보호로서 여자 돌입전류에서는 동작하지 않도록 제2조파 억지(抑止)기능을 가진 순시(瞬時)동작의 과전류 계전기 51SN 또는 50F를 이용한다.

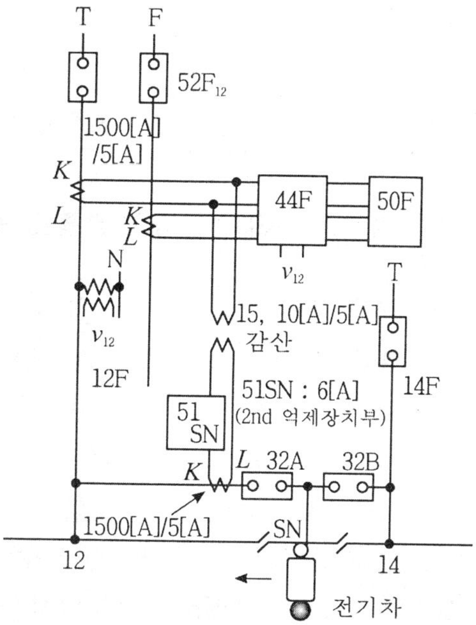

❖❖ 그림 1-37 섹션 전류 보상에 의한 불요 동작 방지법 ❖❖

SP에서 발생하는 차량용 변압기의 무부하 여자 돌입전류에 대해서는 상하선으로 분류(分流)하기 때문에 값이 작아져 문제 없다. 그러나 1개의 차단기로 상하선에 급전하는 일괄 급전방식에 있어서는 변전소에서의 돌입 전류에는 효과가 있으나 말단 SP에서의 돌입 전류에 대해서는 효과가 없다.

(3) 거리 계전기

(가) 거리 계전기의 변천

거리 계전기는 교류 전철화(電鐵化) 당초에는 전자형이 이용되고 그 후 산양(山陽)신간선 강산(岡山)개업 때부터 이상적인 평행사변형 특성을 얻을 수 있는 정지형(靜止形) 거리 계전기가 실용화되었다.

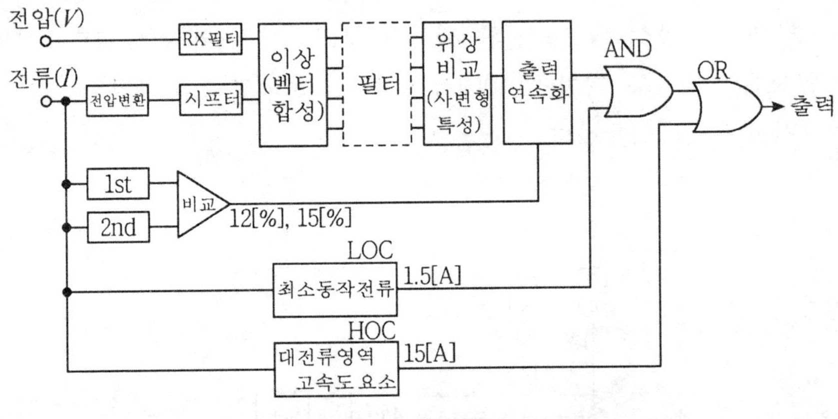

❖❖ 1-38 정지형 거리 계전기의 블록도 ❖❖

그림 1-38은 정지형 거리 계전기의 블록도이며 전류의 입력 회로에 기본파 필터를 설치하여 고조파로 인한 평행사변형 특성의 변형을 작게 하고 있다. 또 초기 급전시의 AT 투입과 전환 섹션에서의 차량용 변압기 무부하 여자 돌입전류로 인한 불요 동작을 피하기 위해 제2조파 함유율이 일정값 이상일 때 출력을 억지하고 있다. 제2조파에 의한 억지 계수는 당초 15[%]였으나 신간선용에서는 부하의 증가에 따라 1986년 동해도 신간선 AT급전회로로의 변경에서 12[%]로 변경하였다.

초고압 계통 등 고장 전류가 큰 경우 200[ms] 정도에서 장간 애자가 동강나는 사실이 분명해지고 있다. 이에 대해 평행사변형 요소에 의한 동작 시간은 100[ms] 이하이므로 거기에 너하여 입력 전류 15[A] 이상에서 50[ms] 이내로 동작하는 과

전류 고속도 요소를 부가하고 있다.

거리 계전기의 정정값은 표 1-9와 같으며 선로 구간 및 급전 방식에 따라 값이 달라진다.

표 1-9 거리 계전기의 정정값(계전기(relay)계)

선로구간	급전방식	R탭[Ω]	X탭[Ω]	정정각(°)
재래선	BT급전	4, 6, 8, 10	20, 24, 28, 32, 40	65
	AT급전	2, 3, 4, 5, 6, 7, 8	10, 12, 14, 16, 20	55
신간선	AT급전	4, 6, 8, 10, 12, 50	5, 6, 7, 8, 10, 12, 14, 22, 30, 40	75
	동축 급전	3, 4, 5, 6, 7, 15	4, 5, 6, 7, 13, 14, 15, 16, 18, 20	75

1985년경이 되자, 전기철도에서도 디지털형 보호 계전기의 검토가 이루어져 우선 직류 전기철도에서 ME 배전반용으로서 ΔI형 고장선택장치가 실용화되었다. 교류 전기철도에서는 부하의 증가와 교류 회생차의 도입에 따라 부하의 양상이 변화하고 보호 영역에 여유가 없어졌기 때문에 직류 전기철도용으로서 개발된 하드웨어(hardware)를 모체로 하여 보호상 필요한 대(大)영역과 부하로 불요 동작하지 않는 소(小)영역을 준비해서 부하 전류에 함유되는 고조파로 보호 영역을 전환하는 거리 계전기를 개발하였다.

(나) 보호 영역 전환형 거리 계전기

① **보호 영역 전환형 거리 계전기의 구성** : 거리 계전기의 하드웨어 구성은 디지털 연산이 가능한 16비트 마이크로 프로세서를 내장하는 디지털 계전기를 사용하고 있다. 거리 계전기의 기본 사양은 종래의 교류 급전용 정지형 거리 계전기와 같게 하고 있다.

그림 1-39는 블록도이며 저항분과 리액턴스분의 연산 및 평행사변형의 작성, 고조파에 의한 부하와 고장의 판별, 제2조파에 의한 변압기의 무부하 여자돌입전류에 대한 억지(抑止), 최저 동작전류 판별 및 대전류 고장에 대한 과전류 요소로 대별된다.

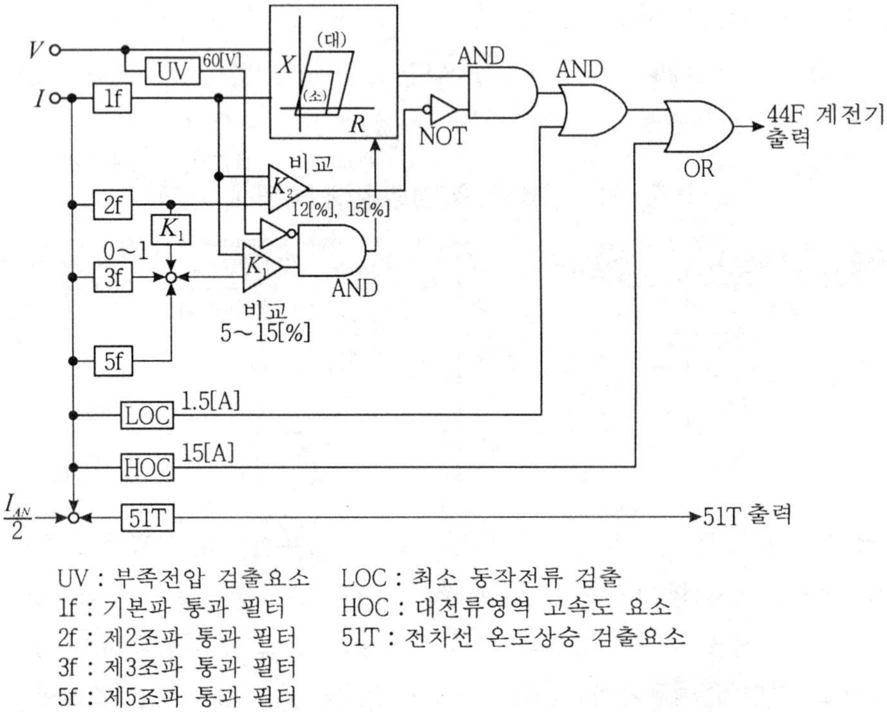

❖❖ 그림 1-39 보호 영역 전환형 거리 계전기의 블록도 ❖❖

㉠ 정격 입력

전압 : 110[V], 전류 : 5[A]

㉡ 평행사변형 특성의 정정 범위 대 · 소 영역 모두

X : 4~20[Ω](1[Ω] 간격)

20~40[Ω](2[Ω] 간격)

R : 2~20[Ω](1[Ω] 간격)

20~40[Ω](2[Ω] 간격)

45[Ω], 50[Ω]

후방 동작 영역 : $X \cdot R$ 모두 -4[Ω]

정정각 : 55~80°(5°간격)로, 대(大)영역≥소(小)영역의 조건이 붙는다.

본 요소에 따른 동작 시간은 100[ms] 이하로 한다.

㉢ 보호 영역의 전환 계수 : 고장 전류에는 고조파가 거의 함유되지 않으나 부하 전류에는 고조파가 함유되는 것을 이용해 거리 계전기의 보호 영역을 전환하고 있다.

$$K_3 = (K_1 I_{2f} + I_{3f} + I_{5f})/I_{1f} = 5 \sim 15[\%](1[\%] \text{ 간격}) \tag{1-18}$$

보호 영역의 전환은 제3조파 함유율만으로도 가능하나, 제5조파도 보태어 검출을 용이하게 하고 있다. 전환 계수는 적용할 선로구간의 고조파 실태를 조사할 필요가 있는데 예로 재래선의 실적에서는 8[%] 정도이다.

그리고 변압기의 무부하 여자돌입전류로 인한 불요 동작을 방지하기 위해 제2조파에 의해 보호 영역을 축소하는 것도 가능하게 하고 있다.

㉣ 거리 계전기 요소 동작시의 데이터 표시 기능 : 고장 해석에 유효하도록 거리 계전기 요소 동작시의 연산 결과(전압 · 전류 · 저항 · 리액턴스) 표시 기능을 부가하고 있다.

㉤ 전차선의 온도상승 검출 요소 : 전차선의 온도 상승에 관한 여러 데이터를 입력하고 급전 전류에서 전차선의 온도 상승을 연산하여 경보를 출력하는 기능을 갖고 있다.

② 거리 계전기 요소의 연산 알고리즘 : 거리 계전기 요소의 연산 알고리즘은 직접 임피던스 연산 방식, 적분 방식 등이 있으며, 제작 회사에 따라 다르다. 각각의 수법으로 구한 저항 R과 리액턴스 X가, 외부에서 정정한 평행사변형의 보호 영역 내(內)라면, 거리 계전기는 급전 회로의 고장으로 간주하여 동작한다.

③ 전차선 온도 상승의 검출 요소

㉠ 온도 상승의 기본식 : 종래에는 전차선의 온도 상승에 관한 보호를 단계식 반한시형(反限時形) 과전류 계전기 등으로 하였다. 최근 계전기의 디지털화에 따라 일부에 전차선의 온도 상승을 부하전류로부터 연산하여 상정하는 요소가 부가되고 있다.

변동하는 부하 전류에 대한 온도 상승은 다음 식에 따라 수치를 연산하면 구해진다.

$$\theta = \left(\theta_0 - \frac{I_{T^2} r + Q_C}{A}\right) \exp\left(-\frac{At_0}{C}\right) + \frac{I_{T^2} r + Q}{A} \tag{1-19}$$

여기서, Q_C : 일사열 흡수[W], I_T : 전차선 전류[A], θ_0 : t_0전의 전차선 온도 상승[℃], A : 열 방산율[W/deg], C : 열용량[Ws/deg], r : 전차선 저항[Ω/cm]을 나타낸다.

연산 주기 t_0는 예를 들어 1초마다 평균 전류를 구해 1초마다 온도 상승 θ를 갱신하고 있다.

가령, 사용되어 검은색으로 변한 전차선(잔존 직경 : 84.3[mm²])에 대해 기온 26[℃]에서의 측정 결과로서 다음의 정수를 얻었다.

$$\left.\begin{array}{l} \text{교류저항} \ \ r = 0.249\times10^{-5}[\Omega/\text{cm}] \\ \text{열 방산율} \ \ A = 0.01132[\text{W/deg}] \end{array}\right\} \quad (1\text{-}20)$$

전차선의 열 용량은 구(舊)국철의 전기공작물 설계시공 표준에 의하면 단위 길이 1[cm]당 110[mm²] 전차선에서 3.7871[Ws/deg]이다. 따라서 단면적 S [mm²]의 전차선에 대해서는 다음 식이 된다.

$$C = 3.7871S/111.1[\text{Ws/deg}] \quad (1\text{-}21)$$

또한, 신간선에서 사용되는 170[mm²] 전차선(신품(新品))의 경우는 $r = 0.104\times10^{-5}[\Omega/\text{cm}]$, $A = 0.0008 \sim 0.011[\text{W/deg}]$, $C = 5.7937[\text{Ws/deg}]$이다.

④ **전차선 전류의 산정** : 전차선은 조가선 및 전차선으로 구성되고 있다. 그래서 전차선 전류에 분류비(分流比) α를 곱해 전차선 전류로 한다. 분류비 α는 예로 심플 가선이 0.85, 컴파운드 가선이 0.4정도이다.

그리고 AT급전회로에서는 변전소의 급전전류 외에 AT로부터도 전류가 공급되므로 급전 전류에 변전소 AT중성점 전류의 1/2를 가산하고 있다.

(4) 교류 △I 형 고장선택장치

(가) 교류 △I형 고장선택장치의 변천

교류 전기철도에서는 당초, 거리 계전기만이 사용되어 왔었다. 그러나 그 후 부하와 고장의 선택이 점점 어려워진 점과 보호 계전방식은 동작 원리가 다른 계전기와 조합하여 이중계(二重系)로 하는 것이 바람직한 점에서 교류 △I형 고장선택장치(50F)가 개발되어 1969년부터 재래선에서 사용되어 왔다. 그러나 당초 개발된 50F는 변압기의 여자 돌입전류에 대해 시간적 감쇠 특성을 이용하고 있었기 때문에 동작 시간이 200[ms] 이상이 되는 결점을 갖고 있었다.

이에 대해 변압기의 무부하 여자 돌입전류 및 부하전류에 함유되는 고조파를 이용해서 여자 돌입전류로 인한 불요 동작을 억지하는 한편 보호 능력을 향상시켜 거리 계전기 수준의 고속 동작을 하는 고조파 억제형 50F가 개발되어 1977년에 동해도 신간선에서 실용화 되었다. 그 후 고조파 억제형 50F는 신간선 및 재래선에 본격적으로 채용되어 현재는 거리 계전기와 함께 이중계(二重系)를 구성하는 강력한 보호 계전기가 되고 있다.

(나) 교류 △I형 고장선택장치의 원리

교류 △I형 고장선택장치의 원리는 그림 1-40에 나타낸 것처럼

① 부하 전류의 노치(notch) 간격에 따른 전류 변화분(△I_1)은 부하 전류의 최대값보다 대폭 작다.

② 고장 전류 변화분(△I_2)은 부하의 전류 변화분(△I_1)보다 크다. 이를 이용하여 동(同)장치의 정정을 다음 식으로서 고장 선택하는 것이다.

$$\triangle I_1 < \triangle I < \triangle I_2 \quad (1\text{-}22)$$

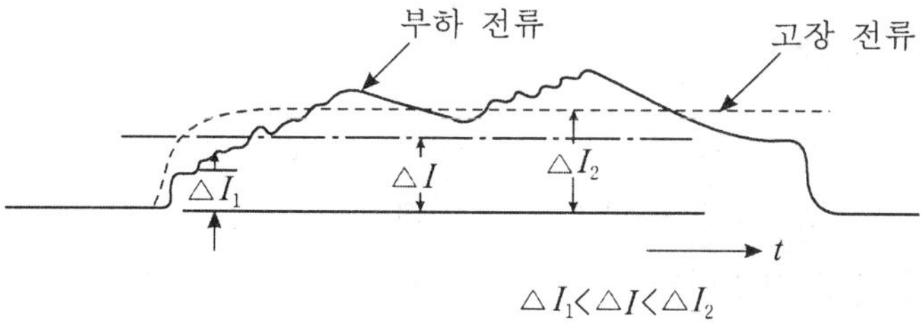

❖❖ 그림 1-40 △I형 고장선택장치의 검출 원리 ❖❖

전류 변화분의 검출 방법은 그림 1-40에 나타낸 것과 같이 교류 전류를 정류(整流)한 후 시정수가 대폭 다른 2조의 1차 지연 요소를 통해 그 출력의 차를 △I로 해서 하고 있다.

그 결과 전류 변화 후 90[ms]에서 △I는 최대가 되고 그 후 △I는 감쇠한다. 이 △I가 정정값보다 크면 고장선택장치가 동작한다.

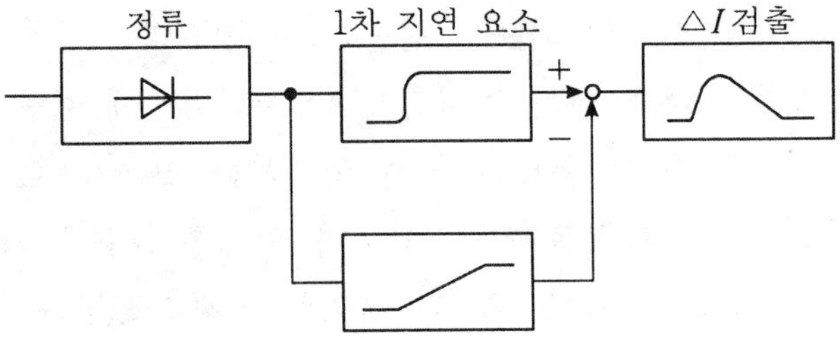

❖❖ 그림 1-41 전류 변화분의 검출 방법 ❖❖

(5) 고조파 억제형 교류 △I형 고장선택장치

교류 급전회로의 특징으로서 이하(以下)의 현상이 있다.

① AT급전회로에서는 초기 급전시 및 재폐로시에 큰 무부하 여자 돌입전류가 발생한다.

② 신간선에서는 이(異)전원 접촉 장소에 전환 섹션이 있어 전기차가 섹션을 통과할 때에 차량용 변압기의 무부하 여자 돌입전류가 또 탭 제어차인 0계 차량에서는 역행 통과시에 부하 돌입전류가 발생하여 큰 전류변화분으로 된다.

이들 돌입 전류로 인한 불요 동작을 방지하기 위해 부하 전류에는 고조파가 함유되나 고장 전류에는 고조파가 거의 함유되지 않는 것을 이용하여 다음과 같은 대책을 시행하고 있다.

① 동작력(動作力)으로서 기본파(基本波)만을 이용한다.

② 변압기의 무부하 여자 돌입전류에 대해 제2조파가 많이 함유되어 있는 것을 이용해서 출력을 억지한다.

③ 부하 돌입전류에 대해 부하 전류에 많이 함유되는 제3조파를 이용해서 외견상의 부하 전류를 작게 하도록 억제한다.

④ 상시의 기저 부하전류에서 고장 전류까지의 차이가 △I_2로 되기 때문에 제3조파를 이용하여 억제하면 외견상의 기저 전류가 작아져 △I_2가 크게 보이므로 보호 능력은 대폭 향상한다.

(가) 고조파 억제형 교류 △I형 고장선택장치의 구성

① 고조파 억제형 교류 △I형 고장선택장치의 구성 : 고조파 억제형 50F의 블록도를 그림 1-42에 나타내었다.

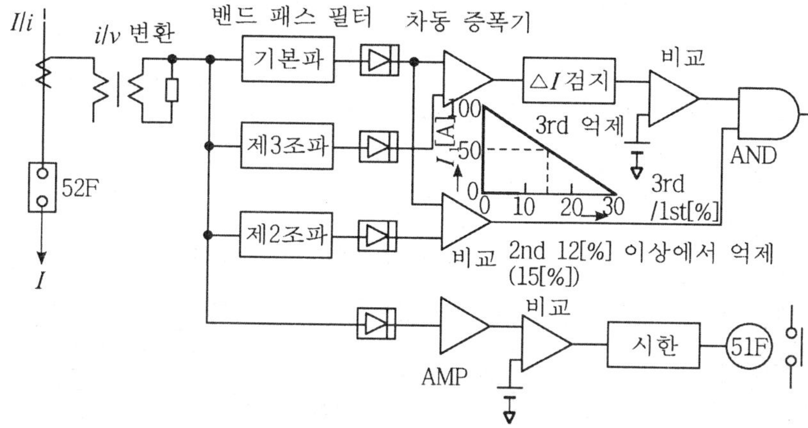

❖❖ 그림 1-42 고조파 억제형 50F의 블록도 ❖❖

즉, 급전 전류를 전압으로 변환하고 기본파분(基本波分)을 추출 정류하여 제3조파에 의한 억제(抑制)를 시행한 후 △I를 검출하고 있다.

부하 전류에 대해서는 제3조파 함유율이 15[%]이고 기본파 전류가 50[%]로 되는 비율로 억제한다. 부하 전류의 제3조파 함유율은 10~20[%]이므로 기본파 전류는 대개 1/2이 된다. 그러므로 0계 전차의 부하 돌입전류에 대해서는 값이 작아져 불요 동작하지 않는다. 또 기저 전류에 대해서도 작게 보이므로 △I가 커져 보호 능력이 향상한다.

최근의 PWM제어 차량에 대해서는 제3조파 함유율이 종래의 1/3 정도로 작으나 고(高)역률 때문에 기본파 전류가 작으므로 기저 전류에 대한 보호 성능은 종래의 사이리스터 제어차 정도이다.

변압기의 무부하 여자 돌입전류에 대해서는 제2조파 함유율이 재래선용에서 15[%] 이상일 때 신간선용에서 12[%] 이상일 때 출력을 억지한다. 또한 신간선에서는 50F를 이중계(二重系)로 하고 있으며 후비(後備) 보호로 되는 50FB에 대해서는 제2조파 함유율에 의해서도 제3조파 함유율과 마찬가지로 억제를 실시하여 불요 동작을 방지하고 있다.

고조파 억제형 50F의 사양은 다음과 같다.

㉠ 정격 입력 전류 : 5[A]

㉡ 정격값

· $\triangle I$ 요소 : 1.5, 1.75, 2, 2.5, 3, 4, 5, 6[A]

· 과전류 요소 : 1.5, 2, 2.5, 3, 3.5, 4[A]

㉢ 동작 전류

· $\triangle I$ 요소 : 정격값 2배의 $\triangle I$에서 70[ms] 이하

· 과전류 요소 : 1~999[s]

② 실용기의 정정값 표준

㉠ $\triangle I$ 요소 : 보호 대상에서 저항 10[Ω]의 고장이 발생한 경우의 전류를 계산하여 충분한 보호 특성을 얻을 수 있도록 정정할 필요가 있는데 표준은 다음과 같다.

ⓐ 재래선 : 당해 급전회로를 주행하는 전기차의 최대 부하전류 정도

ⓑ 신간선

· 상하선별 보호 : 1.75[A](30[kV]계 1,050[A])

· 상하선 일괄 보호 : 2.0[A](30[kV]계 1,200[A])

㉡ 과전류 요소 : 과전류 요소의 정정은 사용할 선로구간 부하전류의 계속 특성(繼續特性)에 따라 결정된다.

본 요소는 전선 및 기기의 열적 보호가 주 대상이 되며 자동 재폐로는 하지 않는다.

③ 디지털형 고조파 억제형 50F의 구성 : 최근 디지털형 50F가 개발되고 있는데 동작 원리 및 사양은 실적이 있는 아날로그 방식과 동일하게 하고 있다.

1.4.3 교류 급전회로의 고장점 표정장치

급전회로에서 고장이 발생했을 때에 고장점을 특정(特定)하는 것은 조기 복구를 위해 중요하다. 그러므로 보호 계전기의 동작으로 고장점 표정장치를 기동하여 고장점을 표정하고 있다.

(1) 리액턴스 검출방식 표정장치

BT급전회로의 변전소에서 본 단락 임피던스는 거리에 대해 거의 직선이기 때문에 당초 고장점까지의 임피던스를 연산해서 거리를 표정하는 방식이 채용되었다. 그 후 임피던스 검출 방식에서는 고장점에 저항분이 존재할 경우 표정 오차가 생기기 때문에 저항분의 영향이 없는 리액턴스 검출 방식의 표정장치가 개발되어 현재에 이르고 있다.

그림 1-43에 변전소에서 본 단락점까지의 리액턴스는

$$X_{SS} = X_l \tag{1-23}$$

로 된다. 따라서 이미 알고 있는 선로 임피던스의 리액턴스분과 비교하여 변전소로부터 고장점까지의 거리를 구할 수 있다.

표정 구간은 당초 5단계였으나 현재는 100단계로 되어 정도(精度)가 향상하고 있다.

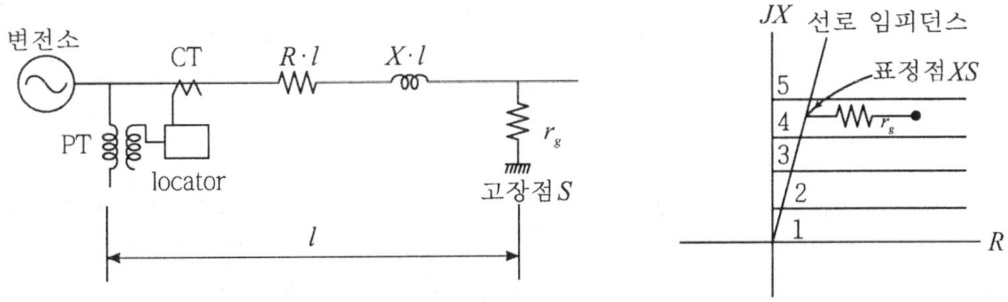

(a) 회로의 구성 (b) 리액턴스의 검지

❖❖ 그림 1-43 리액턴스 검출방식의 표정장치 ❖❖

(2) AT 흡상전류비(吸上電流比) 방식 표정장치

(가) AT 흡상전류비 방식 표정장치의 원리

AT급전회로에서는 선로 임피던스가 거리에 대해 직선적이지 않으므로 리액턴스 검출방식 표정장치를 사용하면 오차가 크다.

AT급전회로에서는 각 지점의 AT가 각각 전원의 기능을 하고 있으며 고장점

양측의 AT 중성점 전류는 각각의 AT로부터 고장점까지의 거리에 거의 반비례하고 있다.

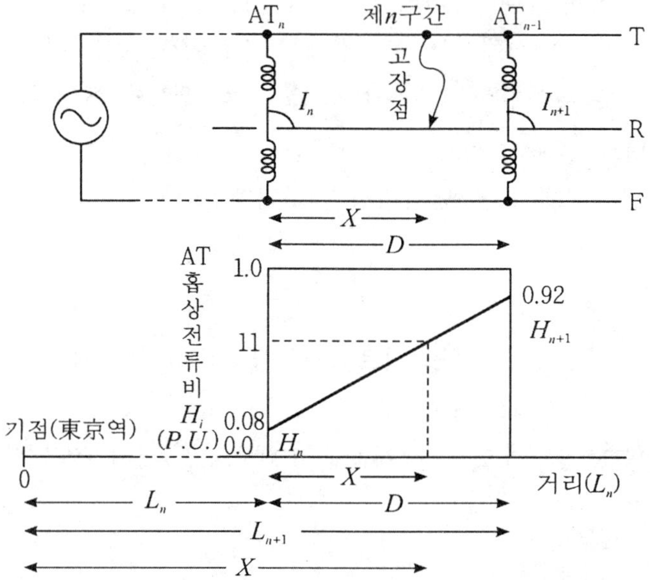

❖❖ 그림 1-44 AT 흡상전류비 방식 표정기의 원리 ❖❖

그림 1-44에서 흡상전류비로서

$$H_i = I_{n+1}/(I_n + I_{n+1}) \tag{1-24}$$

로 하면 H_i는 직선적인 관계에 있어 대체로 다음 식을 만족한다.

$$X = L_n + \frac{H_i - 0.08}{0.84} D[\text{km}] \tag{1-25}$$

여기서, X : 기점으로부터 고장점의 거리[km], L_n : 기점으로부터 n번째 AT의 거리[km], D : AT$_n$과 AT$_{n+1}$간의 거리, x : AT$_n$으로부터 고장점까지의 거리를 나타낸다.

신간선에서는 급전회로에 고장이 발생한 경우 당해 회선의 모든 AT 흡상전류를 자동적으로 계측해서 유지하고, 그 데이터를 차례로 CSC(급전제어센터)에 보낸다. CSC에서는 미니 컴퓨터를 이용하여 식 (1-25)에 따라 고장점의 거리[km]를 산출한다.

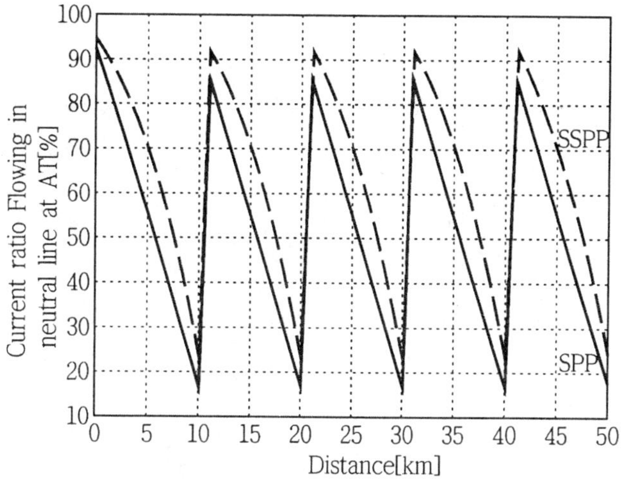

❖❖ 그림 1-45 흡상전류비 방식의 고장점표정 ❖❖

(나) 고장점 표정장치 운용상의 유의점

① 상하선의 판별 : AT급전회로는 복잡한 구성이므로, 흡상전류비는 상하 AT의 흡상전류를 합성해서 비(比)를 구하고 있다.

고장 회선의 결정은 상하 AT의 흡상전류 크기를 비교하는 것이 아니라, 당해 구간의 보호 계전기 동작에 따라 판단하는 것이 올바르다.

② 전차선-급전선의 단락 : 흡상전류비 방식에서는 AT에서 전력을 공급하지 않는 T-F 단락 고장은 표정할 수 없다.

그래서 보호 계전기가 동작해도 AT흡상전류가 작아 500[A] 이하인 경우는 T-F 단락으로 판단하여 변전소에서 자동 기록되는 recorder의 전압 · 전류값에서 고장점을 산정할 필요가 있다.

③ 3권선 변압기를 이용한 AT급전회로로의 적용 : 3권선 변압기를 이용한 AT급전회로에서는 변전소 근방에서 고장이 발생하면 변압기의 중성점으로도 전류가 분류한다. 그러므로 변전소 AT의 흡상 전류로서 변압기 중성점 전류도 가산할 필요가 있다.

(3) 새로운 AT 흡상전류비(吸上電流比) 방식 표정장치

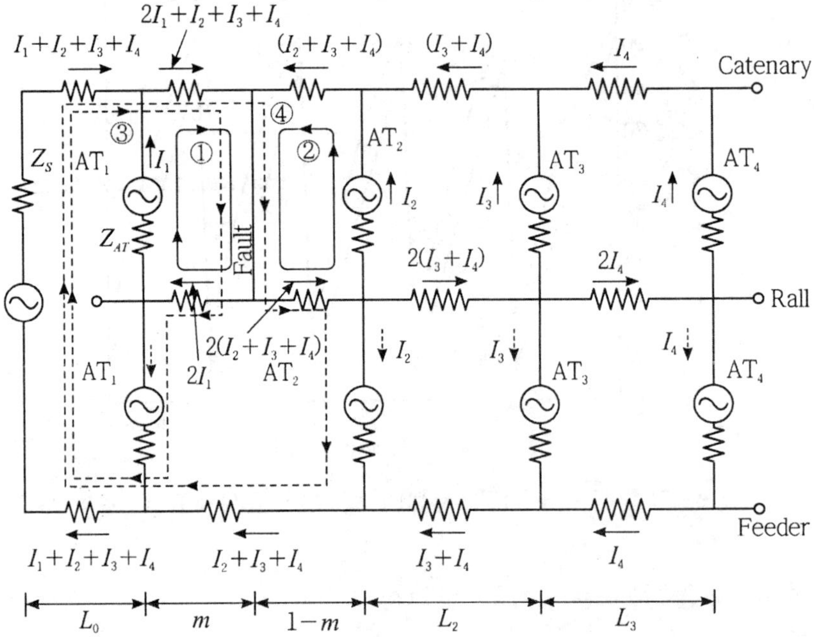

❖❖ 그림 1-46 AT_1-AT_2 사이에 C-R 단락사고시 전류 분포 ❖❖

본 연구에서 제안하는 표정 알고리즘은 키르히호프의 전압법칙에 근거해 얻은 4개의 전압방정식으로부터 각 임피던스와 레일의 전류만으로 구성되는 거리방정식을 얻어 고장점을 찾을 수 있는 방법을 명지대학교 차세대전력기술센터와 공동개발하여 적용하였다.

그림 1-46에 AT_1~AT_2 구간 사이에 C-R 단락사고가 발생한 경우의 전류 흐름을 나타내었다.

각 AT는 독립된 전압 전원으로 표현하였으며, 각 loop에 흐르는 전류에 대하여 전압방정식을 정리하면 다음과 같다.

loop 1 :

$$V_1 = Z_{AT}(I_1) + mZ_C(2I_1 + I_2 + I_3 + I_4) + mZ_R(2I_1) - mZ_{CR}(2I_1) - mZ_{CF}(I_2 + I_3 + I_4) - mZ_{CR}(2I_1 + I_2 + I_3 + I_4) + mZ_{RF}(I_2 + I_3 + I_4)$$

loop 2 :

$$V_2 = Z_{AT}(I_2) + (1-m)Z_C(I_2 + I_3 + I_4) + (1-m)Z_R(2I_2 + 2I_3 + 2I_4) - (1-m)Z_{CR}(2I_2 + 2I_3 + 2I_4) + (1-m)Z_{CF}(I_2 + I_3 + I_4) - (1-m)Z_{CR}(I_2 + I_3 + I_4) - (1-m)Z_{RF}(I_2 + I_3 + I_4)$$

loop 3 :

$$V_S = Z_S(I_1 + I_2 + I_3 + I_4) + \frac{1}{2}Z_C(I_1 + I_2 + I_3 + I_4) + V_1 + Z_{AT}(I_1) + mZ_C(2I_1 + I_2 + I_3 + I_4) + mZ_R(2I_1) + \frac{1}{2}Z_F(I_1 + I_2 + I_3 + I_4) - mZ_{CR}(2I_1) - mZ_{CF}(I_2 + I_3 + I_4) - mZ_{CR}(2I_1 + I_2 + I_3 + I_4) + mZ_{RF}(I_2 + I_3 + I_4) - Z_{CF}(I_1 + I_2 + I_3 + I_4)$$

loop 4 :

$$V_S = Z_S(I_1 + I_2 + I_3 + I_4) + \frac{1}{2}Z_C(I_1 + I_2 + I_3 + I_4) + V_2 + Z_{AT}(I_2) + mZ_C(2I_1 + I_2 + I_3 + I_4) + (1-m)Z_R(2I_2 + I_3 + I_4) - mZ_{CR}(2I_1) - mZ_{CF}(I_2 + I_3 + I_4) + \frac{1}{2}Z_F(I_1 + I_2 + I_3 + I_4) - Z_{CF}(I_1 + I_2 + I_3 + I_4) - (1-m)Z_{CR}(I_2 + I_3 + I_4) - (1-m)Z_{RF}(I_2 + I_3 + I_4) + (1-m)Z_{CF}(I_2 + I_3 + I_4) - (1-m)Z_{RF}(2I_2 + 2I_3 + 2I_4) - mZ_{CF}(2I_1 + I_2 + I_3 + I_4) + mZ_{RF}(2I_1)$$

위 전압방정식을 다음과 같이 정리를 하면

loop 1 - loop 2 :

$$V_1 - V_2 = -(Z_C + 2Z_R - 3Z_{CR} - Z_{RF} + Z_{CF})(I_2 + I_3 + I_4) + Z_{AT}(I_1 - I_2) + m(2Z_C + 2Z_R - 4Z_{CR})(I_1) + m(2Z_C + 2Z_R - 4Z_{CR})(I_2 + I_3 + I_4)$$

loop 4 - loop 3 :

$$\begin{aligned} V_1 - V_2 = &(2Z_R + Z_F - Z_{CR} - 3Z_{RF} + Z_{CF})(I_2 + I_3 + I_4) \\ &- Z_{AT}(I_1 - I_2) + m(-2Z_R + 2Z_{CR} - 2Z_{CF} + 2Z_{RF})(I_1) \\ &+ m(-2Z_R + 2Z_{CR} - 2Z_{CF} + 2Z_{RF})(I_2 + I_3 + I_4) \end{aligned}$$

이상적인 1 : 1 단권변압기(AT)를 사용하므로 변압기 1차측과 2차측 전압이 같다. 그러므로 위 식을 고장거리[m]에 대한 식으로 정리하면 다음과 같다.

$$\frac{m}{D} = \frac{(\frac{1}{2}Z_C + 2Z_R + \frac{1}{2}Z_F - 2Z_{CR} + Z_{CF} - 2Z_{RF})(I_b) - Z_{AT}(2I_1 - 2I_2)}{(Z_C + 2Z_R - 3Z_{CR} + Z_{CF} - Z_{RF})(I_a + I_b)}$$

여기서, m : AT_1에서 고장점까지의 거리, D : AT_1과 AT_2 사이의 거리, Z_C : Catenary 자기 임피던스, Z_R : Rail 자기 임피던스, Z_F : 급전선 자기 임피던스, Z_{CR} : Catenary-Rail 상호 임피던스, Z_{CF} : Catenary-급전선 상호 임피던스, Z_{RF} : Rail-급전선 상호 임피던스, I_a : AT_1 유입전류 $(=2I_1)$, I_b : AT_2 유입전류 $(=2I_2+2I_3+2I_4)$을 나타낸다.

1.4.4 교류 급전용 변압기의 보호

(1) 변압기의 내부 고장 검출

(가) 전류 비율차동(比率差動)형 계전기 방식의 원리

전력 케이블이나 변압기 같이 전력을 소비하지 않고 전력 전송이나 전압을 변환하는 기기를 보호하는데 있어서는 전류 비율차동형 계전기 방식(87)이 적합하다.

이 방식의 원리는 보호해야 하는 대상 기기의 전원측과 부하측에 CT를 삽입하고 양자의 전류가 거의 같을 때에 정상 또는 외부 고장, 전원측 전류가 크고 부하측 전류가 작을 경우에 내부 고장이라 판단해서 내부 고장일 때만 고속 검출하여 전로(電路)를 차단하는 보호 방식이다.

그림 1-47은 87T의 기본 원리이다. CCT는 변압기의 권수비(比) 및 CT비(比) 등을 고려한 정수 변환 회로이다. 87T 본체의 코일은 4개이며 a, b, c는 억제

코일, d는 동작 코일로, 억제 코일에는 각각 독립된 3종류의 전류가 흐르며 동작 코일에는 3종류의 합성 전류가 흐른다.

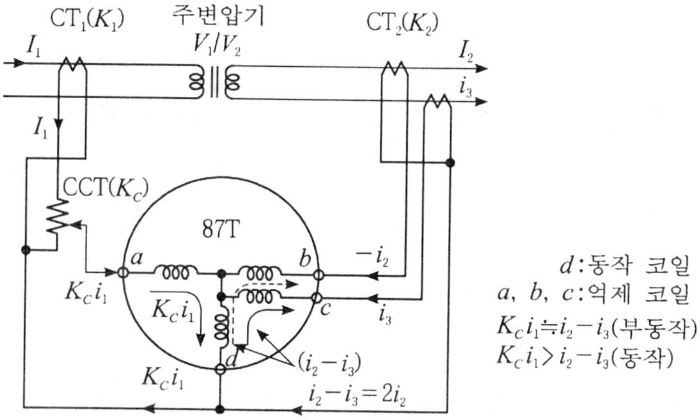

❖❖ 그림 1-47 87T의 기본 원리 ❖❖

그림의 화살표 방향의 전류가 0에 가까운 경우 87T는 부(不)동작, 일정값 이상이 되면 동작한다. 억제 코일은 87T가 동작하지 않도록 작용, CT 포화현상의 차(差) 등으로 인해 동작 코일에 전류가 다소 흘러도 87T는 동작하지 않도록 하고 있다.

그림 1-48은 87T의 비율 동작 특성으로 보통은 40[%] 또는 50[%]로 정정된다.

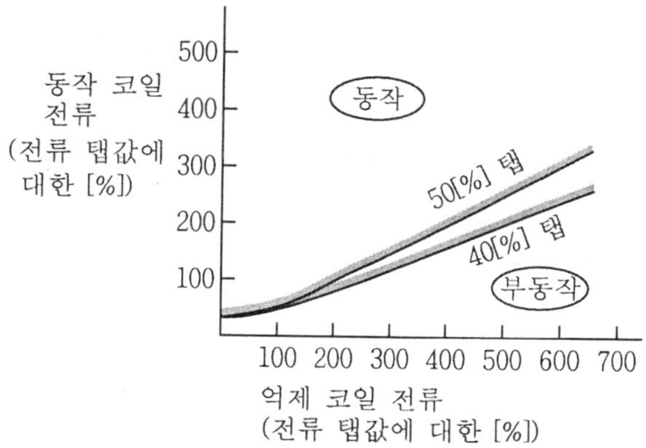

❖❖ 그림 1-48 87T의 비(比) 동작 특성 ❖❖

(나) 3상 2상 변환 변압기와 87T

스콧 결선 변압기에 87T를 적용할 경우 그림 1-49와 같이 M좌용과 T좌용 2조(二組)의 87T를 필요로 한다.

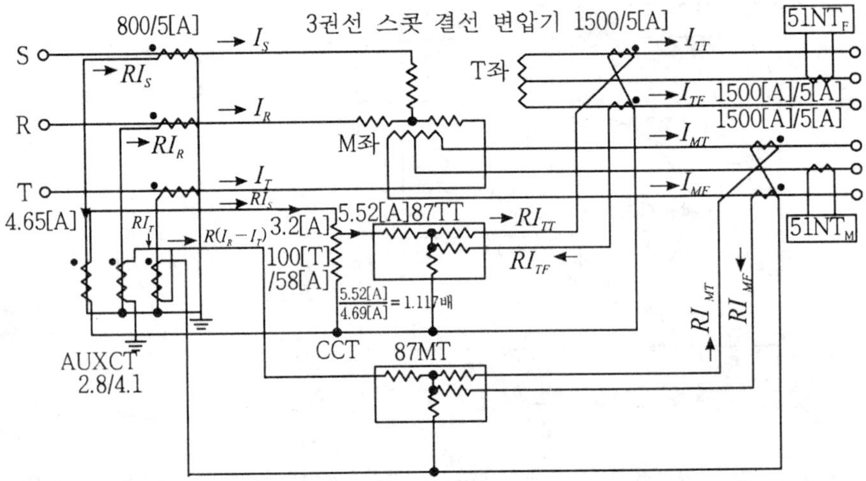

❖❖ 그림 1-49 3권선 스콧 결선 변압기용 87T의 결선 예 ❖❖

변형 우드 브리지 결선 변압기의 경우도 2조의 87T를 필요로 하는데 변압기의 1차측 중성점을 접지하고 있기 때문에 전력회사 계통에서 1선 지락 고장이 발생한 경우 고장 전류의 일부가 변압기의 중성점으로 유입, 경우에 따라서는 87T를 불요 동작시킬 우려가 있다는 점이 다르다.

그래서 그림 1-50에 나타낸 것처럼 1차 · 2차 · 3차 권선이 공통 철심에 감겨 있는 CT를 이용하여 1차 권선은 주 회로 2차 권선은 87T 회로에 묶고 3차 권선은 R · S · T상을 △에 묶어 0상(零相) 전류를 흘려 보내고 2차 권선에 0상 전류가 흐르지 않도록 하고 있다. 이 회로를 0상 소거(消去)회로라 한다.

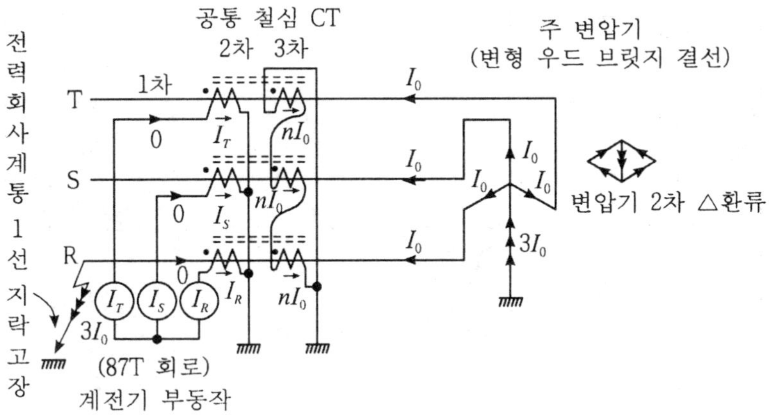

❖❖ 그림 1-50 0상(零相) 소거(消去)회로 ❖❖

(다) 87계전기의 결선 및 시험방법

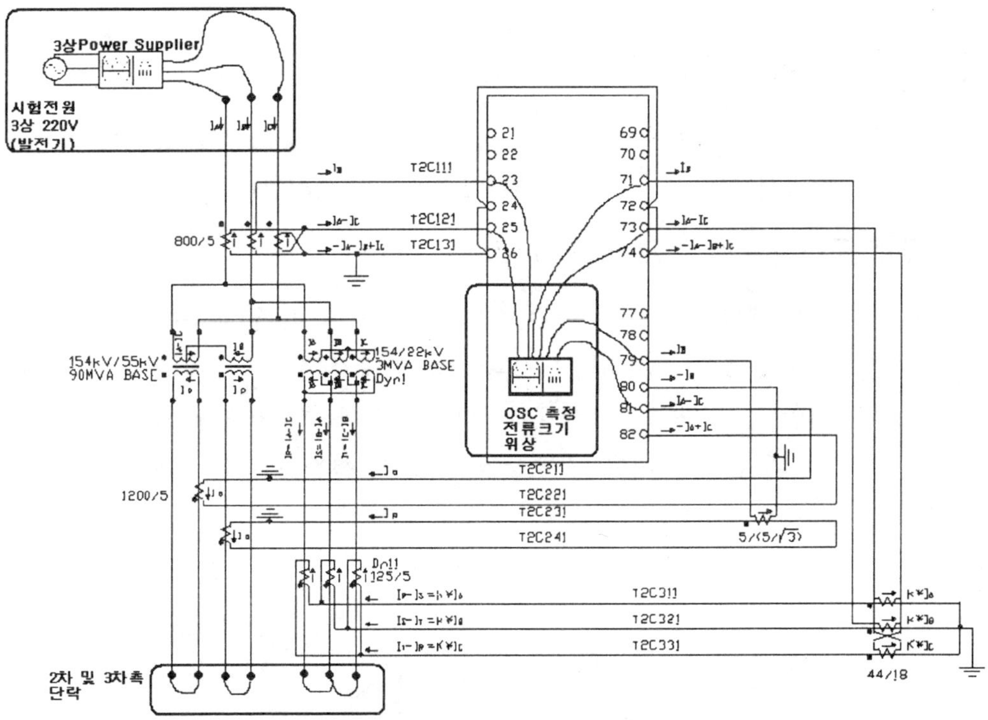

❖❖ 그림 1-51 ❖❖

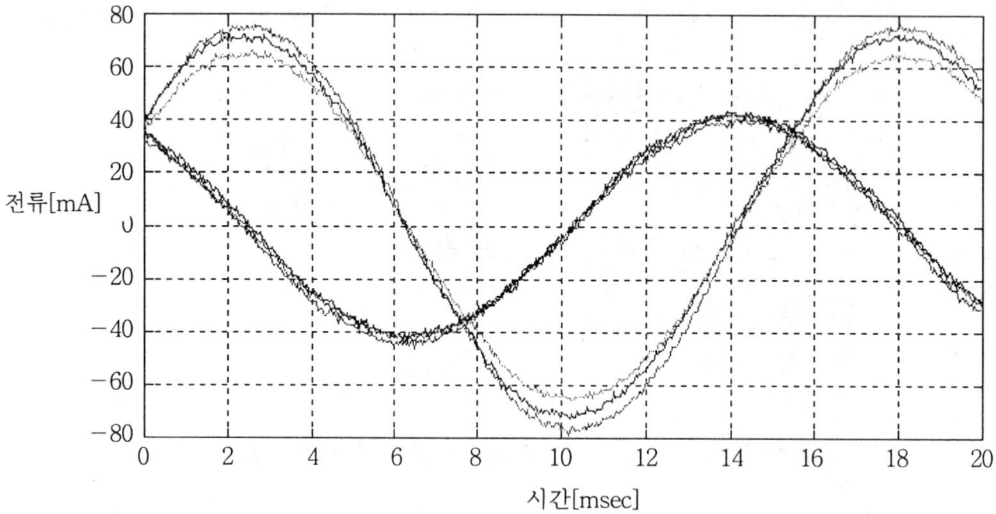

❖❖ 그림 1-52 4차 실험결과(23(파랑색), 71(초록색), 79(빨강색), 23(하늘색), 79(보라색), 81(노랑색) ❖❖

(2) 급전측 모선 보호

신간선에서 급전측을 비접로 하고 있는 급전용 변압기의 모선측 보호에 대해 기술하고자 한다.(3권선 변압기에 의한 레일 접속방식은 제외한다)

(가) 급전 모선의 1선 접지 보호(64B)

급전용 차단기가 개방되어 있을 때는 AT가 접속되지 않기 때문에 급전 모선의 전위는 정전용량의 분포에 지배되나 T상과 F상의 대지 정전용량이 같다고 가정하면 선간(線間) 전압이 이분(2分)된 형태가 된다. 그런데 한 선(一線)이 지락하면 지락상(地絡相)의 전위는 0이 되어 건전상(健全相)은 선간전압의 전위(60[kV])까지 상승한다.

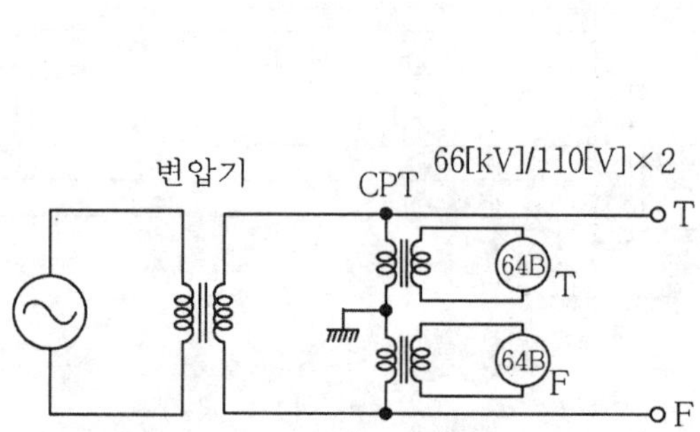

❖❖ 그림 1-53 급전모선 한선 접지 보호계전방식 ❖❖

그래서 그림 1-53과 같이 이상(異相)간에 각각 60호의 PT를 접속, 전위 상승을 검출하여 보호하고 있다.

(나) 이상(異相) 단락 보호(84AB)

급전용 변압기 급전측의 90° 위상이 다른 좌(座)의 단락을 보호하는 것이다.

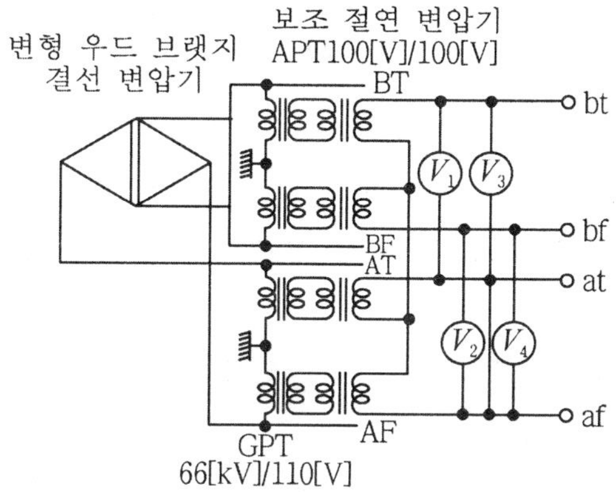

❖❖ 그림 1-54 84AB의 결선도 ❖❖

그림 1-54는 이상(異相) 단락 계전 방식의 결선도이며, 64B에 사용하는 PT의 출력을 이용하고 있다.

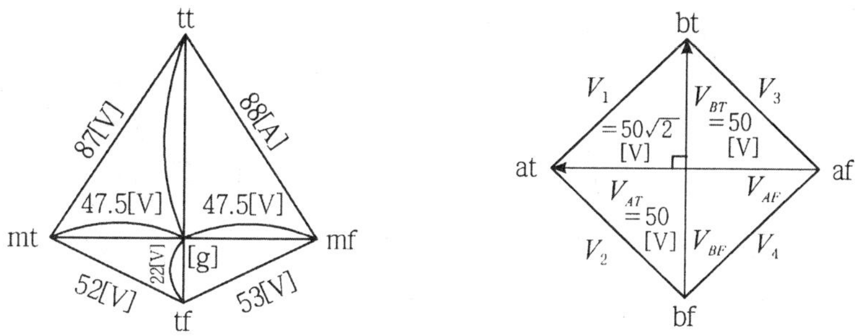

(a) 스콧 결선 변압기(AT없음) (b) 변형 우드 브리지 결선 변압기

❖❖ 그림 1-55 급전용 변압기 급전측 이상(異相)간 전압 벡터도 ❖❖

그림 1-55는 계전기에 걸리는 평상시의 벡터도이다. 스콧 결선 변압기는 아래에서 부터 약 1/4의 위치에 0점이 있어 AT가 접속되면 완전에 가까운 십자형 형태가 된다. 변형 우드 브리지 결선 변압기는 AT의 유무에 상관없이 완전에 가까운

십자형이다.

이상(異相) 단락시는 약 20~30[V]가 되므로 계전기의 정정값은 40[V]로 하고 있다.

(3) 회생차로 인한 과전압의 발생

그림 1-56의 스콧 결선 변압기에서 T좌에서 전기차가 회생 중에 송전선의 UV상 또는 VW상이 단락하여 전원측 변전소가 먼저 개방되면 M좌에 $\sqrt{3}$배의 과전압이 발생한다.

또한 변형 우드 브리지 결선 변압기의 경우는 1차측 중성점이 직접 접지되어 있으므로 A좌 회생시에 U상 또는 W상이 지락하면 B좌에 $\sqrt{3}$배의 과전압이 발생한다.

변압기의 과전압 내량은 규정되어 있지 않으나 실적치(實績値)로 볼 때, 0.2[초] 정도 허용할 수 있을 것으로 생각된다.

표시선(表示線) 보호 방식을 이용해서 송전선 고장시에 급전용 변전소와 전원측 변전소를 동시에 개방하는 경우 과전압은 발생하지 않는다. 그 이외의 경우 3상측의 부족 전압 계전기와 급전측의 과전압 계전기를 병용해서 기기의 내량(耐量) 시간 내에 급전용 차단기를 개방한다.

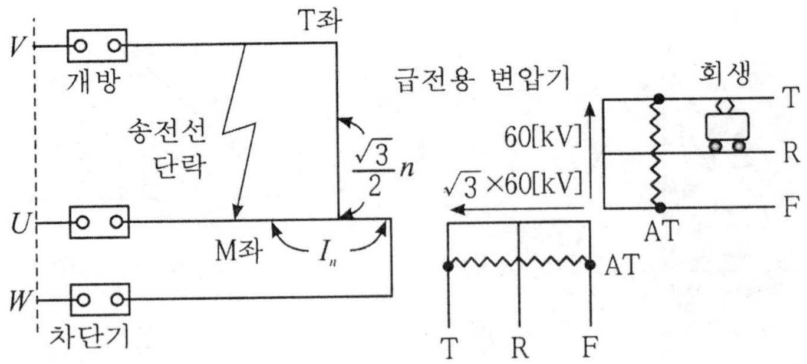

❖❖ 그림 1-56 스콧 결선 변압기와 회생차로 인한 과전압의 발생 ❖❖

(4) 3권선 변압기 급전측 차단기의 결상(缺相) 보호

3권선 변압기에서 급전측 차단기는 T상 및 F상의 회로를 개방하는데 중성점 N상은 접속된 상태이다. 그러므로 전기차 운전 중에 차단기 또는 단로기에 결상(缺相)이 있으면 부하 전류가 중성점을 통해 급전용 변압기의 T상 또는 F상에서만 공급되기 때문에 급전용 변압기 및 AT의 온도가 상승하는 원인이 된다.

그래서 앞에 기술한 그림 1-54에 나타낸 바와 같이 변압기 중성점에 과전류 계전기(51NT)를 삽입해서 급전측 차단기의 결상을 검출하고 있다. 51NT의 정정은 부하 전류의 크기 및 계속 시간을 고려하여 시행하고 있다.

(5) 전환 개폐기의 극간(極間) 섬락 검출계전기

변전소에서 전환 개폐기의 극간 섬락 고장이 발생하면 급전용 변압기의 다른 좌(座)가 단락되어 대(大)전류가 흐른다. 또 급전 구분소에서 극간 섬락 고장이 발생하면 다른 변전소간에 횡류(橫流)가 흐른다.

정상시에는 전류가 2조(二組)의 전환 개폐기에 동시에 흐르지는 않기 때문에 2조의 전환 개폐기에 동시에 전류가 흘렀을 때에 극간 섬락 고장이라 판단하는 계전기(50CS)이다. 전환 개폐기의 극간 섬락은 수 cycle에서 회복되는 경우가 있으므로 본 계전기를 이용해서 예비기로 전환할 경우는 거리 계전기의 동작과 협조를 취할 필요가 있다.

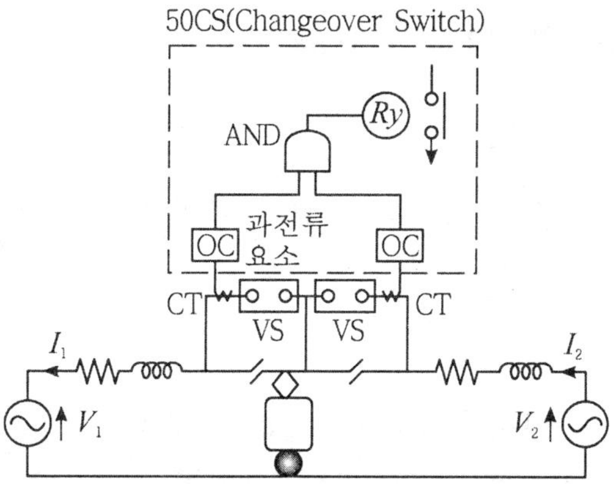

❖❖ 그림 1-57 전환 개폐기의 극간(極間) 섬락 검출 ❖❖

1.5 교류 급전회로의 선로정수와 고장 계산 · 전압강하 및 정전유도

1.5.1 각종 도체의 임피던스

(1) 대지 귀로 임피던스

교류 급전회로에서는 대지에 밀착하고 있는 레일을 도체로서 사용하고 있기 때문에 각 전선의 대지 귀로 임피던스를 구해 시뮬레이션한다. 전선의 임피던스는 자기 임피던스와 전선간의 유도에 기초하는 상호 임피던스가 있다.

(가) 자기 임피던스 Z_S

지표상에 가설된 전선의 대지 귀로 자기 임피던스는 전선 고유의 내부 임피던스 Z_i와 전선의 지표상으로부터의 높이와 대지 도전율 등에 따라 변화하는 외부 임피던스 Z_0의 합으로 표현된다.

즉, 자기 임피던스를 Z_S라 하면 다음 식으로 표현된다.

$$Z_S = Z_i + Z_0 [\Omega/\text{km}] \tag{1-26}$$

① 가공 전선의 내부 임피던스 : 전선 고유의 임피던스이며 다음 식으로 표현된다.

$$\text{저항} \quad R = \frac{1}{58} \cdot \frac{100}{C} \cdot \frac{l}{S} \times \{1 + \alpha(T - 20)\} [\Omega/\text{km}] \tag{1-27}$$

$$\text{리액턴스} \quad X = \omega L = \frac{\omega}{2} \mu_s \times 10^{-4} [\Omega/\text{km}] \tag{1-28}$$

여기서, S : 도체 단면적[mm^2], $l = 1,000$: 도체 길이[m], C : % 도전율(경동 : 98[%], 알루미늄 61[%], 철 : 16[%]), T : 온도[℃], α : 저항 온도 계수, L : 인덕턴스[H/km], μ_s : 도체의 비(比) 투자율(透磁率)(경동, 알루미늄 : 1, 철 : 100~150), $\omega = 2\pi f$, f : 주파수[Hz]을 나타낸다.

대표적인 전선의 전기 특성을 표 1-10에 나타내었다. 전선의 내부 임피던스는 교류에 대해 표피 효과가 있다. 표피 효과를 고려하면,

$$X = 2\pi a \sqrt{2 f x \mu_s \times 10^{-7}}$$

여기서, a : 도체 단면의 반경[m], x : 도체 재질의 도전율[S/m]을 나타낸다.

로 하고, 직류에서의 값 R_0, L_0에 대한 교류에서의 값 R_i, L_i를 나타내면 그림 1-58과 같이 표현된다.

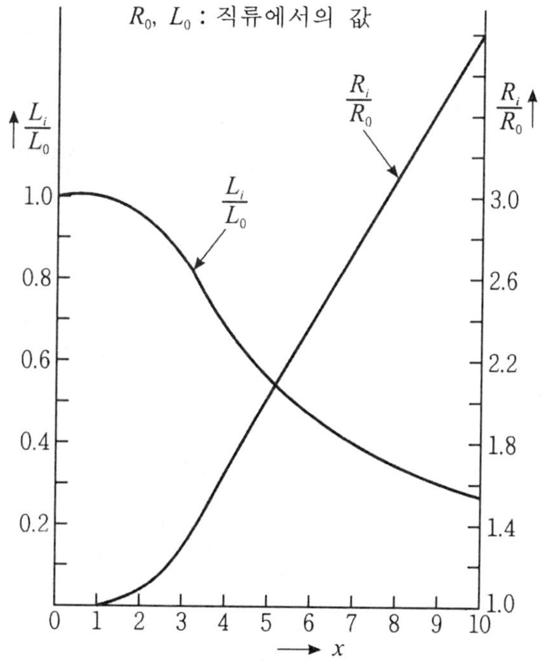

❖❖ 그림 1-58 내부 임피던스의 교류 특성 ❖❖

표 1-10 대표적인 전선의 전기 특성

품질 형상	공칭 단면적 [mm²]	계산단면적 [mm²]	조 성	외경 [mm]	단위중량 [kg/m]	전기저항 (20[℃]) [Ω/km]	저항온도 계수 (20[℃])
은이 들어간 전차선	170	170.0	—	15.49	1.511	0.1046	0.00381
	110	111.1	—	12.34	0.9877	0.1600	0.00381
홈이 있는 경동 전차선	170	170.0	—	15.49	1.511	0.1040	0.00383
	110	111.1	—	12.34	0.9877	0.1592	0.00383
주석이 들어간 전차선	170	164.4	—	15.49		0.1451	0.00300
	110	7.5	—	12.34		0.2223	0.00300
철 · AL 전차선	150	196.3	—	17.00		0.1640	0.00390
내열 경동 연선	150	152.8	19/3.2	16.0	1.375	0.119	0.00381
1종 경동 연선	200	196.4	37/2.6	13.2	1.776	0.092	0.00381
	100	100.9	19/2.6	13.0	0.9076	0.178	0.00381
2종 경동 연선	200	204.3	19/3.7	13.5	1.838	0.088	0.00381
	150	152.8	19/3.2	16.0	1.375	0.118	0.00381
	100	101.6	7/4.3	12.9	0.9145	0.177	0.00381
경(硬)AL 연선	510	512.5	37/4.2	24.4	1.413	0.0563	0.0040
	300	297.6	37/3.2	22.4	0.8201	0.0969	0.0040
	150	152.8	19/3.2	16.0	0.4187	0.188	0.0040
	95	96.95	7/4.2	12.6	0.2649	0.295	0.0040
	55	56.29	7/3.2	7.8	0.1015	0.769	0.0040
강심 AL 연선	330	Al 326.8 st 52.84) 374.64	Al 26/4.0 st 7/3.1	25.3	1.365 ~ 1.397	0.0888	0.0040
	160	Al 154.3 st 37.16) 196.46	Al 30/2.6 st 7/2.6	13.2	0.7582 ~ 0.7753	0.182	0.0040

품질 형상	공칭 단면적 [mm²]	계산단면적 [mm²]	조 성	외경 [mm]	단위중량 [kg/m]	전기저항 (20[℃]) [Ω/km]	저항온도 계수 (20[℃])
강심 AL 연선	58	Al 57.73 / st 4.62) 67.35	Al 6/3.5 / st 1/3.5	5.5	0.2331	0.497	0.0040
	40	Al 34.63 / st 6.61) 46.24	Al 6/2.9 / st 1/2.9	3.7	0.1600	0.723	0.0040
AL	95	Al 95.4 / st 15.9) 111.3	Al 6/4.5 / st 1/4.5	13.5	0.366	0.284	0.0040
아연 도금강 연선	240	234.0	19/4.0	20.0	1.900	0.913	0.005
	180	183.0	19/3.5	17.5	1.450	1.07	0.005
	135	137.5	7/5.0	15.0	1.090	1.43	0.005
	90	83.0	7/4.0	12.0	0.697	1.507	0.005
	55	56.3	7/3.2	4.6	0.446	3.60	0.005

② 중공(中空) 도체의 내부 임피던스 : 동축 케이블의 외부 도체는 중공 도체로 되며 표피 효과를 고려하지 않은 내부 임피던스는 다음 식으로 표현된다.

$$Z_{12} = R_0 + j\omega 2\mu_s \left\{ \frac{b_1^4}{(b_2^2 - b_1^2)^2} \log \frac{b_2}{b_1} - \frac{3b_1^2 - b_2^2}{4(b_2^2 - b_1^2)} \right\} \times 10^{-4} \qquad (1\text{-}29)$$

여기서, $b_1 \cdot b_2$: 중공 도체의 내측·외측 반경[m]을 나타낸다.

③ 레일의 내부 임피던스 : 교류 전류에 대해서는 레일은 철로 구성되어 있기 때문에 상용 주파수의 범위에서 이미 강한 표피 작용을 입어 레일 내(內) 전류는 그 주변에 모인다. 이 때문에 바로 레일 외주(外周)와 같은 원주(圓周)의 철원주(鐵圓柱)와 거의 같은 임피던스로 된다. 따라서 이 원주(圓柱)를 등가(等價) 원주 도체라 칭한다.

㉠ 상용 주파수에서의 내부 임피던스 : 상용 주파수에서 레일 1개의 내부 임피던스는 일반적으로 Trueblood-Wascheck의 실측 결과를 이용하고 있다. 이에 따라 레일 1개의 내부 임피던스를 구하면 표 1-11과 같이 되며 레일에 흐르는 전류가 증가할수록 임피던스는 증대하는 경향에 있다.

표 1-11 레일 1개의 내부 임피던스

종류 [kg/m]	등가반경 r_e[cm]	레일전류 I[A]	내부 임피던스 Z_i[Ω/km]	
			$f=50$[Hz]	$f=60$[Hz]
50	4.39	50	$0.117+j0.131$	$0.129+j0.148$
		100	$0.134+j0.141$	$0.143+j0.158$
		200	$0.169+j0.165$	$0.176+j0.192$
		500	$0.277+j0.204$	$0.308+j0.226$
60	5.5	50	$0.1036+j0.1169$	$0.1134+j0.1320$
		100	$0.1152+j0.1237$	$0.1267+j0.1397$
		200	$0.1435+j0.1435$	$0.1571+j0.1621$
		300	$0.1832+j0.1613$	$0.2080+j0.1822$
		400	$0.2203+j0.1744$	$0.2418+j0.1969$
		500	$0.2423+j0.1805$	$0.2657+j0.2039$
		600	$0.2526+j0.1841$	$0.2767+j0.2079$
		800	$0.2553+j0.1854$	$0.2799+j0.2093$
		1,000	$0.2525+j0.1835$	$0.2766+j0.2071$

㉡ 고주파역에서의 내부 임피던스 : 고주파역에서 레일 1개의 내부 임피던스는 다음 식으로 표현된다.

$$\left.\begin{aligned} Z_i &= R_i + j\omega L_i \\ R_i &= \omega L_i = \sqrt{\mu_0/(4\pi)} \cdot \sqrt{\mu_s f_S / r} \end{aligned}\right\} \quad (1\text{-}30)$$

여기서, $\mu_0 = 4\pi \times 10^{-7}$, μ_s : 레일의 비(比) 투자율, f : 주파수, s : 고유 저항, r : 등가 원주체 반경을 나타낸다.

식 (1-30)에서 사용하는 레일의 정수는 표 1-12와 같다. 예로, 60[kg/m] 레일에서는 800[Hz]에서

$$R_i = \omega L_i = 3.211 \times 10^{-5}[\Omega/\text{cm}] = 3.211[\Omega/\text{cm}]$$

이다.

표 1-12 레일의 정수

종별 [kg]	주(周) 길이 [cm]	등가반경 r[cm]	비(比)투자율 [μs]	고유저항 s[μΩ · cm]	단면적 [cm²]
30	44.0	7.80	160	14.1	33.26
37	52.5	3.36	120	14.4	47.28
50	54.0	4.39	70	20.3	64.33
60	66.0	5.5	70	20.3	77.5

④ 외부 임피던스 : 대지 귀로를 구성하는 전선로 외부 임피던스의 계산에 대해서는 John.R.Carson과 F.Pollaczek가 거의 동시에 이론적으로 추구한 이른바 Carson-Pollaczek의 식이 가장 실측에 맞는다고 생각되고 있다. 본문에서는 계산상 필요한 실용적인 형태를 기술한다.

$$Z_0 = \left\{ \omega \left(\frac{\pi}{2} - \frac{4x}{3\sqrt{2}} \right) + j\omega \left(2\log \frac{4h}{\gamma r x} + \frac{4x}{3\sqrt{2}} + 1 \right) \right\} \times 10^{-4} [\Omega/\text{km}] \tag{1-31}$$

여기서, r : 도체 반경[m], $x = 4\pi h \sqrt{2\sigma f} \times 10^{-4}$, h : 지표에서 도체까지의 높이[m], $h = h' - 2d/3$, h' : 지지점 높이, d : 이도(弛度 : looseness), σ : 대지 도전율[S/m], 일반적으로 $\sigma = 0.1 \sim 0.001$[S/m], $\omega = 2\pi f$, f : 주파수[Hz], $\gamma = 1.781072418$(Bessel의 정수)을 나타낸다.

(나) 상호 임피던스 Z_M

대지 귀로를 구성하는 전선간의 상호 임피던스에 대해서도 Carson-Pollaczek의 식이 가장 실측에 맞다고 생각되고 있다. 본문에서는 계산상 필요한 실용적인 형태를 기술한다.

$$Z_M = \left[\omega \left\{ \frac{\pi}{2} - \frac{4x'}{3\sqrt{2}} (h_1 + h_2) \right\} + j\omega \left\{ 2\log \frac{2}{\gamma r x' \sqrt{b^2 + (h_1 - h_2)^2}} + \frac{4x'}{3\sqrt{2}} (h_1 + h_2) + 1 \right] x\, 10^{-4} [\Omega/\text{km}] \tag{1-32}$$

여기서, h_1, h_2 : 도체 1, 2의 지표면으로부터의 높이[m], b : 도체 1, 2의 수평

거리[m], $X' = 2\pi\sqrt{20\sigma f \times 10^{-4}}$을 나타낸다.

한편, 동축 케이블 내외 도체간의 상호 임피던스는 다음 식으로 나타내는 외부 도체 내부의 임의의 점(내부 도체에 상당)과 외부 도체간의 기하평균거리 R_b'를 도체간의 거리로 해서, Carson-Pollaczek의 식에 따라 계산한다.

$$R_b' = \exp\left(\frac{b_2^2}{b_2^2 - b_1^2}\log\frac{b_2}{b_1} + \log b_1 - \frac{1}{2}\right) \tag{1-33}$$

여기서, $b_1 \cdot b_2$: 외부 도체의 내측 · 외측 반경[m]을 나타낸다.

(2) 전차선의 자기 임피던스

전차선은 심플 가선 및 컴파운드 가선 등이 있으며, 일반적으로 복(複)도체로 구성된다.

(가) 심플 가선

① 등가 도체의 자기 임피던스 : 심플 가선은 조가선과 전차선으로 구성된다.

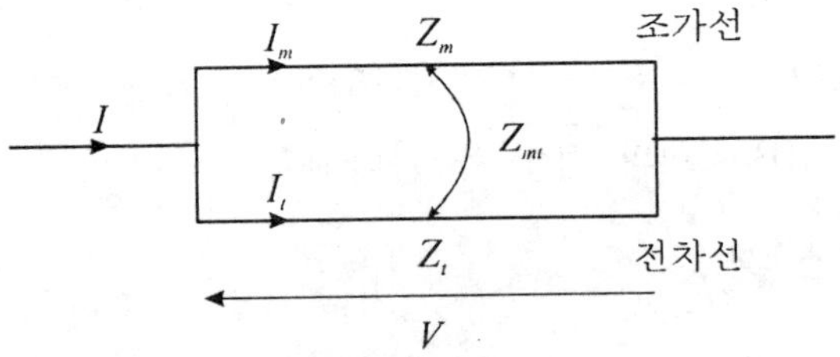

❖❖ 그림 1-59 심플 가선의 등가회로 ❖❖

그림 1-59에서 조가선의 자기 임피던스를 Z_m, 전차선의 자기 임피던스를 Z_t, 조가선과 전차선의 상호 임피던스를 Z_{mt}라 하면,

$$\left.\begin{aligned} V &= Z_m I_m + Z_{mt} I_t \\ V &= Z_{mt} I_m + Z_t I_t \end{aligned}\right\} \tag{1-34}$$

로 되고, 이 식에서 각 소선의 전류로서

$$\left.\begin{aligned} I_m &= \frac{V(Z_t - Z_{mt})}{Z_m Z_t - Z_{mt}^2} \\ I_t &= \frac{V(Z_m - Z_{mt})}{Z_m Z_t - Z_{mt}^2} \end{aligned}\right\} \tag{1-35}$$

가 구해지고, 합성된 전차선(등가 도체)의 자기 임피던스로서 다음 식이 구해진다.

$$Z = \frac{V}{I_m + I_t} = \frac{Z_m Z_t - Z_{mt}^2}{Z_m + Z_t - 2Z_{mt}^2} \tag{1-36}$$

② 등가 도체의 등가 지상 높이 : 전차선 등가 도체의 지표면으로부터의 등가 높이는 조가선의 이도(looseness)를 고려한 평균 지상 높이 h_m과 전차선의 지상 높이 h_t에 관해 기하 평균으로 구하는 방법은 다음과 같다.

$$h = \sqrt{h_m h_t} \tag{1-37}$$

산술평균으로 구하는 방법은 다음과 같다.

$$h = (h_m + h_t)/2 \tag{1-38}$$

③ 등가 도체의 등가 반경 : 정전용량의 계산에서 이용하는 전차선 등가 도체의 등가 반경은 다음 식에 따른다.

$$R = \sqrt{rd} \tag{1-39}$$

여기서, $r = \sqrt{r_m r_t}$, r_m : 조가선의 반경, r_t : 전차선의 반경, $d = h_m - h_t$을 나타낸다.

(나) 컴파운드 가선

① 등가 도체의 자기 임피던스 : 컴파운드 가선은 조가선과 보조 조가선 및 전차선 3개의 소선으로 구성된다.

그림 1-60에서 Z_m, Z_a, Z_t를 각 도체의 자기 임피던스, Z_{ma}, Z_{at}, Z_{tm}을

각 도체간의 상호 임피던스라 하면, 다음 식이 구해진다.

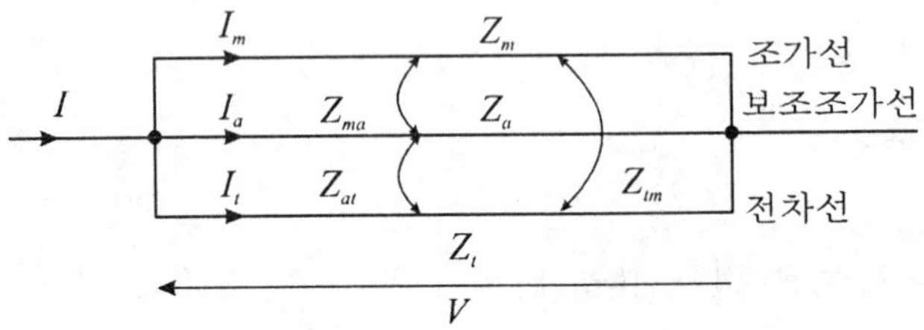

❖❖ 그림 1-60 컴파운드 가선의 등가회로 ❖❖

$$\left.\begin{aligned} V&=Z_mI_m+Z_{ma}I_a+Z_{tm}I_t \\ V&=Z_{ma}I_m+Z_aI_a+Z_{at}I_t \\ V&=Z_{tm}I_m+Z_{at}I_a+Z_tI_t \end{aligned}\right\} \tag{1-40}$$

심플 가선과 같은 방법에 의해 합성된 전차선(등가 도체)의 자기 임피던스로서 다음 식이 구해진다.

$$Z=\frac{V}{I_m+I_a+I_t}=\frac{A}{B} \tag{1-41}$$

여기서,

$$A=Z_mZ_aZ_t+2Z_{ma}Z_{at}Z_{tm}-(Z_mZ_{at}^2+Z_aZ_{tm}^2+Z_tZ_{ma}^2)$$

$$B=Z_mZ_a+Z_aZ_t+Z_tZ_m-2(Z_mZ_{at}+Z_aZ_{tm}+Z_tZ_{ma})$$
$$+2(Z_{ma}Z_{tm}+Z_{at}Z_{ma}+Z_{tm}Z_{at})-(Z_{ma}^2+Z_{at}^2+Z_{tm}^2)$$

② 등가 도체의 등가 지상 높이 : 전차선 등가 도체의 지표면으로부터의 등가 높이는 조가선의 이도(looseness)를 고려한 평균 지상 높이 h_m과 보조 조가선의 지상 높이 h_a 및 전차선의 지상 높이 h_t에 관해 기하 평균으로 구하는 방법은 다음과 같다.

$$h=\sqrt[3]{h_mh_ah_t} \tag{1-42}$$

산술 평균으로 구하는 방법은 다음과 같다.

$$h = (h_m + h_a + h'_t)/3 \tag{1-43}$$

③ 등가 도체의 등가 반경 : 전차선 등가 도체의 등가 반경은 다음 식에 따른다.

$$R = \sqrt[3]{rd^2} \tag{1-44}$$

여기서, $r = \sqrt[3]{r_m r_a r_t}$, $d = \sqrt[3]{d_1 d_2 d_3}$, r_m : 조가선의 반경, r_a : 보조 조가선의 반경, r_t : 전차선의 반경, $d_1 = h_m - h_a$, $d_2 = h_a - h_t$, $d_3 = h_m - h_t$을 나타낸다.

(3) 레일의 자기 임피던스

레일은 좌우 2개로 구성되어 있는데 1개의 등가 도체로서 나타내는 것이 일반적이다.

(가) 등가 도체의 임피던스

레일 1개의 내부 임피던스는 표 1-11 또는 식 (1-30)에서 구해진다. 레일 1개의 외부 임피던스 Z_0는 레일의 외주와 같은 원주(圓周)를 갖는 등가 원주(圓柱)를 생각하고 그 반경을 r로 해서 Carson-Pollaczek식으로 구한다. 이어서 좌우 레일 간의 상호 임피던스 Z_M은 S를 좌우 레일 중심간의 거리로 해서 Carson-Pollaczek 식에 의해 구한다. S의 값은 신간선 : $S = 1.51$[m], 재래선 : $S = 1.13$[m]를 이용한다.

이에 따라 레일의 합성 임피던스는

$$Z_R = (Z_S + Z_M)/2 \tag{1-45}$$

로 된다. 이 때의 합성된 도체 위치는 2개 레일의 중심이다.

(나) 등가 도체의 등가 반경

레일 등가 도체의 등가 반경은 다음 식에 따른다.

$$R = \sqrt{rS} \tag{1-46}$$

여기서, r＝레일 등가 원주(圓柱)의 반경[m], S＝레일 중심간 거리[m]을 나타낸다.

(4) 등가 자기 임피던스

교류 급전회로에서는 각각의 전선간에 상호 임피던스가 있기 때문에 계산이 복잡해진다. 그러므로 회로 계산을 간단히 하기 위해 그림 1-61의 3선(三線) 회로에 대해 상호 임피던스를 소거한 등가 자기 임피던스를 이용하고 있다.

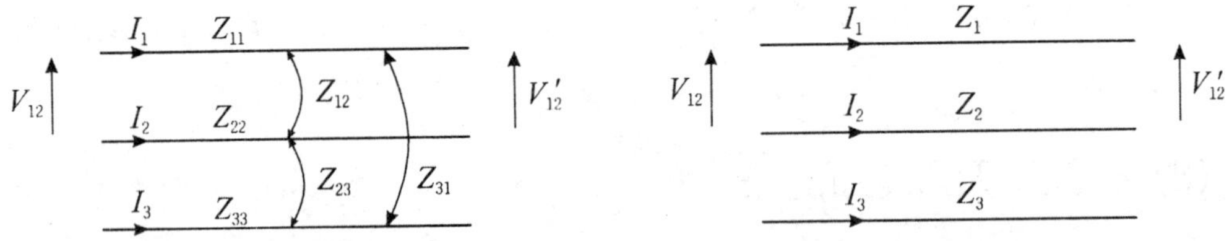

(a) 상호 임피던스를 갖는 회로 (b) 등가 자기 임피던스

❖❖ 그림 1-61 3선 회로의 표현법 ❖❖

그림 1-61에서 등가 자기 임피던스는 다음 식으로 된다.

$$\left.\begin{aligned} Z_1 &= Z_{11} + Z_{23} - Z_{12} - Z_{31} \\ Z_2 &= Z_{22} + Z_{31} - Z_{23} - Z_{12} \\ Z_3 &= Z_{33} + Z_{12} - Z_{31} - Z_{23} \end{aligned}\right\} \qquad (1\text{-}47)$$

등가 자기 임피던스가 구해지면 3선의 전선로(電線路) 계산을 간단히 할 수 있다.

또, 등가 자기 임피던스는 4선 이상에 대해서는 성립하지 않는다.

(5) 임피던스 측정

(가) 전차선로 자기 임피던스(각 조파별로 측정후 계산)

시험 회로도는 다음과 같다. 변전소를 단락시키고 시험을 한다.

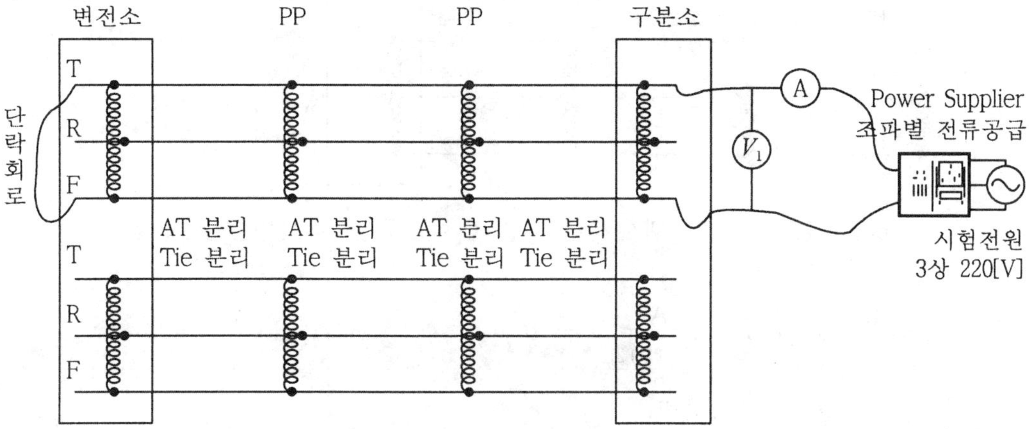

❖❖ 그림 1-62 회로정수 자기 임피던스 측정회로도 ❖❖

① 전차선-레일간의 루프 임피던스 측정 : $Z_{TR} = \frac{V_{TR}}{A} \angle \theta_{TR}$

② 전차선-급전선간의 루프 임피던스 측정 : $Z_{TF} = \frac{V_{TF}}{A} \angle \theta_{TF}$

③ 급전선-레일간의 루프 임피던스 측정 : $Z_{FR} = \frac{V_{FR}}{A} \angle \theta_{FR}$

④ 전차선의 자기 임피던스 계산 : $Z_T = \frac{Z_{TR} + Z_{TF} + Z_{FR}}{2} - Z_{FR}$

⑤ 레일의 자기 임피던스 계산 : $Z_R = \frac{Z_{TR} + Z_{TF} + Z_{FR}}{2} - Z_{TF}$

⑥ 급전선의 자기 임피던스 계산 : $Z_F = \frac{Z_{TR} + Z_{TF} + Z_{FR}}{2} - Z_{TR}$

(나) 전차선로의 선간 어드미턴스(각 조파별로 측정후 계산)

시험 회로도는 다음과 같다. 변전소를 개방시키고 시험을 한다.

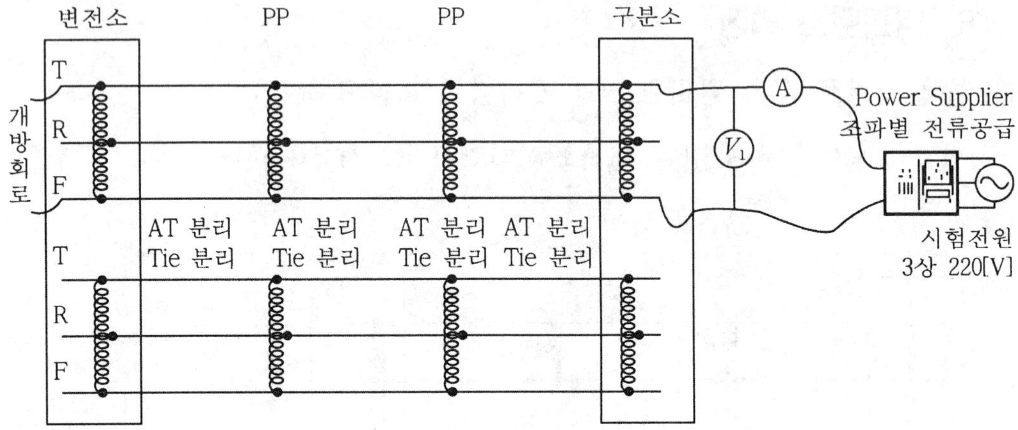

❖❖ 그림 1-63 회로정수 선간 어드미턴스 측정회로도 ❖❖

① T1 - T2 : $Y_{T1\,T2} = \dfrac{A}{V_{T1\,T2}} \angle -\theta_{T1\,T2}$

② F1 - F2 : $Y_{F1\,F2} = \dfrac{A}{V_{F1\,F2}} \angle -\theta_{F1\,F2}$

③ T1 - F2 : $Y_{T1\,F2} = \dfrac{A}{V_{T1\,F2}} \angle -\theta_{T1\,F2}$

④ T1 - F1 : $Y_{T1\,F1} = \dfrac{A}{V_{T1\,F1}} \angle -\theta_{T1\,F1}$

⑤ T1 - R : $Y_{T1\,R} = \dfrac{A}{V_{T1\,R}} \angle -\theta_{T1\,R}$

⑥ F1 - R : $Y_{F1\,R} = \dfrac{A}{V_{F1\,R}} \angle -\theta_{F1\,R}$

⑦ F2 - R(대칭구조, 6항과 동일)

⑧ T2 - R(대칭구조, 5항과 동일)

⑨ T2 - F1(대칭구조, 3항과 동일)

⑩ T2 - F2(대칭구조, 4항과 동일)

1.5.2 직접 급전 방식

(1) 직접 급전 방식

직접 급전회로에서는 레일로부터 대지 어드미턴스를 통해 대지로 누설하는 전류를 무시할 수 없기 때문에 분포 정수 회로로서 취급하여 선로 임피던스를 구한다.

(가) 기본형

그림 1-64와 같이 전차선과 레일로 이루어지는 직접 급전회로에서 전차선 전류를 I, 우측 방향(+)으로 한 레일 전류를 I_X로 한다. 변전소로부터 거리 x지점의 레일 전류 I_X는 경계 조건을 고려하면 다음 식과 같이 된다.

$$I_X = -\frac{1}{2}(1-n_0)I\ \exp(-\gamma_R x) - \frac{1}{2}(1-n_0)I\ \exp\{-\gamma_R(l-x)\} - n_0 I \tag{1-48}$$

단, $n_0 = Z_{TR}/Z_{RR}$, $\gamma_R = \sqrt{Z_{RR}Y_R}$: 전반 정수를 나타낸다.

부하 임피던스를 0으로 둔 경우의 선로 전압 강하를 구해 전류로 나누면 선로 임피던스가 구해진다.

$$\left.\begin{aligned} Z_L = \frac{V}{I} &= \left\{\int_0^l (Z_{TT}I + Z_{TR}I_X)dx - \int_0^l (Z_{TR}I + Z_{RR}I_X)dx\right\}/1 \\ &= (Z_{RR} - n_0 Z_{TR})l + (1-n_0)^2 Z_{OR}\{1-\exp(-\gamma_R l)\}[\Omega] \end{aligned}\right\} \tag{1-49}$$

단, $Z_{0R} = \sqrt{Z_{RR}/Y_R}$: 특성 임피던스를 나타낸다.

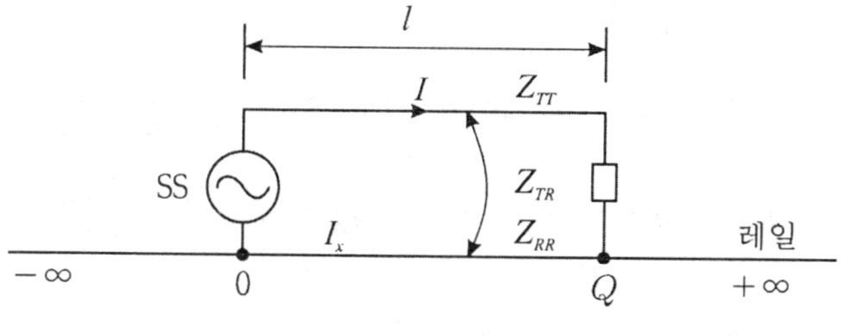

(a) 급전 계통

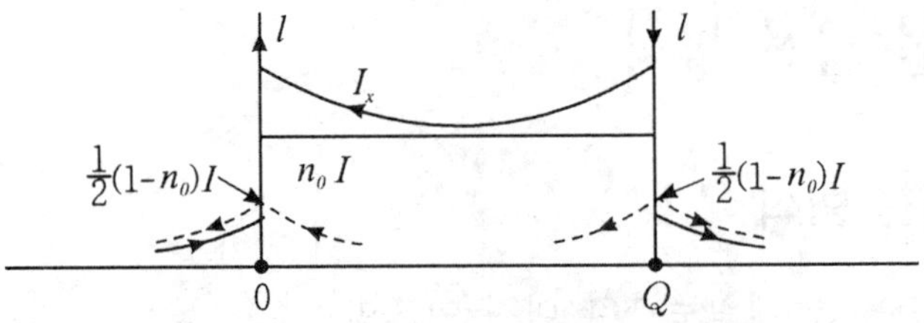

(b) 전류 분포(실전류 방향으로 나타냄)

❖❖ 그림 1-64 직접 급전 방식의 기본형 ❖❖

레일에서 대지로 흐르는 누설 전류가 커서 Y_R이 큰 경우는 근사적으로 단위 길이당

$$Z_L = (Z_{TT} - n_0 Z_{TR})[\Omega/\text{km}] \tag{1-50}$$

로 되어 일반적으로 이 식이 이용된다.

(나) NF가 있는 직접 급전 방식

그림 1-65에 NF가 있는 급전방식의 회로 구성을 나타내었다.

이 회로의 임피던스 산출법은 기본형의 사고 방식을 답습하여 실행, 다음 식으로 표현된다.

$$Z_L = (Z_{TT} - n_0 Z_{TR})l + (1-n)^2 Z_{0R}\{1 - \exp(-\gamma_R l)\} - K[(Z_{TN} - n_{00} Z_{TR})l + (1-n_0)(1-n_{00}) Z_{0R}\{1 - \exp(-\gamma_R l)\}] \tag{1-51}$$

단, $K = \dfrac{(Z_{TN} - n_0 Z_{RN})l + (1-n_0)(1-n_{00}) Z_{0R}\{1 - \exp(-\gamma_R l)\}}{(Z_{NN} - n_{00} Z_{RN})l + (1-n_{00})^2 Z_{0R}\{1 - \exp(-\gamma_R l)\}}$

$n_{00} = Z_{RN}/Z_{RR}$을 나타낸다.

레일의 누설 어드미턴스가 크고 단락점까지의 거리가 길 경우는 근사적으로 단위 길이당 다음 식이 되며 일반적으로 이 식을 이용한다.

$$Z_L = (Z_{TT} - n_0 Z_{TR}) - k(Z_{TN} - n_{00} Z_{TR})[\Omega/\text{km}] \tag{1-52}$$

단, $k = \dfrac{Z_{TN} - n_0 Z_{RN}}{Z_{NN} - n_{00} Z_{RN}}$

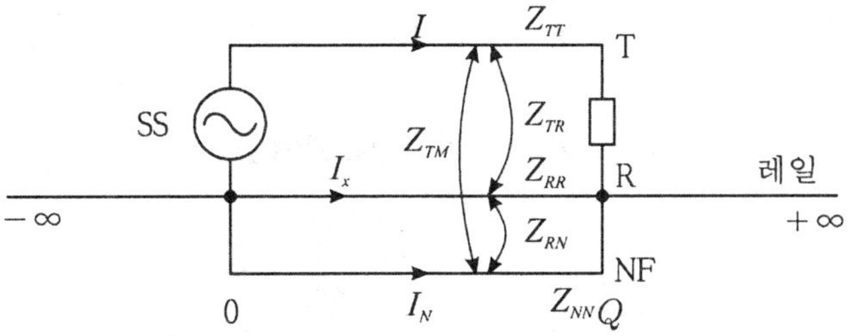

❖❖ 그림 1-65 NF가 있는 직접 급전회로 ❖❖

(2) BT급전 방식

BT급전회로의 임피던스에는 그림 1-67에 나타낸 것처럼 전차선 T-레일 R단락과 전차선 T-마이너스(負) 급전선 NF단락이 있으며 전자는 계단상(階段狀), 후자는 직선상(直線狀)이 된다.

그러므로 일반적으로 직선이 되는 T-NF 단락 임피던스를 이용한다.

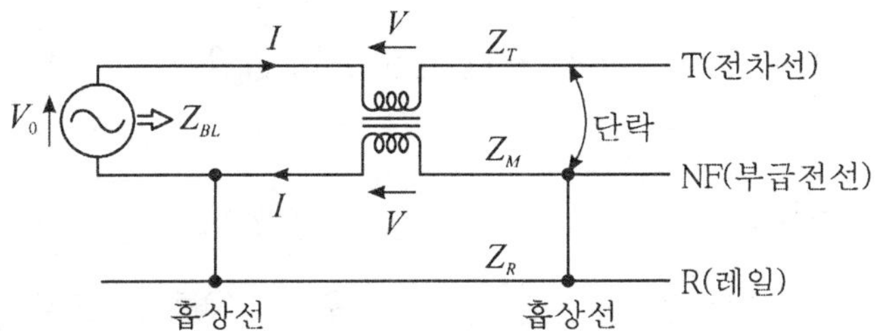

❖❖ 그림 1-66 BT급전회로의 구성 ❖❖

그림 1-66에서 등가 자기 임피던스를 이용하면

$$\left.\begin{aligned} Z_T &= Z_{TT} + Z_{NR} - Z_{TN} - Z_{TR} \\ Z_N &= Z_{NN} + Z_{TR} - Z_{TN} - Z_{NR} \\ Z_R &= Z_{RR} + Z_{TN} - Z_{TR} - Z_{NR} \end{aligned}\right\} \tag{1-53}$$

흡상 변압기의 누설 임피던스를 무시하면

$$V_0 - V + V = Z_T I + Z_N I \tag{1-54}$$

전압 V_0를 전류 I로 나누어 급전회로 임피던스는 단위 길이당 다음 식이 된다.

$$Z_{BL} = Z_T + Z_N = Z_{TT} + Z_{NN} - 2Z_{TN}[\Omega/\text{km}] \tag{1-55}$$

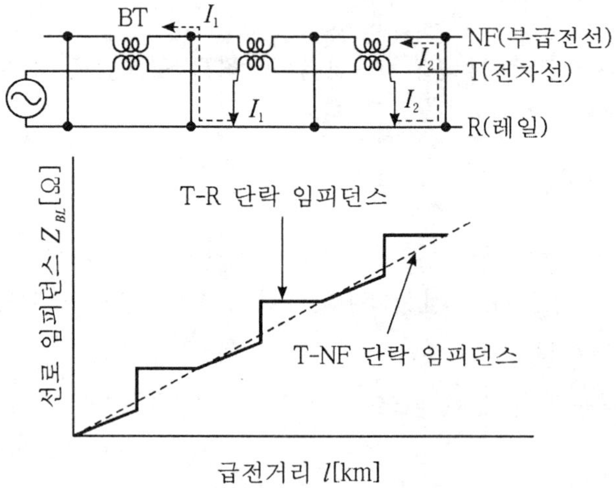

❖❖ 그림 1-67 BT급전회로의 임피던스 ❖❖

(3) AT급전 방식

AT급전 방식은 전차선 T, 급전선 F, 레일 R 및 보호선 PW로 구성되어 전류 분포가 복잡하기 때문에 선로 임피던스가 용이하게 구해지지는 않는다.

그러므로 그림 1-68 및 그림 1-69와 같이 보호선을 무시한 단선 간략 등가회로를 이용하여 등가 자기 임피던스로 구하는 방법을 나타내었다. AT급전회로에 대해 등가 자기 임피던스를 구하면 다음 식으로 표현된다.

$$\left.\begin{aligned} Z_T &= Z_{TT} + Z_{FR} - Z_{TF} - Z_{TR} \\ Z_F &= Z_{FF} + Z_{TR} - Z_{TF} - Z_{FR} \\ Z_R &= Z_{RR} + Z_{TF} - Z_{TR} - Z_{FR} \end{aligned}\right\} \tag{1-56}$$

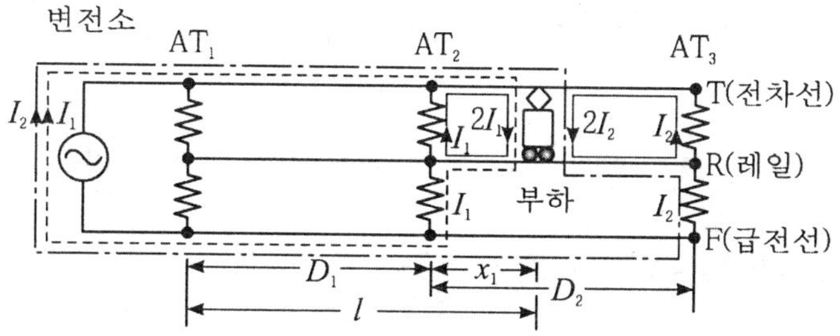

❖❖ 그림 1-68 AT급전회로의 전류 분포 ❖❖

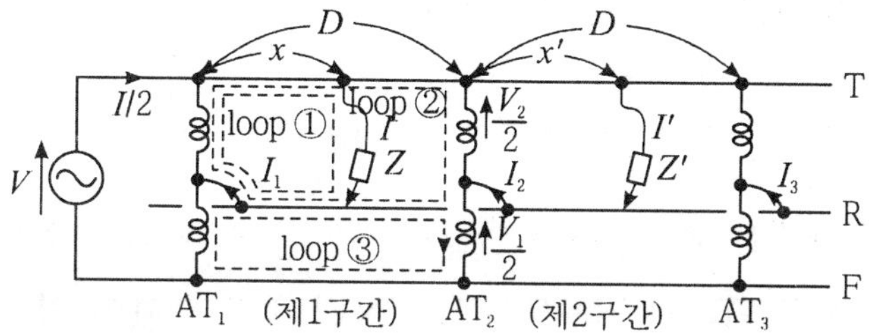

❖❖ 그림 1-69 단선 간략 등가회로에 따른 해석 ❖❖

그림 1-69의 등가회로 루프(loop) ①~③에서 키르히호프의 법칙에 따라 다음 식이 성립한다.

$$\left.\begin{aligned}&V/2 = Z(I_1 + I_2) + Z_T x(I_1 + I_2/2) + Z_R x I_1\\&V/2 - V_2/2 = Z_T x(I_1 + I_2/2) - Z_T(D-x)I_2/2 + Z_R x I_1 - Z_R(D-x)I_2\\&V/2 - V_2/2 = Z_F D I_2/2 - Z_R x I_1 + Z_R(D-x)I_2\end{aligned}\right\}$$

(1-57)

이 식으로부터 I_1과 I_2를 구해 V를 나눔으로써 거리 x점에서 T-R이 단락한 경우의 선로 임피던스로서 60[kV]계(44[kV]계) 표시로 다음 식이 구해진다.

$$Z_{AL} = 2V/(I_1 + I_2) = 4Z + 4D(Bd - A^2 d^2/G)[\Omega] \qquad (1\text{-}58)$$

단, $A = Z_T + 2Z_R$, $B = Z_T + Z_R$, $G = Z_T + Z_F + 4Z_R$,

$H = Z_T Z_F + Z_T Z_R + Z_F Z_R$, $d = x/D$

각 구간에서의 Z_{AL}은 합동이며, 1구간 통과할 때마다 4[DH/G]씩 쌓여 간다.

이들 식에는 AT의 누설 임피던스 Z_{AT}로서 $j\,1.6[\Omega]$(60[kV]계(44[kV]계))정도를 더할 필요가 있다.

또, T-F 단락시의 선로 임피던스는 왕복 회로이기 때문에 다음 식으로 된다.

$$Z_{T-F} = Z_T + Z_F = Z_{TT} + Z_{FF} - 2Z_{TF}\,[\Omega/\text{km}] \qquad (1\text{-}59)$$

이 결과 선로 임피던스는 그림 1-70과 같이 된다.

T-R 단락 임피던스는 볼록상(凸상)이 되기 때문에 한층 더 간략화해서 볼록 형상(凸상) 임피던스의 평균적인 값을 이용하는 경우가 있다.

$$Z_{T-R}' = 2Z_{AT} + Z_{T-F}\,l\,[\Omega] \qquad (1\text{-}60)$$

이 Z_{T-R}'의 최대값은 Z_{T-R}의 최대값과 거의 같은 값으로 한다.

이상에서 구한 선로 임피던스는 60[kV](44[kV])계의 값이며 이 값의 1/4이 전기차 전압 기준인 30[kV](22[kV])계의 값이 된다.

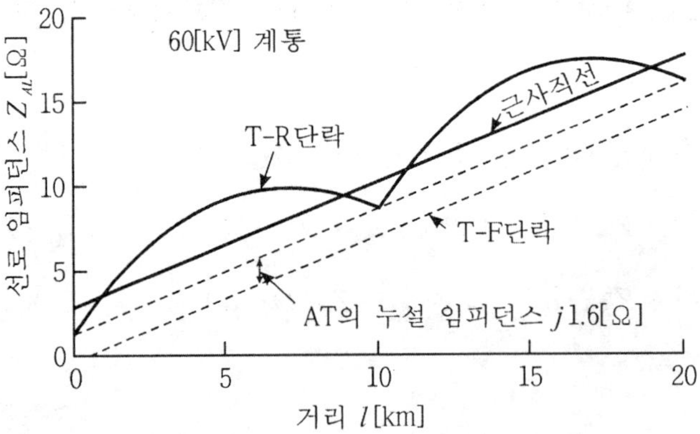

❖❖ 그림 1-70 AT급전회로의 간략 선로 임피던스 ❖❖

(4) 선로 임피던스의 계산 예

표 1-13에 교류 급전회로 선로 임피던스의 간략한 계산 예를 나타내었다.

표 1-13 교류 급전회로의 선로 임피던스 계산 예

급전방식	선로구간	주파수[Hz]	Z[Ω/km]	비 고
직접 급전	선산선 시험	50	$0.241 + j0.493$	NF 있음
BT급전	재래선	50	$0.275 + j0.793$	M : St 135[mm^2]
		60	$0.276 + j0.952$	T : GT 110[mm^2]
AT급전 (Zr-F)	신간선	50	$0.0381 + j0.1505$	동북
	(30[kV]계)	60	$0.0406 + j0.1921$	동해도
	재래선	50	$0.111 + j0.176$	M : St 90[mm^2]
	(22[kV]계)	60	$0.113 + j0.214$	T : GT 110[mm^2]

1.5.3 전원 및 변압기의 임피던스

(1) 전원의 임피던스

(가) 3상 임피던스

일반적으로 전원의 용량은 단락 용량으로 주어진다. 이 경우 다음 식에 따라 임피던스로 환산한다.

$$Z_0 = V^2/P_S[\Omega] \tag{1-61}$$

여기서, Z_0 : 3상 임피던스[Ω], V : 기준 전압[kV](급전 전압을 사용), P_S : 단락 용량[MVA]을 나타낸다.

또, %임피던스법으로 주어지는 경우도 있어 이 경우는 다음 식에 따른다.

$$Z_0 = 10\% Z_0 V^2/P[\Omega] \tag{1-62}$$

여기서, Z_0 : 3상 임피던스[Ω], $\%Z_0$: 3상측 %임피던스[%], V : 기준 전압[kV](급전 전압을 사용), P : 기준 용량(일반적으로 10,000[kVA])을 나타낸다.

이상에서 구한 임피던스는 3상계이므로 교류 급전회로의 고장 계산에서는 2배로 하여 단상계(單相系)로 환산한다.

(나) 3상 2상 변환과 단상 임피던스의 사고방식

그림 1-71에 스콧 결선 변압기를 사용한 경우의 전원 임피던스와 변압기 임피던스를 나타내었다.

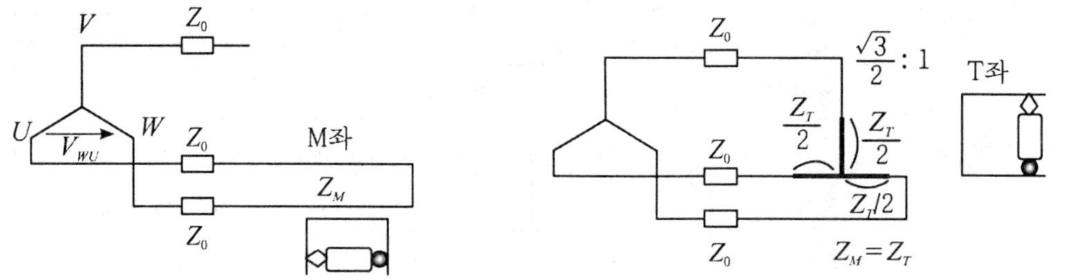

(a) M좌 부하 등가회로 (b) T좌 부하 등가회로

❖❖ 그림 1-71 3상 전원과 스콧 결선 변압기의 임피던스 ❖❖

① M좌 부하 : 단상(單相) 때문에 전원 임피던스는 2배로 된다.

$$Z = 2Z_0 + Z_M \tag{1-63}$$

② T좌 부하 : T좌 부하 등가 회로에서 다음 식이 구해진다.

$$V_T = \{(Z_0 + Z_T/2)2I_T/\sqrt{3} + (Z_0 + Z_T/2)/\sqrt{3}\}2/\sqrt{3} \tag{1-64}$$

전압 강하를 전류로 나누면 선로 임피던스가 구해진다.

$$Z = V_T/I_T = 2Z_0 + Z_T \tag{1-65}$$

M좌 부하와 마찬가지로 전원 임피던스는 2배가 된다.

③ 3상 단락 임피던스(M-N-T 단락) : 가상 중성선을 상정해서 M좌의 가운데 점(中點)을 묶고 3상 임피던스를 생각한다.

$$Z = Z_0 + Z_M/2 \tag{1-66}$$

3상 임피던스를 사용한다.

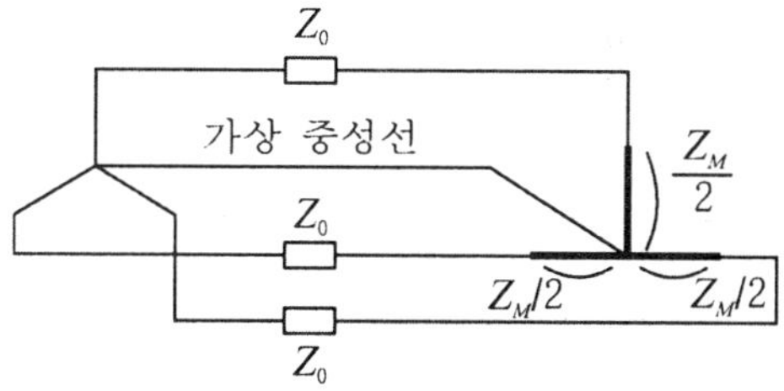

❖❖ 그림 1-72 M-N-T 단락 등가회로 ❖❖

(2) 급전용 변압기의 임피던스

(가) 스콧 결선 변압기

급전용 변압기는 3상을 2상으로 변환하고 있기 때문에 일반적으로 3상 용량의 1/2이 단상 용량이 된다. M좌 또는 T좌의 임피던스 $Z_{TR}[\Omega]$은 다음 식에서 구해진다.

$$Z_{TR} = 10\% Z_{TR} V^2/(P_{TR}/2) \tag{1-67}$$

여기서, $\%Z_{TR}$: 변압기 %임피던스[%], V : 기준 전압[kV](급전 전압), P_{TR} : 변압기의 3상 용량[kVA]을 나타낸다.

(나) 변형 우드 브리지 결선 변압기

변형기 본체는 스콧 결선 변압기와 같으나, B좌(종(縱)권선의 T좌에 상당)에 승압 변압기(ST)의 임피던스가 가산된다.

승압 변압기는 사양에서는 자기용량 기준으로 나타낸 %임피던스 $\%Z_{STS}$가 3[%]로 되어 있으며, 선로용량 기준으로 %임피던스 $\%Z_{STL}$을 나타내면

$$\%Z_{STL} = \%Z_{STS} \cdot (1 - 1/\sqrt{3}) = 1.27[\%] \tag{1-68}$$

이 된다. 선로용량은 B좌 용량 PB와 동일하다.

즉, 승압 변압기의 임피던스 Z_{STL}은 다음 식에 의해 구해지며, B좌에 가산한다.

$$Z_{STL} = 10\% Z_{STL} V^2/P_B \tag{1-69}$$

1.5.4 고장 전류의 계산

교류 급전회로에서 발생하는 고장에는 차량 고장, 가선 고장, 날아드는 물질, 조류로 인한 피해, 애자 섬락, 수목 접촉 등이 있으며 신간선에서 30[kV], 재래선에서 22[kV]의 특별 고압을 이용하고 있기 때문에 고장 전류도 크다. 고장 전류를 구하는 것은 중요하므로 그 방법을 기술하고자 한다.

(1) 급전측 단상 단락 고장

급전측의 고장 전류는 그림 1-73의 간이(簡易) 등가회로에서 다음 식으로 표현된다.

$$I_S = \frac{V}{2Z_0 + Z_{TR} + Z_L + r_g} \tag{1-70}$$

여기서, I_S : 고장 전류[kA], V : 급전 전압[kV], Z_0 : 전원 임피던스[Ω], Z_{TR} : 변압기 임피던스[Ω], Z_L : 선로 임피던스[Ω], r_g : 고장점 저항[Ω]을 나타낸다.

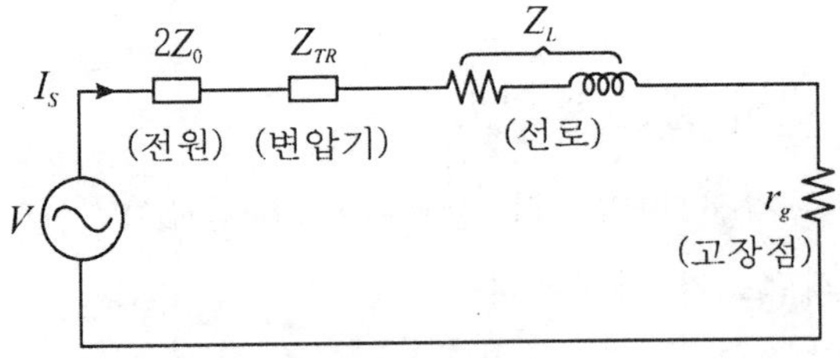

❖❖ 그림 1-73 급전회로 고장 등가회로 ❖❖

선로 임피던스는 회로 구성에 따라 또, 기준 전압에 따라 달라진다. 고장점 저항의 최대값은 제1종 접지공사의 상한값인 10[Ω]을 목표로 하고 있다. AT급전회로의 경우 전차선 전압에서 본 10[Ω]은 급전 전압을 기준으로 하면 전압비(比)의 자승에 비례해서 40[Ω]이 되므로 주의를 요한다.

(2) M · T(A · B) 혼촉

위상이 90° 다른 M(A)좌와 T(B)좌가 혼촉한 경우의 고장 전류는 다음 식으로 구해진다.

$$I_{MT} = V_{MT} / (4Z_0 + Z_M + Z_T + 2Z_{AT}) \tag{1-71}$$

여기서, I_{MT} : MT의 혼촉 전류, Z_{AT} : AT의 누설 임피던스를 나타낸다.

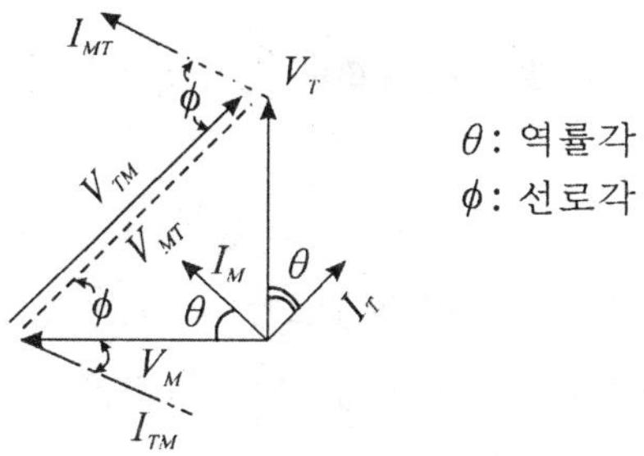

❖❖ 그림 1-74 M·T 혼촉 벡터(vector) ❖❖

이 경우, 변압기의 1차 전류는 $V_{MT} = \sqrt{2}\, V_{UV}$에서

$$I_U = (1 + 1/\sqrt{3}) I_{MT},\ I_V = 2I_{MT}/\sqrt{3},\ I_W = (1 - 1/\sqrt{3}) I_{MT} \tag{1-72}$$

로 되며, 전류는 I_U, I_V, I_W의 순으로 작아진다.

1.5.5 교류 급전회로의 전압 강하

교류 급전회로는 일반적으로 단독 급전으로 되어 있으며 그림 1-75와 같은 간이 등가회로에서 생각한다.

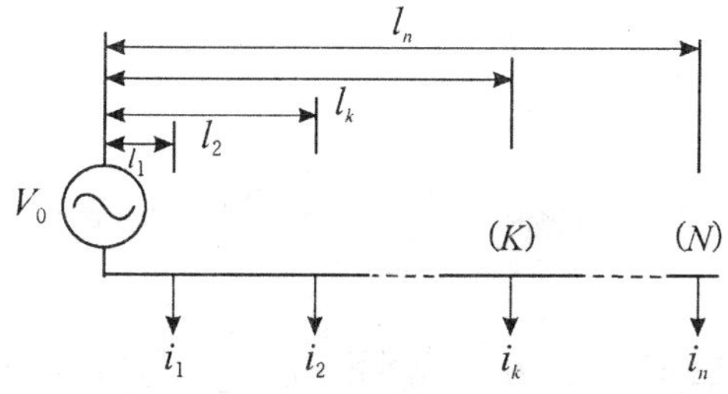

❖❖ 그림 1-75 단독 급전시의 전류 분포 ❖❖

전원 및 급전용 변압기의 임피던스를 R_0+jX_0, 전차선로의 단위 길이당 임피던스를 $R+jX$, 변전소에서 본 부하의 역율각을 Φ로 하면 k번째의 부하 전압은 대략 다음 식으로 표현된다.

$$V_k \fallingdotseq V_0-\left\{(R_0+jX_0)(\cos\Phi-j\sin\Phi)\sum_{j=1}^{n} ij_j\right.$$
$$\left.+(R+jX)(\cos\Phi-j\sin\Phi)\left(\sum_{j=1}^{k} i_j l_j+l_k\sum_{k+1}^{n} i_j\right)\right\} \qquad (1\text{-}73)$$

AT급전회로에서의 T-R 단락 임피던스는 상부(上部)로 확장되어 있으며 직선이 아니므로 간이적으로 AT의 누설 임피던스와 확장을 고려하여 AT의 2배 정도의 임피던스를 전원측에 가산하는 한편 선로 임피던스로서는 직선으로 되는 T-F 단락 임피던스를 이용하여 계산한다.(식 (1-60) 참조)

1.5.6 정전(靜電)용량과 정전(靜電)유도

(1) 전차선로의 정전용량

전차선로의 정전용량을 구할 경우 일반 송전선보다도 접지 도체가 많다. 그렇기 때문에 지표면 및 다수의 접지 도체를 고려해서 정전용량을 산출한다.

가선에 대해서는 조가선 및 전차선 등으로 구성되는 복(複)도체이므로 1.5.1의 (2)항에서 기술한 바와 같이 등가 도체를 생각해서 산출한다. 마찬가지로, 레일에 대해서는 1.5.1의 (3)항에서 기술한 것과 같은 등가 도체를 생각한다.

가공도체수 n개, 접지도체수 m개를 상정할 때 그림 1-76에서의 전위계수는 임의의 도체에 대해 다음 식으로 된다.

$$\left.\begin{aligned} P_{ii}&=2\log\frac{2h_i}{r_i}\times 9\,[\mathrm{km}/\mu\mathrm{F}] \\ P_{ij}&=2\log\frac{F_{ij}}{D_{ij}}\times 9=2\log\frac{\sqrt{D_{ij}^{\,2}+4h_ih_j}}{D_{ij}}\times 9\,[\mathrm{km}/\mu\mathrm{F}] \end{aligned}\right\} \qquad (1\text{-}74)$$

여기서, h_i : 임의의 도체 i의 지표 높이[m], r_i : 임의의 도체 i의 반경[m], D_{ij} : 도체 i와 도체 j의 거리[m], F_{ij} : 도체 i와 도체 j의 image와의 거리[m]를

나타낸다.

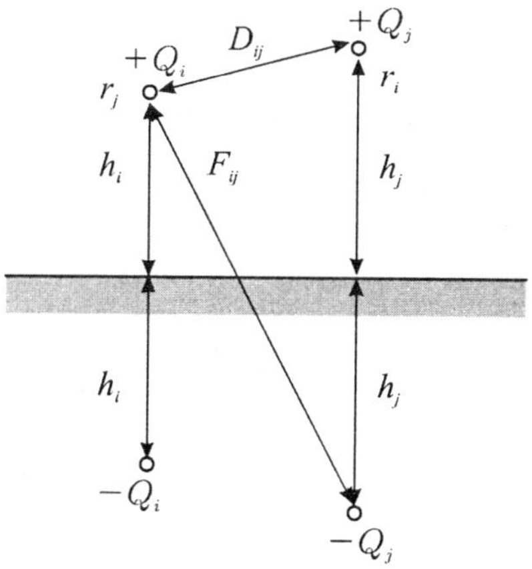

❖❖ 그림 1-76 다선조(多線條) 도체의 정전 모습(image) ❖❖

전선의 전위 V_i, 전하 Q_i, 전선간의 전위계수를 P_{ij}로 하고, 가공 도체와 접지 도체로 나누어 a, e의 첨자를 붙이면 다음 식을 얻는다.

$$\begin{bmatrix} [V_a] \\ [V_e] \end{bmatrix} = \begin{bmatrix} [P_{aa}] & [P_{ae}] \\ [P_{ea}] & [P_{ee}] \end{bmatrix} = \begin{bmatrix} [Q_a] \\ [Q_e] \end{bmatrix} \tag{1-75}$$

접지 도체의 전위는 0이기 때문에 $[V_e]=0$으로 해서 $[Q_e]$를 소거한다.

$$\left. \begin{aligned} [V_a] &= [P_{aa}][Q_a]+[P_{ae}][Q_e] \\ [0] &= [P_{ea}][Q_a]+[P_{ee}][Q_e] \end{aligned} \right\} \tag{1-76}$$

식 (1-76)의 아래 식으로부터 다음을 얻는다.

$$[Q_e]=-[P_{ee}]^{-1}[P_{ea}][Q_a] \tag{1-77}$$

식 (1-77)를 식 (1-76)의 위 식에 대입하면 다음과 같다.

$$\begin{aligned} [V_a] &= \{[P_{aa}]-[P_{ae}][P_{ee}]^{-1}[P_{ea}]\}[Q_a] \\ &\equiv [P'][Q_a] \end{aligned} \tag{1-78}$$

이 식을 부하 Q에 대해 풀면

$$[Q_a]=[P']^{-1}[V_a]\equiv[K][V_a] \tag{1-79}$$

로 되고, 행렬 [K]의 성분을 k_{ij}[μF/km]라 한다.

이제, 도체 1개에 대해 식 (1-79)을 변형하면 다음 식을 얻을 수 있다.

$$\left.\begin{aligned} Q_1 &= k_{11}V_1+k_{12}V_2+k_{13}V_3+\cdots+k_{1n}V_n \\ &= (k_{11}+k_{12}+k_{13}+\cdots+k_{1n})V_1+(-k_{12})(V_1-V_2) \\ &\quad +(-k_{13})(V_1-V_3)\cdots\cdots+(-k_{1n})(V_1-V_n) \end{aligned}\right\} \tag{1-80}$$

이에 따라 정전용량은

$$\left.\begin{aligned} C_{11} &= k_{11}+k_{12}+\cdots k_{1n} \\ C_{12} &= -k_{12} \\ C_{13} &= -k_{13} \\ &\vdots \\ C_{1n} &= -k_{1n} \end{aligned}\right\} \tag{1-81}$$

각 도체에 대해서도 같은 관계가 도출되어 대지 정전용량 C_{ij} 및 선간 정전용량 C_{ij}는

$$\left.\begin{aligned} C_{ii} &= k_{i1}+k_{i2}+\cdots+k_{in}[\mu F/km] \\ C_{ij} &= C_{ji}=-k_{ij}\,[\mu F/km] \end{aligned}\right\} \tag{1-82}$$

로 된다.

(2) BT급전회로의 정전유도

(가) 정전용량의 산출

BT급전회로는 전차선(가선)과 NF 및 레일로 구성되어 있으며 NF와 레일은 접지 도체라 생각하고 정전용량을 구한다.

예를 들어 재래선 BT급전회로에서의 정전용량은 표 1-14와 같이 산출되고 있다.

표 1-14 신간선 BT급전회로의 정전용량

종 류		C[PF/km]
상하 가선 간	C_{TT}	2093
가선 - 대지	C_{TE}	9383

(나) 상하선 상호간의 정전유도

표 1-14에서 가령 한쪽선이 활선(活線)이고 다른 선이 정전일 때에 정전측에 발생하는 정전유도 전압은 급전 전압 V_{SS}를 22[kV]로 할 때 다음 식이 된다.

$$V = \frac{C_{TT}}{C_{TT} + C_{TE}} \cdot V_{SS} = 4.0[\mathrm{kV}] \tag{1-83}$$

이 전압은 접지선을 설치하면 없어지며, 그 때의 접지선 전류는 주파수를 60[Hz], 활선과 정전선(停電線)의 병행 거리를 l로 해서 다음 식이 된다.

$$I_g = j\omega C_{TT} \cdot V_{SS} \cdot l = j2\pi \cdot 60 \cdot 2093 \times 10^{-9} \cdot 22000 \cdot l = j\,17.4\,l\,[\mathrm{mA}] \tag{1-84}$$

재래선에서는 이상(以上)과 같은 운용은 많이 있으며 정전측에도 수 1,000[V]가 유도된다고 생각되는 점에서 접지선의 설치가 중요해진다.

또한, 정전측에 변전소내 조작용 변압기 OT가 접속되어 있으면 상하선 간 및 정전측의 대지 정전용량과 OT의 비선형 인덕턴스 회로로 인해 공진 현상이 발생하여 급전 전압과 같은 정도의 전압이 지속되는 경우가 있다. 이에 대한 대책으로서 OT를 포화하기 어려운 특성의 것으로 할 필요가 있다.

(3) AT급전회로의 정전유도

(가) 정전용량의 산출

AT급전회로는 단권 변압기에 의해 전압을 강압하고 있기 때문에 정전유도 전압의 발생 기구는 복잡하다.

표 1-15 신간선 AT급전회로의 정전용량

종 류		정전용량 C[PF/km]		
		계산값		실측값
		고가 구간	터널 구간	新野木SS～新石橋ATP
선간(線間)	$C_{F_1T_1}=C_{T_2F_2}$	2542.3	1431.5	2062
	$C_{T_1F_2}=C_{F_1T_2}$	544.7	530.2	532
	$C_{F_1F_2}$	254.2	1375.8	288
	$C_{T_1T_2}$	2642.4	1084.0	2921
대지(對地)	$C_{F_1}=C_{F_2}$	5937.8	8105.8	6948
	$C_{T_1}=C_{T_2}$	10930.0	16466.5	13664

신간선 AT급전회로 정전용량의 계산 예를 표 1-15에 나타내었다. 또, 정전용량의 분포는 그림 1-77과 같다.

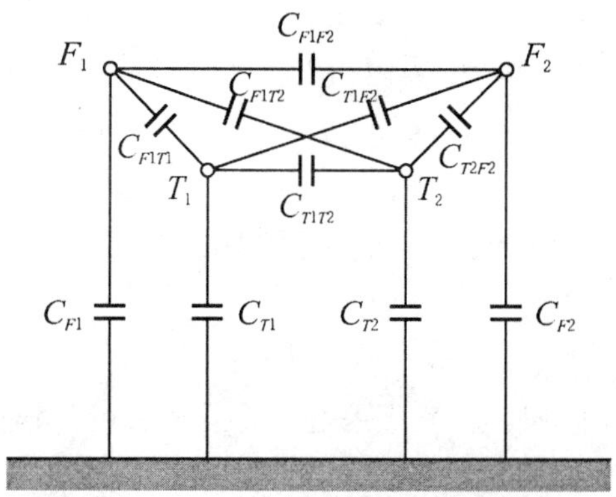

❖❖ 그림 1-77 정전용량의 분포 ❖❖

(나) 상하선 상호의 정전유도

복선으로 구성되는 AT급전회로에서 상하선 중 편선(片線)을 정전한 경우, 활선측에서 받는 정전유도 전압에 대해 생각해 보고자 한다. 이 경우의 회로는 그림 1-78과 같으며 다음 식이 성립한다.

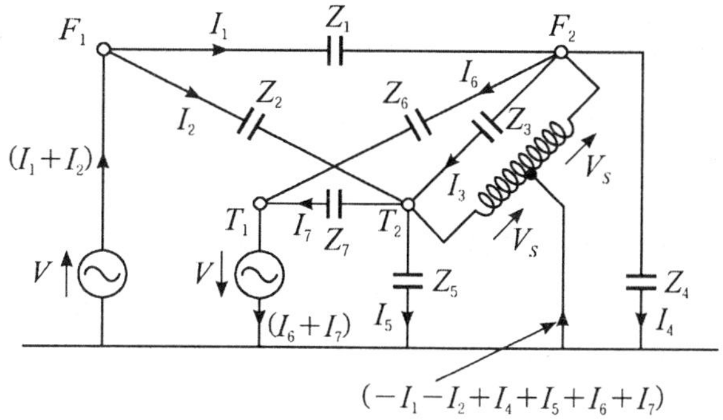

❖❖ 그림 1-78 상하선 상호(相互)의 정전유도 ❖❖

$$\left.\begin{aligned}
&2(I_5+I_7-I_2-I_3)=-I_1-I_2+I_4+I_5+I_6+I_7\\
&Z_3I_3=2Z_4I_4\\
&Z_3I_3=-2Z_5I_5\\
&V=-Z_5I_5+Z_7I_7\\
&Z_7I_7-Z_6I_6+Z_3I_3=0\\
&Z_1I_1+Z_3I_3-Z_2I_2=0\\
&V=Z_1I_1+Z_4I_4
\end{aligned}\right\} \quad (1\text{-}85)$$

단, $Z=I/(j\omega C)[\Omega]$, $V=30[\text{kV}]$

이 식을 풀면, 급전선에 정전적으로 유도되는 전압은

$$V_F=Z_3I_3/2=1.9[\text{kV}]$$

가선측의 정전유도전압은 부호가 반대(逆)로

$$V_T=-1.9[\text{kV}]$$

로 된다. 이들의 값은 BT급전방식의 약 1/3로 작다.

정전유도 전압은 정전측에 접지선을 설치함으로써 없어진다.

(4) 신간선에서 병행하는 직류 급전회로가 받는 정전유도

직류 급전회로는 전(全) 선에 대해 신간선에 병행하고 있다고 상정하고 정전유도 예측 계산을 하였다. 또한, 신간선은 고가면의 지상 높이 8[m], 재래선은 신호배치 무시, 지상 높이 0[m]로 하였다.

그림 1-79는 신간선과 직류 구간이 일정 간격으로 병행하고 있을 경우의 유도 전압 계산결과이다. DT_1은 신간선측의 가선, DT_2는 원방(遠方)의 가선이며, 양자의 중간 간격 d가 30[m] 이상이 되면 정전유도 전압은 급격하게 작아짐을 알 수 있다.

직류 급전회로의 정전유도에 대한 대책으로는 1[μF]의 콘덴서와 20[MΩ]의 방전 저항을 병렬 접속한 장치를 가선과 대지간에 삽입하고 있다.

이 장치에서 부하는 방전시정수

$$\tau = 1[\mu F] \times 20[M\Omega] = 20[초] \tag{1-86}$$

에서 방전된다.

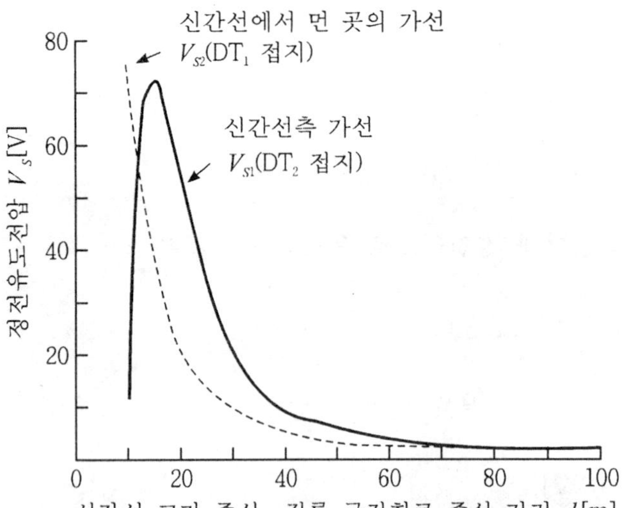

❖❖ 그림 1-79 신간선에서 직류 구간이 받는 정전유도 전압 ❖❖

(5) 가선 아래(下)의 전계강도와 정전유도

(가) 전계강도

전하 Q[C/m]를 갖는 전선에서 거리 d[m] 떨어진 점의 전계강도는 다음 식으로 표현된다.

$$E = \frac{Q}{2\pi\varepsilon_0 d} = 2\times 9\times 10^9 \times \frac{Q}{d}\,[\mathrm{V/m}] \tag{1-87}$$

따라서, 여러 가닥의 전선에 따른 임의 점의 전계는 임의 점에서 각각의 전선으로부터 받는 전계를 구하고 중첩의 원리가 성립하므로

$$E = E_1 + E_2 + E_3 + \cdots\cdots + E_n \tag{1-88}$$

로 하여 벡터 합성하면 된다.

신간선의 가선 하(下)에서 지표 1[m] 높이에서의 전계강도는 2[kV/m]정도이다. 일반적으로 우산을 쓴 상태에서 전계강도 3[kV/m]로는 전기를 거의 느낄 수 없다고 판단되고 있어 문제없는 값이다.

(나) 부유(浮遊)전위

등전위(等電位)면은 지표면과 거의 평행하다고 상정하면 지표면으로부터 높이 h의 위치에 삽입된 도체의 부유 전위 V_m[V]는 다음 식으로 표현된다.

$$V_m = \int_0^h E\,dh \tag{1-89}$$

신간선의 가선하에서는 지표면 1[m]의 높이에서 약 2[kV], 2[m]의 높이에서 약 4[kV]가 된다.

(다) 정전유도 전류

공간에 있는 도체가 접지했을 경우의 접지 전류에 대해 생각해 보고자 한다. 도체의 대지 정전용량을 C_m[F]라 하면 접지 전류 I_g[A]는 다음 식으로 표현된다.

$$I_g = j\omega C_m V_m \tag{1-90}$$

예를 들어, 도체로서 직경 1[m]의 우산이 높이 2[m]의 위치에 있을 경우의 접지 전류를 상상해 보면, 그러한 경우 우산의 대지 정전용량은 약 40[pF]로 계산되기 때문에 $I_g \fallingdotseq j0.05$ [mA]이다.

일반적으로 교류에 대한 지각(知覺) 전류는 1[mA]로 생각되고 있기 때문에 정상적으로는 전류를 느끼지 않는다.

1.6 교류 급전회로의 전원 및 전압 강하 대책

일본 교류 전기철도의 급전방식에서 전기차는 단상 교류식이며, 단상 교류에 의한 급전회로로 되어 있다. 따라서, 일반 3상 전력 계통에서 교류 전기철도가 전력을 얻을 때 3상 2상 변환을 하여 2조의 단상 교류를 방면별로 이상(異相) 급전하는 것 외에 강력한 전원으로부터 수전하여 3상 계통의 전압·전류 불평형 및 전압 변동을 경감하고 있다.

이에 대해, 수송량의 증가 및 전기차의 고속 운전에 따른 교류 회생 제동 기능이 있는 차량의 도입에 따라 3상 계통의 전압·전류 불평형 및 전압 변동의 증가 혹은 급전회로의 전압 강하 증가가 예측된다. 이에 대한 기본적 대책으로서의 변전소 증설은 송전선 건설에 막대한 비용과 시간을 필요로 하여 곤란한 상황이다.

또, 정비 신간선 등 금후 건설이 예정되는 교류 전기철도에서는 철도 연선에 단락 용량이 큰 강력한 전원을 얻을 수 없는 경우를 생각할 수 있다. 이를 위해 3상 전원의 불평형 및 전압 변동 대책과 급전회로의 전압 강하에 대한 대책에 대해 파워 일렉트로닉스 기술을 응용한 적극적인 보상 장치의 적용이 부하가 많은 선로 구간 혹은 전원이 약한 지역에서 유리해지는 경우도 생각할 수 있다.

본문에서는 무효 전력 보상(Static Var Compensator : SVC)에 의한 3상 전원의 불평형·전압 변동 보상 및 급전회로의 전압 강하 보상에 대해 기술하고자 한다. 또, 종래로부터 전압 강하에 대한 대책으로서 변전소 또는 급전 구분소 등을 설치, 변전소에 탭을 설치하고, 사이리스터 스위치로 탭을 제어하는 교류 급전전압 보상 장치(AC Substation Voltage Regulator : AC Line Voltage Regulator : ACVR) 및 직렬 콘덴서에 대해서도 해설하고자 한다.

1.6.1 3상 2상 변환에 따른 전압 불평형과 전압 변동

교류 전기철도에서는 전기설비기술기준 제272조 및 고시 47조에서 연속 2시간의 평균 부하에서 전압 불평형율을 3[%] 이하로 하도록 규정되어 있다. 이 때문에 단락 용량이 큰 전원에서 수전하는 한편, 급전용 변압기에 의해 3상 2상 변환을 하여 불평형 및 전압 변동을 경감하고 있다. 이하에 3상 2상 변환에 따른 전압 불평형과 전압 변동에 대해 기술하고자 한다.

(1) 전압 · 전류 불평형

(가) 전류 불평형

그림 1-80에서 3상측의 정상(正相)전류 I_1, 및 역상(逆相)전류 I_2는 다음 식으로 나타낼 수 있다.

$$\left.\begin{aligned} I_1 &= \sqrt{I_T^2 + I_M^2 + 2I_T I_M \cos(\theta_T - \theta_M)} \;/\; \sqrt{3} \\ I_2 &= \sqrt{I_T^2 + I_M^2 - 2I_T I_M \cos(\theta_T - \theta_M)} \;/\; \sqrt{3} \end{aligned}\right\} \quad (1\text{-}91)$$

전류 불평형은 $K_1 = I_2 / I_1$으로 표현되며, I_T와 I_M이 동일할 경우, 불평형은 없다.

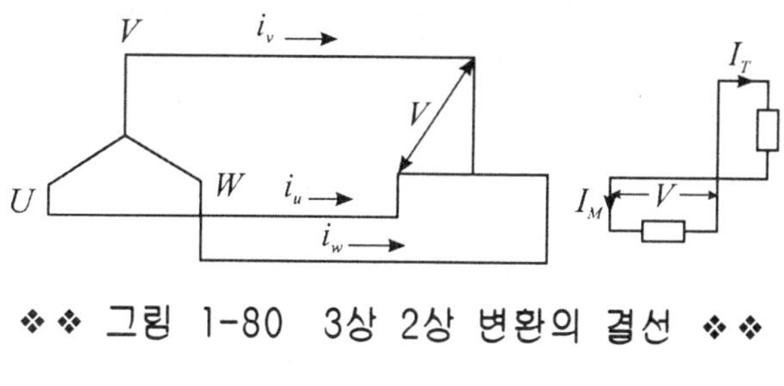

❖❖ 그림 1-80 3상 2상 변환의 결선 ❖❖

(나) 전압 불평형

전압 불평형은 역상(逆相)전압의 정상(正相)전압에 대한 비율이며, 전원 임피던스를 X_0, 부하 전류를 가령 $I_\tau = I$, $I_M = nI$로 두고, 기준 부하 I의 역상 전력을 W, 전원의 단락 용량을 P_S라 하면, 전압 불평형은 식 (1-92)로 나타낼 수 있다.

$$K_V = X_0 \cdot I_2 / V_1$$
$$= (W/P_S)\sqrt{1 + n^2 - 2n \cdot 2n \cdot \cos(\theta_T - \theta_M)} \qquad (1\text{-}92)$$

M좌와 T좌 부하의 역률각 차 $\triangle\theta$에 대한 정상 · 역상 전류 및 전압 불평형율의 관계를 그림 1-81에 나타내었다.

M좌와 T좌의 부하가 역행(力行)의 경우 $\triangle\theta \fallingdotseq 0$이며, K_v는 최대 1이다. 그러나 양 좌의 부하가 사이리스터 위상 제어차에 의한 역행(역률각 40°)과 회생(역률각 120°)의 경우 $\triangle\theta \fallingdotseq 80°$여서, 예를 들어 $n = 0.25$로 하면 $K_v \fallingdotseq 1$로 되어 양 좌에 부하가 있음에도 불구하고 전압 불평형은 경감되지 않는다.

그리고 양 좌의 부하가 PWM 제어차(이른바 교류 VVVF차)에 의한 역행(역률각 0°)과 회생(역률각 180°)의 경우 $\triangle\theta = 180°$로, 가령 $n = 0.5$로 하면 $K_v = 1.5$배로 되어 역상 전류 및 전압 불평형이 증가한다.

그러나 역률 1의 제어로 인해 전류가 종래의 차량보다는 작아지므로, K_v의 증가는 1.5배 보다는 작다고 생각할 수 있다.

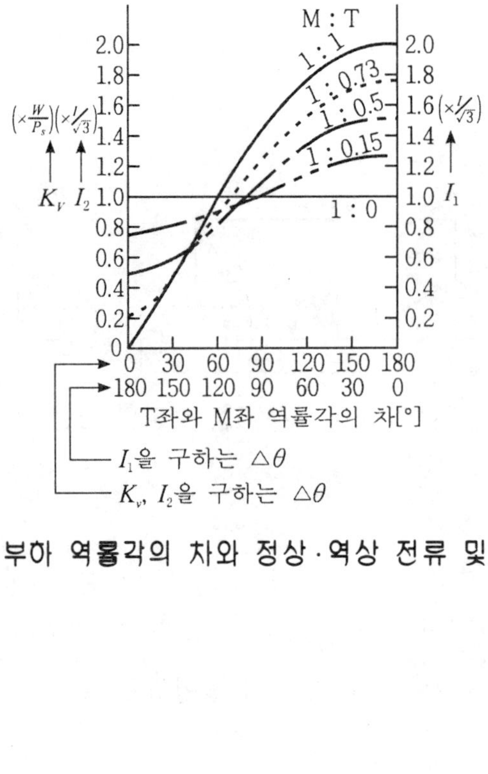

❖❖ 그림 1-81 부하 역률각의 차와 정상·역상 전류 및 전압 불평형 ❖❖

(2) 전압 변동

3상측 각 상(相) 간의 전압 강하는 다음 식으로 표현된다.

$$
\left.\begin{aligned}
\triangle V_{UV} &= X\,\{I_M \sin(\theta_M + \pi/3) + \sqrt{3} I_T \sin(\theta_T - \pi/6)\} \\
\triangle V_{VW} &= X\,\{I_M \sin(\theta_M - \pi/3) + \sqrt{3} I_T \sin(\theta_T + \pi/6)\} \\
\triangle V_{WU} &= X\,(2 I_M \sin\theta_M)
\end{aligned}\right\} \qquad (1\text{-}93)
$$

예를 들어, 전원의 단락용량 1000[MVA], 부하로서 사이리스터 위상 제어차에 의한 역행 10[MVA](역률각 40°), 회생 2.5[MVA](역률각 120°)를 상정하여 기준 전압에 대한 전압 변동률을 구하면 표 1-16과 같이 된다. 즉, 단상 부하의 경우, 특정한 상(相) 사이에 전압 변동을 생기게 한다. 전압 변동의 최대는 역행의 경우 T좌 부하시에 VW상 간에 발생한다. 회생이 있을 경우는 T좌 역행 · M좌 회생시에 VW상 간에 발생, 그 값은 역행만일 경우의 약 1.1배의 크기이다.

표 1-16 사이리스터 제어차로 인한 전압 변동

부하	좌	역률각 θ°	전압 변동률[%]		
			△VUV	△VVW	△VWU
단독	M	40	0.985	−0.342	1.268
		120	0.0	0.217	0.433
	T	40	0.301	1.628	0.0
		120	0.433	0.217	0.0
양좌경합	M	40	1.268	1.268	1.268
	T	40			
	M	40	1.418	−0.125	1.268
	T	120			
	M	120	0.301	1.845	0.433
	T	40			

역행 $\theta=40°$, 회생 $\theta=120°$

표 1-17 PWM 제어차로 인한 전압 변동

부하	좌	역률각 θ°	전압 변동률[%]		
			△VUV	△VVW	△VWU
단독	M	0	0.886	−0.886	0.0
		180	−0.433	0.433	0.0
	T	0	0.886	0.886	0.0
		180	0.433	−0.433	0.0
양좌경합	M	0	0.0	0.0	0.0
	T	0			
	M	0	1.299	−1.299	0.0
	T	180			
	M	180	−1.299	1.299	0.0
	T	0			

역행 $\theta=0°$, 회생 $\theta=180°$

마찬가지로 PWM 제어차에 대해, 역행 10[MVA](역률각 0°), 회생 5[MVA](역률각 180°)을 상정하고, 전압 변동률을 구하면 표 1-17과 같이 된다. 사이리스터 제어차에 비해 전압 변동의 최대값은 작아지나, 변동 폭은 한쪽 좌(片座)가 역행이며 다른 좌(他座)가 회생일 때에 크다는 것을 알 수 있다.

1.6.2 무효 전력 보상에 의한 전원측의 불평형·전압 변동 억제

(1) 사이리스터 제어에 의한 보상 용량의 제어

사이리스터에 의한 보상 용량의 제어방법은 일반적으로 다음의 세 종류가 이용되고 있다.

① 사이리스터 개폐 제어 콘덴서(Thyristor Switched Capacitor : TSC)
② 사이리스터 개폐 제어 리액터(Thyristor Switched Reactor : TSR)
③ 사이리스터 제어 리액터(Thyristor Controlled Reactor : TCR)

그리고 리액터 대신에 고(高)임피던스 변압기(High Impedance Transformer, $\%Z = 30,\ 80[\%]$)를 사용, 2차 전압을 사이리스터 제어에 적합한 전압으로 강압해서 제어하는 방식(TCT)이 일반적으로 이용되고 있다(그림 1-82).

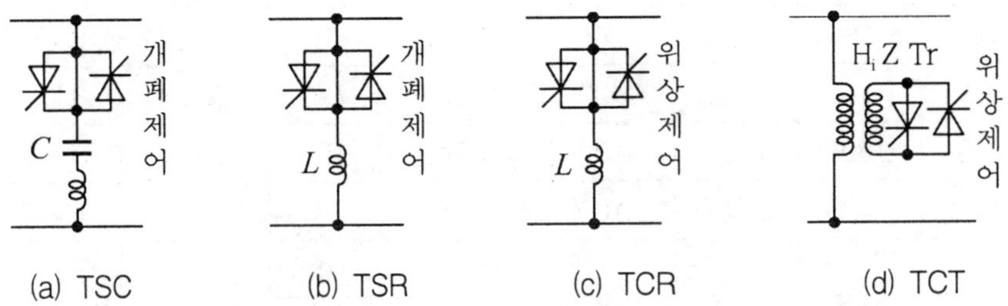

❖❖ 그림 1-82 보상 용량의 제어 ❖❖

무효 전력을 제어하는데 있어서는 고정 리액터와 TSC를 편성한 C제어, 고정 콘덴서와 TCR을 편성한 L제어 및 TSC와 TCR을 병용한 CL제어 방식 등을 생각할 수 있다.

(가) TSC 및 TSR에서의 사이리스터 스위치 투입 방법

TSC 및 TSR은 무효전력 제어가 단계적이나 고조파를 발생하지 않고, 무부하시에는 사이리스터 스위치를 개방하기 때문에 손실이 작다.

TSR의 경우는 전압 위상 $\pi/2$에서 리액터를 주입하면 과도 현상을 작게 할 수 있다.

한편, TSC의 경우는 전원 전압과 콘덴서 전압 사이에 차(差)전압이 존재하는 위상에서 사이리스터를 turn on시키면 콘덴서에 돌입 전류가 흘러 사이리스터의 파손 또는 전원에 고주파 진동을 주는 등의 영향을 미치게 된다. 그러므로 사이리스터를 turn on시키는 타이밍(timing)은 전원 전압과 콘덴서 충전 전압이 같아지는 위상에 한정된다.

① **최대 전압 충전방식** : 콘덴서 개방시, 역(逆)병렬 접속된 사이리스터의 어느 것인가 한쪽을 다이오드와 같이 기능하게 함으로써 콘덴서에 항상 최대 전압을 충전해 두고, 콘덴서 투입시에는 다른쪽의 사이리스터를 전원 전압과 콘덴서 충전 전압이 같아지는 위상에서 점호하는 방식이다.

② **사이리스터측 전압이 0(零)일 때의 투입 방식** : 회로에 인덕턴스가 없고, 사이리스터 순(順)전압이 0(零)일 때에 콘덴서를 투입하면 회로의 과도 현상을 적게 할 수 있다. 그러나 일반적으로 콘덴서에는 직렬로 리액터를 접속하고, 차(差)전압에 의해 돌입 전류의 빈도를 완화하는, 고조파를 끌어들이는 현상을 회피하려는 점 등에 따라 과도 현상을 피할 수 없다. 그러나 광(光) 점호 사이리스터에서는 제어가 간단하며, 과도 현상을 제어하는 연구가 행해져 실용화되고 있다.

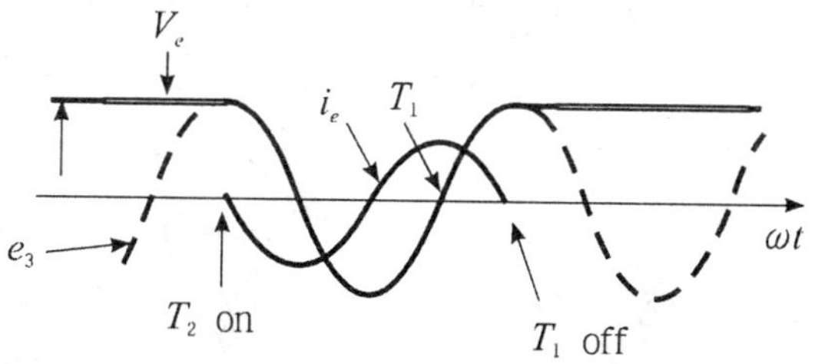

❖❖ 그림 1-83 투입시의 전압 파형 ❖❖

(나) TCR 방식과 고조파 전류의 발생

역(逆)병렬 접속한 사이리스터의 위상 제어에 따라 리액터에 흐르는 전류를 조정하여, 지상(遲相) 무효 전력을 0부터 정격까지 연속적으로 제어할 수 있다. 리액터에 흐르는 전류 파형은 그림 1-84와 같으며 위상 제어를 하기 때문에 고조파 전류 성분을 함유하고 있다. 그렇기 때문에 일반적으로 고정 콘덴서로서 진상(進相) 무효전력 공급을 겸한 고조파 필터가 병설된다. 이에 따라 진상(進相)에서부터 지상(遲相)까지의 무효 전력 보상이 가능해진다.

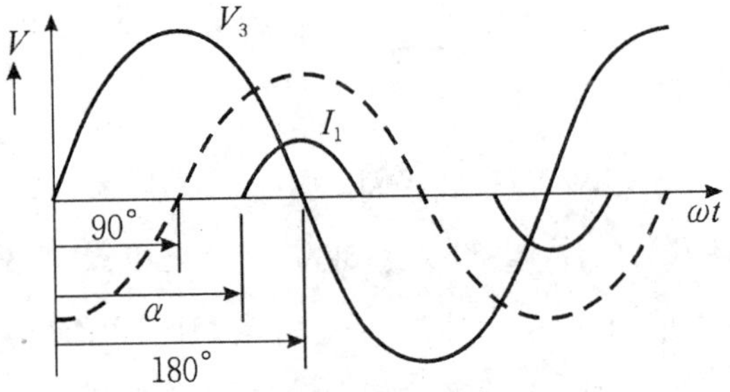

❖❖ 그림 1-84 TCR의 전류 파형 ❖❖

(2) 사이리스터 제어차에 대한 전원의 불형평 · 전압 변동 대책

(가) 단상(單相) SVC

표 1-16과 표 1-17에서 역행차 란(欄)을 비교하면 표 1-17의 PWM 제어차가 전압이 발생하는 상 사이(相間)는 다르나 최대값은 약 53[%]로 작다는 것을 알 수 있다.

즉, 보상 대상이 탭 제어 및 사이리스터 제어에 의존하는 역행차일 경우 그림 1-85에 나타낸 바와 같이 지연 무효전력을 검출해서 역률각을 거의 0이 되도록 보상하는 것이 전압 변동이 발생하는 상간(相間)이 다르긴 하지만 최대값은 약 1/2로 억제되기 때문에 전압 변동 대책으로서 유효하다.

본 방식은 재래선에서는 동북본선(Tohoku honsen) 등에, 신간선에서는 동해도(Tokaido)신간선에서 실용화되어 있다.

신간선에서는 전원이 다른(異전원) 구간에 전기차가 진입할 경우 역행으로 통과할 수 있도록 전환 섹션 방식을 채용하고 있기 때문에 제2조파를 많이 함유하는 차량용 변압기의 무부하 여자 돌입전류가 발생한다. 그러한 이유로 SVC의 고정 콘덴서에 제2조파 필터를 설치하는 한편, 직렬 콘덴서를 이용하여 전압 강하를 보상하고 있는 변전소에서는 분수조파(分數調波) 진동이 계속되지 않도록 SVC의 제어를 연구하고 있다.

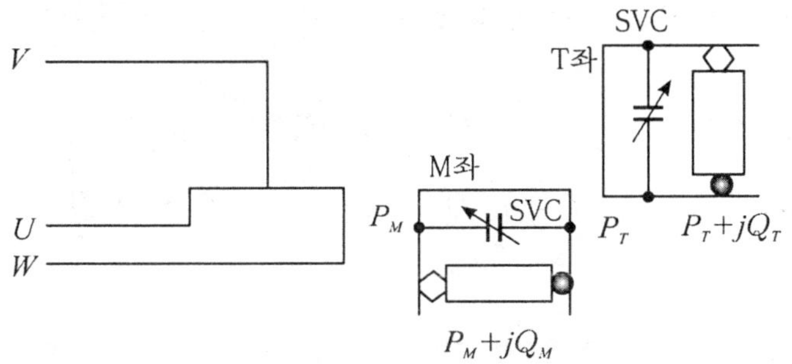

❖❖ 그림 1-85 단상 SVC에 의한 전압 변동 대책 ❖❖

(나) 변위상(變位相) 스콧(scott)식 SVC

신간선의 탭 제어 및 사이리스터 제어에 따른 역행 부하에서 생기는 전압 변동을 3상 교류측에서 보상하는 방식이다.

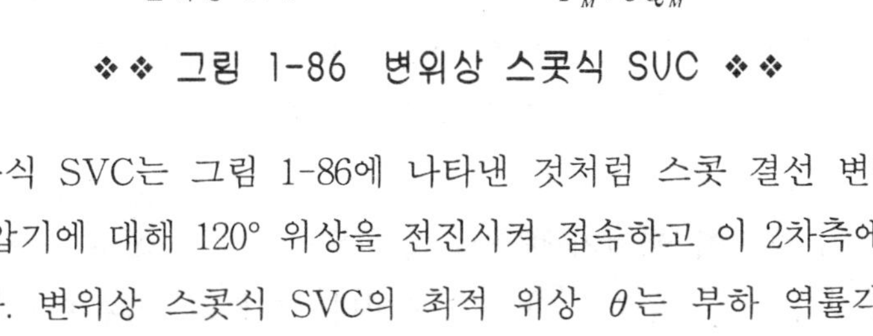

❖❖ 그림 1-86 변위상 스콧식 SVC ❖❖

변위상 스콧식 SVC는 그림 1-86에 나타낸 것처럼 스콧 결선 변압기를 부하용 스콧 결선 변압기에 대해 120° 위상을 전진시켜 접속하고 이 2차측에 단상 SVC를 배치하고 있다. 변위상 스콧식 SVC의 최적 위상 θ는 부하 역률각을 Φ로 하면 $\theta = \Phi/2 - 135° = -120°$로 표현되며 부하 역률각이 30°일 때에 최적이 된다. 신간선 부하의 역률각은 40°~45°이며 $\theta = -120°$에서 5°~7.5°정도 벗어나 있다. 그러나 변압기의 결선이 매우 단순한 점과 적정 위상으로부터의 벗어남이 작은 점에서 대책에 근접했다고 할 수 있는 120° 변위의 변위상 스콧식 SVC는 실용상 충분한 특성을 갖추고 있다.

SVC의 동작 용량은 진상(進相) 용량으로 나타내면 다음 식으로 되며 다음에 기술할 3상 SVC 보다는 설비 용량이 작다. 본 방식은 동해도 신간선에서 단상 SVC 보다도 보다 효과적인 전원 전압 변동대책으로서 실용화되고 있다.

$$\left.\begin{aligned} Q_t &= (Q_T + Q_M - \sqrt{P_T^2 + Q_T^2} + \sqrt{P_M^2 + Q_M^2} / 2) \\ Q_m &= (Q_T + Q_M + \sqrt{P_T^2 + Q_T^2} - \sqrt{P_M^2 + Q_M^2} / 2) \end{aligned}\right\} \quad (1\text{-}94)$$

(다) 3상 SUC

철도 부하로 인한 불평형, 전압 변동을 보상하는 방법을 일반 3상 SVC에 대하여 3상 SUC(Static Unbalanced Power Compensator)라 칭하고 있다. 그림 1-87에 나타낸 바와 같이 3상의 각 상 사이에 단상 SVC를 접속한다. 단상 부하로 인한 전압 변동은 각 상 사이에서 다르기 때문에 SUC의 동작 용량을 진상 용량으로 나타내면 다음 식과 같이 각 상 간에 용량이 달라진다.

$$\left.\begin{aligned} Q_{UV} &= P_M/\sqrt{3} - P_T/\sqrt{3} + 2Q_T/3 \\ Q_{VW} &= -P_M/\sqrt{3} + P_T/\sqrt{3} + 2Q_T/3 \\ Q_{WU} &= Q_M - Q_T/3 \end{aligned}\right\} \quad (1\text{-}95)$$

본 방식에 따른 보상 용량의 값이 마이너스(負)라면 지상(遲相) 용량으로서 리액터를 접속한다.

그 결과 부하측의 유효·무효 전력을 검출하여 SUC를 제어함으로써 어떤 부하 패턴에서도 급전측의 유효 전력이 3분할되어 평형함과 동시에 역률이 1이 된다(그림 1-88).

3상 SUC는 설비 용량이 커지기 때문에 실용화되어 있지 않으나 사이리스터 제어차 및 PWM 제어차 등 역률이 다른 차량이나 역행·회생의 어떤 부하 패턴에 대해서도 전원의 불평형·전압 변동 대책이 가능하다.

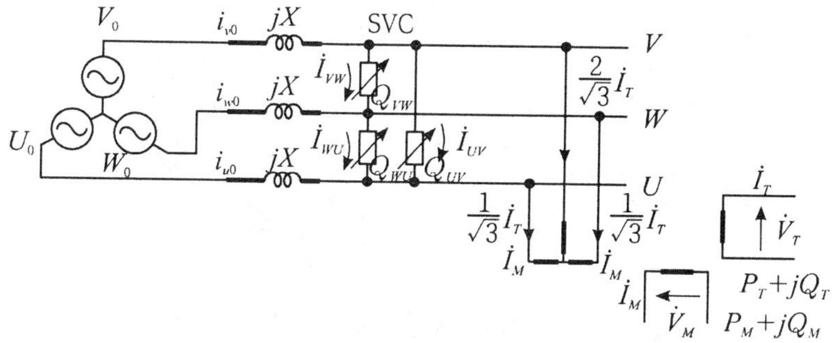

❖❖ 그림 1-87 3상 SUC에 의한 전원 전압 변동 억제 회로 ❖❖

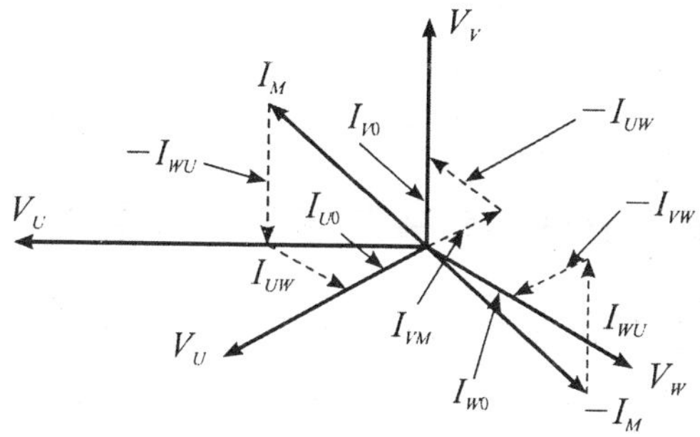

❖❖ 그림 1-88 3상 SUC에 의한 M좌 역행 부하(역률 0.75)의 평형화 ❖❖

(3) PWM 제어차(교류 VVVF차)에 대한 전원의 불평형·전압 변동 대책

PWM 제어차는 역행시의 역률 0, 회생시의 역률 −1을 목표로 하고 있다.

(가) 3상 U결선 SUC

PWM 제어차의 역률이 ±1이며, 무효전력이 없기 때문에 식 (1-95)는 다음 식으로 되어 UW상 간의 무효 전력 보상은 필요없게 된다.

$$\left.\begin{aligned} Q_{UV} &= P_M/\sqrt{3} - P_T/\sqrt{3} \\ Q_{VW} &= -P_M/\sqrt{3} + P_T/\sqrt{3} \end{aligned}\right\} \qquad (1\text{-}96)$$

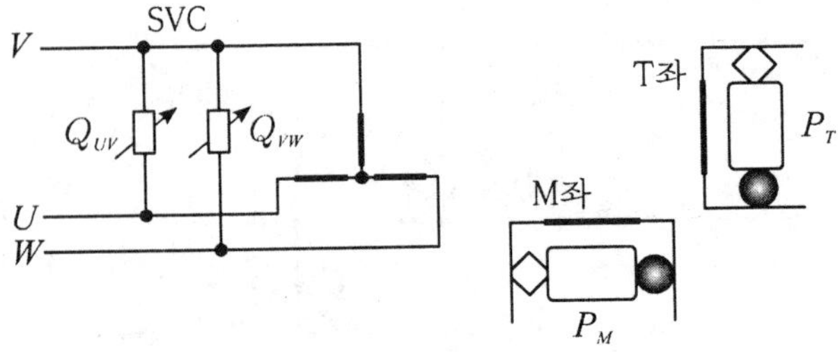

❖❖ 그림 1-89 3상 V결선 SUC ❖❖

즉, 그림 1-89에 나타낸 것처럼 UV상 간 및 VW상 간에 SVC를 접속하고, 식(1-96)에 따라 보상하면 PWM 제어차로 인해 발생하는 역상(逆相) 전류는 0으로 되어 전압 불평형 및 전압 변동이 개선된다.

본 방식은 동해도 신간선에서 역상 전류를 보상하는 장치로서 실용화되어 있다.

(나) 부등변 스콧 결선 변압기에 의한 불평형 보상 단상 급전장치

① 3상 평형화 조건 : 스콧 결선 변압기의 M좌와 T좌의 길이를 $1:\sqrt{3}$으로 하고, 사변(斜邊) S좌에 부하를 접속 M좌에 리액터 · T좌에 콘덴서를 접속하여 전원의 불평형을 보상하는 것이 동북 · 상월 신간선의 차량 기지 등에서 시행되고 있다. 변압기는 일반적으로 M좌와 T좌의 전압이 다르기 때문에 부등변 스콧 결선이라 칭하고 T좌와 S좌가 이루는 각을 스콧각 Φ로 하고 있다.(그림 1-90)

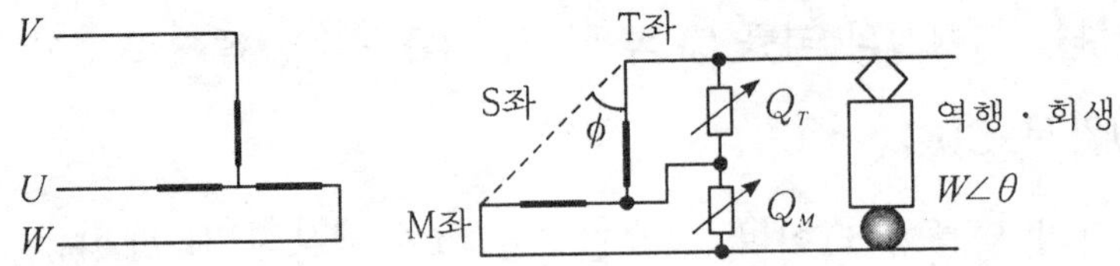

❖❖ 그림 1-90 부동변 스콧 결선 변압기에 의한 3상 단상 변환 ❖❖

본 방식에서 부하 용량 W, 역률각 θ의 역행 부하 또는 회생 부하에 대해 3상 역률 1이면서 3상 평형화하는 조건은 다음과 같다.

㉠ 역행 부하 $\theta_G = \theta$

$$\left.\begin{aligned} &\Phi = \pi/4 - \theta_L/2 \\ &Q_{TC} = (1 + \sin\theta_L)W/2 \ (\text{콘덴서}) \\ &Q_{MR} = (1 - \sin\theta_L)W/2 \ (\text{리액터}) \end{aligned}\right\} \tag{1-97}$$

㉡ 회생 부하 $\theta_G = \theta - \pi$

$$\left.\begin{aligned} &\Phi = \pi/4 + \theta_L/2 \\ &Q_{TR} = (1 - \sin\theta_G)W/2 \ (\text{리액터}) \\ &Q_{MC} = (1 + \sin\theta_G)W/2 \ (\text{콘덴서}) \end{aligned}\right\} \tag{1-98}$$

이들 식은 스콧각 Φ는 부하 역률각 θ로 정해지며, 부하 용량 W의 변화는 보상 용량 Q_T, Q_M으로 제어할 수 있음을 의미하고 있다.

본 방식의 보상 용량은 M좌와 T좌를 합하여 부하 용량 W와 동일해지며, (가)항의 역상 전력 보상 장치에 비해 1/1.5배의 용량이면 된다.

② PWM 제어차의 3상 평형화 : 식 (1-97) 및 식 (1-98)에서 선로의 손실을 무시하면 무효 전력은 0으로 되고 스콧각은 역행·회생 부하 모두 $\Phi = \pi/4$로 된다. 즉, 역행시에는 부하 전력 1/2의 용량성 무효 전력을 T좌에 동(同)용량의 유도성 무효 전력을 M좌에 접속하고 회생시에는 유도성 무효 전력을 T좌에 용량성 무효 전력을 M좌에 접속하면 된다.

현재 PWM 제어차를 대상으로 한 본 보상장치는 시작(試作) 단계에 있으며 아직 실용화 되지는 않고 있다.

1.6.3 여자식 무효전력 보상장치에 의한 불평형·전압 변동의 억제

(1) 여자식 무효전력 보상장치의 동작 원리

전력 계통의 안정화용으로서 GTO 사이리스터를 사용한 자려식 인버터에 의존하는 정지형(靜止形) 무효 전력 보상장치(Static Var Generator : SVG)가 개발되고 있어 대용량 SVG의 실현이 가능해지고 있는 중이다.

SVG의 기본회로 구성을 그림 1-91에 나타내었다. SVG의 출력 전압 V_1은 직류측 콘덴서 C에 충전된 전압 E_d를 GTO 인버터에서 교류 전압으로 변환함으로써 작성된다.

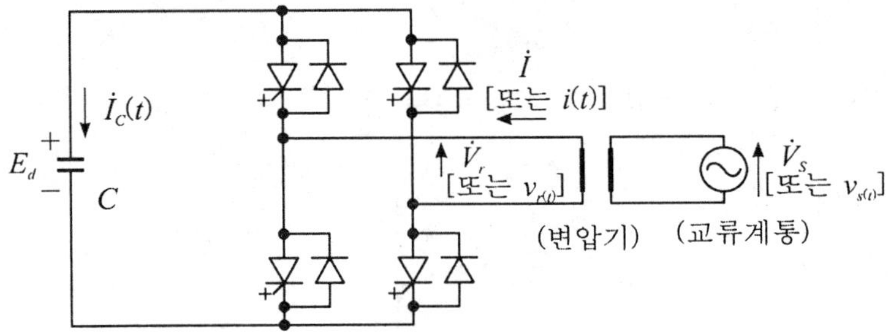

❖❖ 그림 1-91 SVG의 기본회로 구성 ❖❖

그림 1-92는 SVG의 기본 동작 원리이며 SVG 출력 전압 V_1의 위상을 계통 전압 V_S에 동기시킨 상태에서 V_1의 크기를 제어하여 무효 전력을 조정한다. 즉, V_1과 V_S의 크기를 동일하게 하면 SVG의 무효전력 출력은 0이지만 V_1을 V_S보다 크게 하면 SVG에는 진상(進相) 무효전류가 흐르고 반대로 V_1을 V_S보다 작게 하면 SVG에는 지상(遲相) 무효전력이 흐른다.

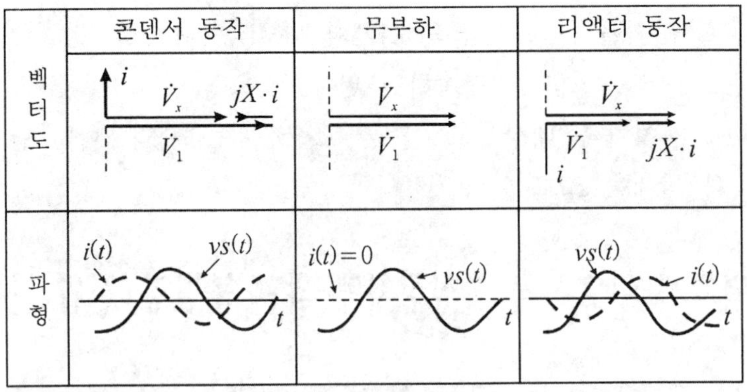

❖❖ 그림 1-92 SVG의 기본 동작 ❖❖

(2) 3상측 설치 SVG

그림 1-93에 보이는 바와 같이 급전용 변압기의 3상측에 단상 SVC를 3상분(相

分) 접속한다.

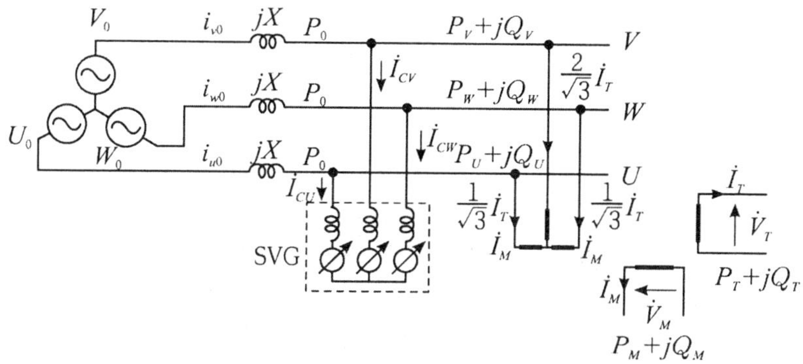

❖❖ 그림 1-93 3상 SVG회로에 의한 전원 전압 변동 억제회로 ❖❖

예를 들어, M좌 부하에 대해 SVG 동작시의 벡터도를 그림 1-93에 나타내었다. 즉, 무효 전력은 SVG에 의해 보상되고 유효 전력은 3상 합계로 0이어야 하므로 각 상의 전력은 M좌 부하 전력을 P_M, T좌 부하 전력을 P_T로 할 때 다음 식으로 된다.

$$P_0 = 1/3(P_M + P_T) \tag{1-99}$$

이 결과 임의의 부하에 대해 전원측에서는 역률이 1이면서 3상 평형화하게 된다.

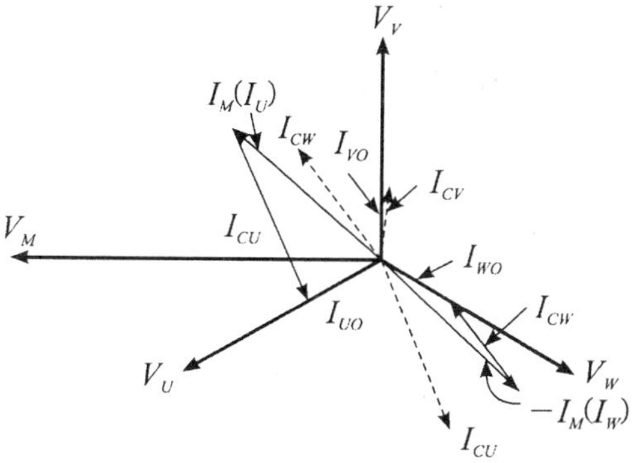

❖❖ 그림 1-94 3상 SVG에 의한 M좌 역행 부하(역률 0.75)의 평형화 ❖❖

(3) 급전측에서의 2상 SVG에 의한 보상

스콧 결선 변압기는 3상 2상 변환을 하고 있으며 M좌와 T좌의 부하가 동일하다면 3상측에서 평형한다.

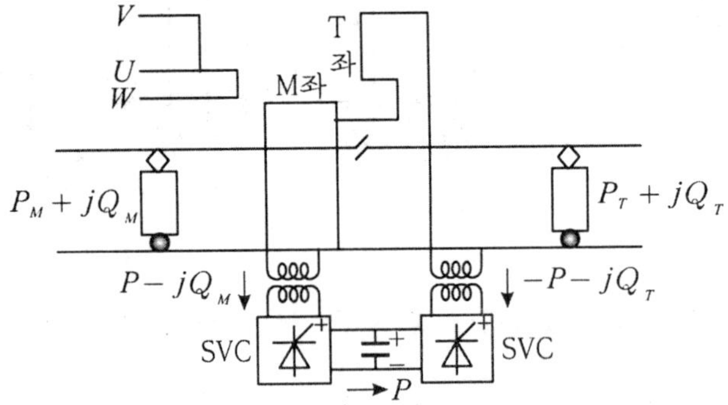

❖❖ 그림 1-95 급전측 2상 SVG에 의한 보상 ❖❖

그래서 그림 1-95에 나타낸 것과 같이 M좌와 T좌 간에 SVG를 설치하여 무효전력을 보상하는 한편, 부하 전력이 큰 좌(座)에서 작은 좌(座)를 향해 다음 식의 전력을 융통한다.

$$P = (P_M \sim P_T)/2 \tag{1-100}$$

이 결과 M좌와 T좌의 전력이 같아져 3상측에서 평형함과 동시에 역률이 1이 된다.

1.6.4 SP-SVC에 의한 전압 강하 대책

(1) 급전회로 말단에 SVC를 설치하는 효과

급전회로의 무부하 송출 전압을 V, 전원에서 부터 부하까지의 임피던스를 $R + jX$, 부하 전류를 $I(\cos\theta - j\sin\theta)$라 하면, 부하점 전압 V_P는 다음 식으로 표현할 수 있다.

$$V_P = V - I\{(R\cos\theta + X\sin\theta) - j(R\sin\theta - X\cos\theta)\} \tag{1-101}$$

교류 급전회로에서는 저항 R과 리액턴스 X의 비가 1 : 4정도이며, 부하 역률각은 예를 들면 사이리스터 위상 제어차의 경우 40°정도이다. 그러므로 $X\sin\theta$로 인한 전압 강하가 크므로, 부하와 병렬로 용량성 무효 전력으로서 콘덴서를 접속하면 $\sin\theta$는 작아져 전압 강하도 작아지게 된다. 동시에 변전소점에서의 역률이 개선되기 때문에 3상측의 전압 변동도 작아진다.(그림 1-96)

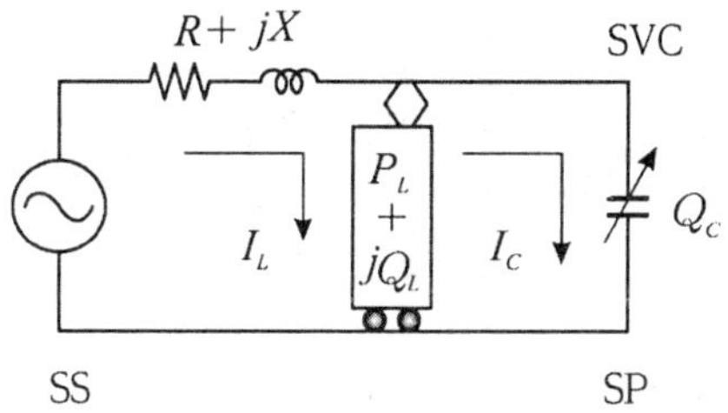

❖❖ 그림 1-96 SP-SVC의 원리 ❖❖

전기철도 부하가 일반 전력 부하와 크게 상위(相違)한 점은 급전회로를 대용량 부하가 이동하며, 급전회로 전체에 걸쳐 부하점의 전압을 확보하는 것이 필요하다는 것이다. SVC를 설치하는 개소로서는 변전소와 말단의 급전 구분소(SP)가 있는데 SP 설치의 경우가 급전회로 전반에 걸쳐 전압 강하를 보상할 수 있는 한편, SVC의 설비 용량도 변전소 설치의 경우보다도 작게 할 수 있어 유리하다. 표 1-18은 필요한 전기차점(電氣車点)의 전압이며, SVC에 의해 이 전압을 확보하도록 제어한다. 또, 신간선에서는 급전회로 고장시에 SP-SVC를 개방하는 연동(連動)으로 하고 있다.

표 1-18 전차선 전압

종 류	전차선 전압[kV]	
	신간선	재래선
최고	30	22
표준	25	20
최저	22.5	16(17)
순시 최저	20	—

(2) TCR 방식의 SP-SVC

TCR 방식의 SP-SVC는 급전회로 말단(SP)에 설치하고, 고정 콘덴서와 병렬로 TCR을 접속하여 제어한다. 본 방식은 보상 용량을 연속 제어할 수 있으므로 SP의 가선 전압을 검출하고 closed loop 제어를 하여 일정 전압값 이상을 유지할 수 있다.

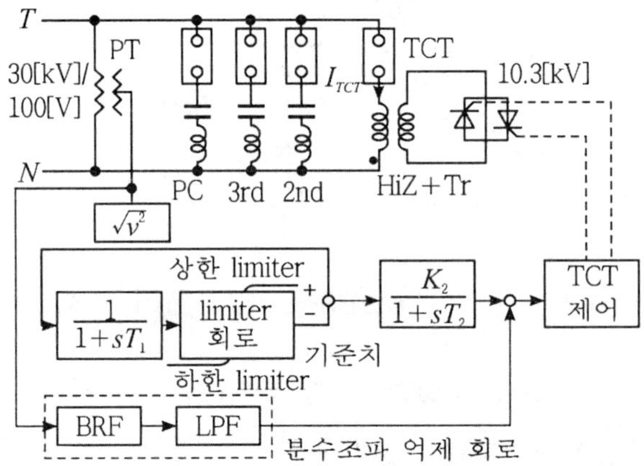

❖❖ 그림 1-97 TCR방식 SP-SVC의 구성 ❖❖

그림 1-97은 동해도 신간선에서 실용화되어 있는 TCR 방식 SP-SVC의 구성으로, 리액터 대신에 고(高)임피던스 변압기를 이용, 2차측에서 사이리스터 위상 제어를 하고 있다.

신간선에서는 이(異)전원 전환 섹션을 전기차가 통과할 때에 제2조파를 많이 함유하는 값이 큰 차량용 변압기의 무부하 여자 돌입전류가 발생한다. 이 때문에 SVC의 고정 콘덴서에 제2조파 필터를 설치하여 여자돌입전류의 확대를 방지하고 있다.

그리고 차량용 변압기 무부하 여자 돌입전류의 고조파 전류 일부가 SP-SVC로 분류함에 따라, 거리계전기 및 교류 ΔI형 고장선택장치의 제2조파에 의한 동작 억지 및 제3조파에 의한 억제 기능이 저하하여 불요 동작이 발생하는 것을 방지하기 위해 변전소에서 전환 섹션의 전류를 검출해서 보호계전기 입력에서부터 줄이고 있는 것이 특징이다.

또, 변전소 설치 SVC와 마찬가지로 직렬 콘덴서로 인해 분수조파가 계속되지 않도록 SVC의 제어를 연구하고 있다.

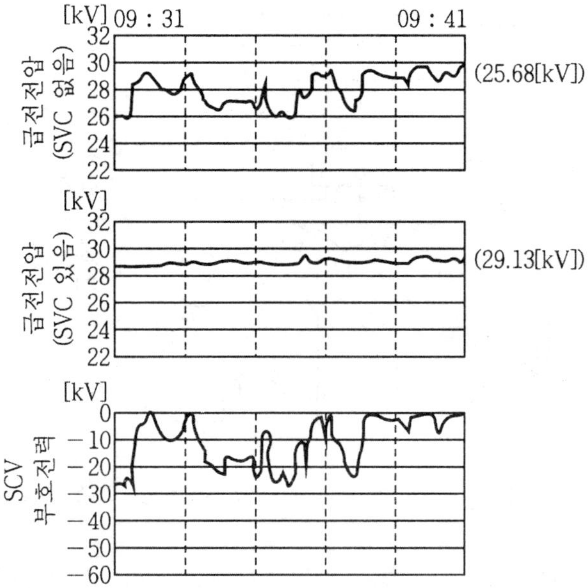

❖❖ 그림 1-98 TCR방식 SP-SVC의 보상 동작 결과 ❖❖

(3) TSC 방식의 SP-SVC

TSC 방식의 SP-SVC는 몇 단의 보상 용량을 전압 저하에 따라 사이리스터 스위치를 이용하여 투입한다. 그러므로 전압은 단계적으로 보상되나 SVC 자체에서는 고조파를 발생하는 않는 점, 전압 강하를 보상할 때만 SVC가 주 회로에 접속되므로 손실이 적다는 등의 특징이 있다.

그림 1-99는 록아도 본선에서 실용화되어 있는 TSC 방식 SP-SVC의 구성이며, SVC는 2단 구성이다. 콘덴서는 변압기의 2차측에 사이리스터 스위치를 통해 접속되고 있다.

SVC는 하한(下限) 설정전압으로 가선 전압이 저하하면 1단이 투입되고, 거기에 부하가 증가하여 하한 설정전압으로 가선 전압이 저하하면 2단이 투입되어 전압 강하는 보상된다. 경(輕)부하로 되어 상한(上限) 설정전압이 되면 우선 2단이 개방되어 전압이 저하하고 이어서 부하가 감소하여 상한 설정전압이 되면 1단도 개방된다.

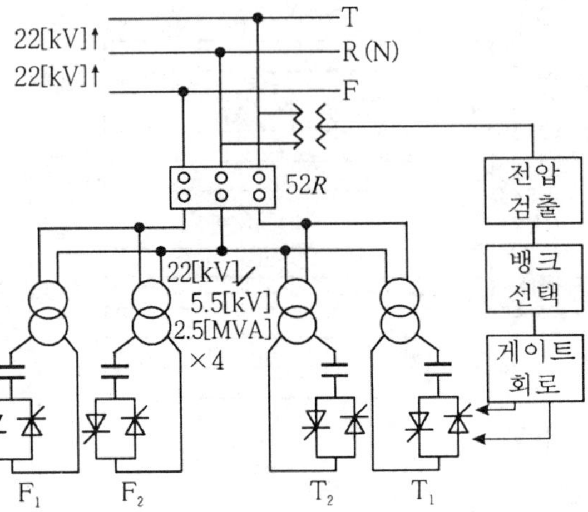

❖❖ 그림 1-99 TSC방식 SP-SVC의 구성 ❖❖

1.6.5 ACVR에 의한 전압 강하 대책

3상 전력계통에서의 전압 보상은 일반적으로 부하시 탭 전환 변압기로 한다. 전기철도에서는 심한 부하 변동에 따르기(follow) 위해 이 탭 전환을 사이리스터 스위치를 이용하여 무접점으로 고속 시행하고 있다. 이것이 ACVR(급전전압 보상장치)이다. AT전철화(電鐵化) 초기부터 SSP 등에 설치된 실적을 갖고 있다. 승압에 따라 변전소 전류가 증가하는 등의 이유로 최근에는 ACVR을 대신하여 전술(前述)한 SVC의 채용이 많다.

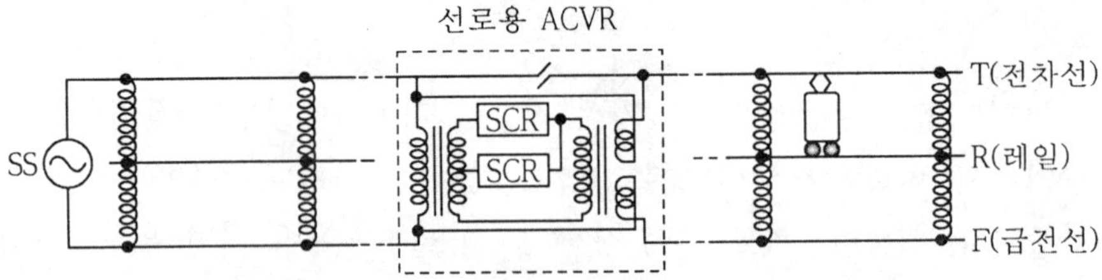

❖❖ 그림 1-100 ACVR의 구성 ❖❖

1.6.6 직렬 콘덴서에 의한 전압 강하 대책

급전회로의 임피던스 및 급전용 변압기의 임피던스를 개선하는 방법으로서 급전회로에 직렬 콘덴서를 삽입하는 방법이 있다.

(1) 변전소 설치

변압기의 리액턴스분을 보상하는 방법으로서 변전소에 직렬 콘덴서를 설치하는 경우가 있다. 용량은 일반적으로 변압기 리액턴스와 동일한 값 정도이다.

(2) 선로 설치

(가) BT급전회로

부(負)급전선 NF에 삽입되어 선로 리액턴스의 약 80[%]를 보상하고 있다. 직렬 콘덴서로 인해 NF회로의 리액턴스가 직아지기 때문에 BT 섹션(section)의 아크 소호에도 효과가 있다.

(나) AT급전회로

선로 중간에 직렬 콘덴서를 삽입하는 것은 불가능하나 연장 급전시에 SP에서 방면이 다른 AT간의 T상과 F상에 직렬 콘덴서를 삽입해서 변전소부터 SP까지의 리액턴스를 보상하는 것은 가능하다. 이 경우 SS~SP까지의 거리가 짧으면 T상과 F상의 전류에 큰 불평형이 발생하므로 주의를 요한다.

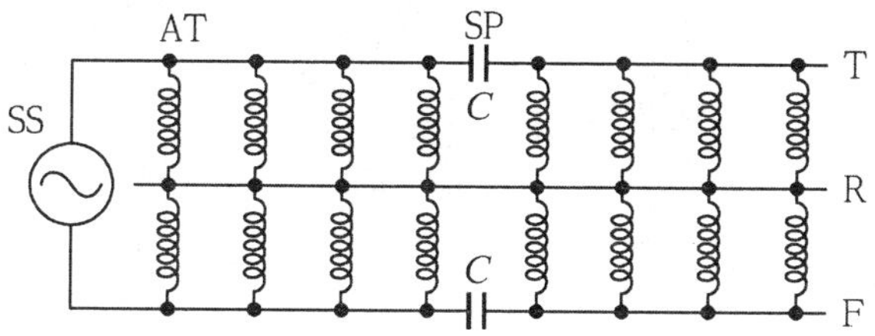

❖❖ 그림 1-101 AT회로로의 삽입 ❖❖

(3) 직렬 콘덴서의 보호 장치

직렬 콘덴서의 보호를 위해 그림 1-102에 나타낸 것처럼 병렬로 방전 갭을 접속하고 있으며 예로 정격 전류 2.5배의 전류에서 방전시키고 있다.

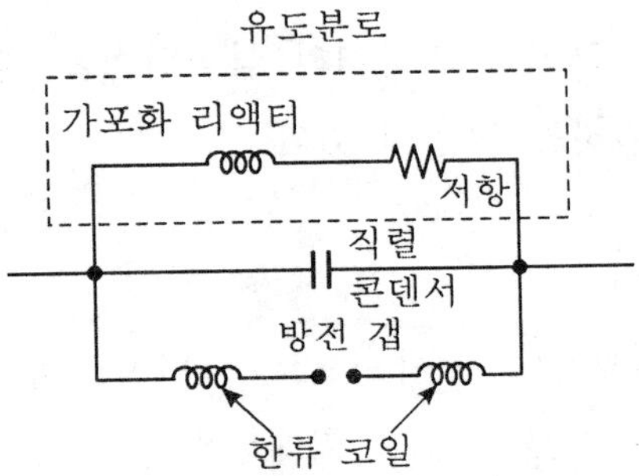

❖❖ 그림 1-102 직렬 콘덴서의 보호 회로 ❖❖

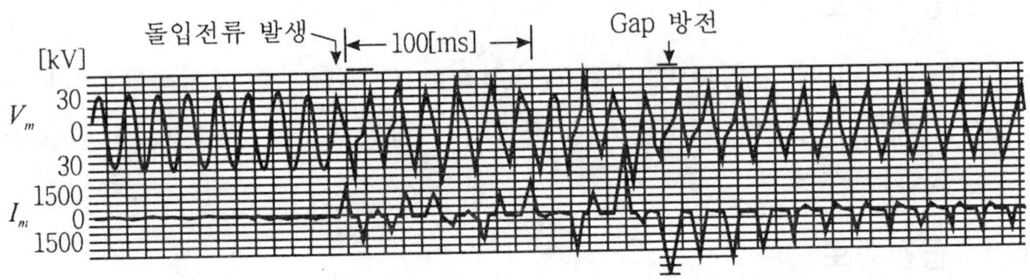

❖❖ 그림 1-103 확대성 분수조파 진동의 발생과 방전기의 동작 ❖❖

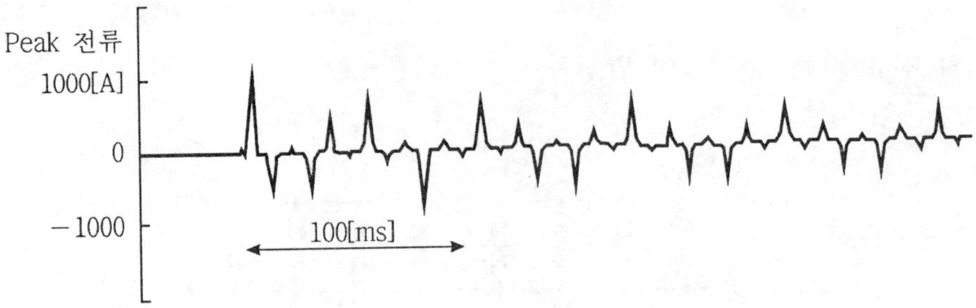

❖❖ 그림 1-104 분수조파 억제장치의 설치 효과 ❖❖

또, 전기차가 급전 구간에 진입할 때 차량용 변압기의 무부하 여자 돌입전류가 발생하는 경우가 있다. 이것이 직류 전하로서 콘덴서에 축적되어 분수조파 진동이 발생, 확대됨에 따라 급전 전압이 크게 변동하는 경우가 있다. 그래서 직류 전하를 흡수하기 위해 과포화 리액터와 저항으로 이루어지는 분수조파 진동 억제장치를 설치하고 있다. 억제 장치에 의해 그림 1-104와 같이 분수조파 진동은 감쇠성으로 되어 급전 전압 변동이 방지된다.

1.7 급전회로와 신호 통신 설비

1.7.1 폐색장치

폐색 방식은 열차 충돌의 위험을 방지하기 위해 각각의 열차에 공간적인 영역을 전유(專有)하게 하여 영역 내로의 타(他) 열차 진입을 배제하므로 이 영역을 폐색 구간이라 한다.

(1) 고정 폐색과 이동 폐색

(가) 고정 폐색

선로를 분할하여 폐색 구간을 정하고, 이산적(離散的)으로 열차 간격 제어를 하는 방식이다. 폐색 구간 내의 열차 유무를 검출하는 것만으로 열차 간격 제어를 할 수 있기 때문에 대부분의 열차가 이 방식을 채용하고 있다.

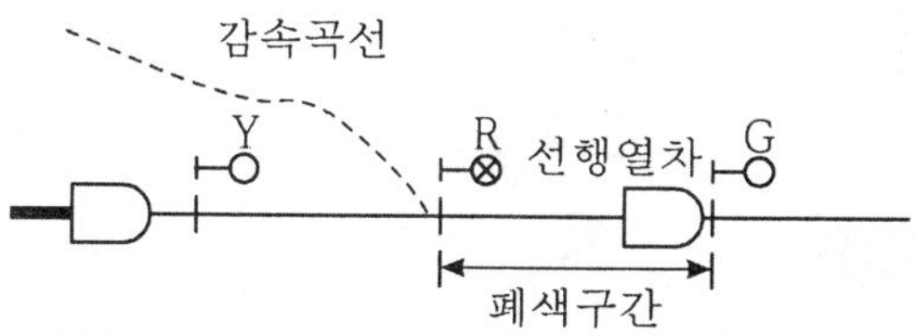

❖❖ 그림 1-105 고정 폐색의 원리 ❖❖

고정 폐색 방식을 이용한 신호 장치에는 자동 폐색 장치, 전자 폐색 장치 등이 있다.

그 중에서 자동 폐색 장치는 폐색 구간마다 궤도 회로를 설치하고, 신호기의 현시(現示)를 열차에 의해 자동적으로 제어하는 방식으로 복선 및 주요 단선에 적용된다.

폐색 구간에 열차가 없을 때는 신호기 2가 진행(G)을 현시한다. 폐색 구간에 열차가 있을 때는 궤도 회로가 차축(軸)에 의해 단락되어 정지 신호(R)를 현시한다.

주요 선로 구간에서는 주의(注意) 신호를 첨가한 3위식(位式)이 널리 채용되고 있다.

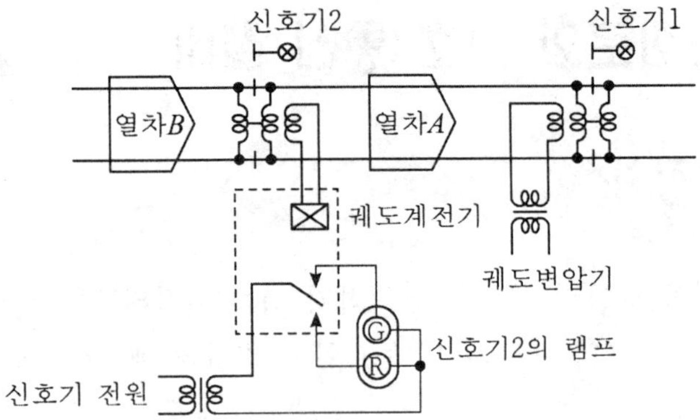

❖❖ 그림 1-106 자동 폐색식의 원리(2위식) ❖❖

(나) 이동 폐색

선행 열차와 후속 열차의 속도와 위치에 따라 연속적으로 열차 간격 제어를 하는 것으로, 선행 열차의 현재 위치까지 안전하게 정지할 수 있는 거리를 확보하면서 후속 열차를 운전하는 방식이다.

1.7.2 궤도회로

(1) 궤도회로의 종류

레일을 전기회로의 일부로 이용, 그 구간에 있는 열차의 차륜과 레일 간의 단락으로 열차를 검지하거나, 그 구간에 있는 열차에 대해서 레일을 매개로 정보를 전송하는 회로를 궤도회로라 한다.

궤도 회로는 전철화(電鐵化) 방식별로 대별(大別)하면 다음과 같은 종류가 있다.

① 직류 전철화 구간 : 상용 주파 궤도회로

② 교류 전철화 구간 : 분주(分周)·분배주(分倍周) 궤도회로

③ 신간선과의 병행 구간(교류 전류의 방해 구간이 많은 곳) : 분주·분배주 궤도회로

④ ATC 구간 : 가청(可聽) 주파 (AF) 궤도회로

1.7.3 각종 궤도회로

(1) 개전로식(開電路式)과 폐전로식(閉電路式)

개전로식은 궤도회로를 구성하고 있는 전기회로가 상시 개방되어 있으며, 열차가 궤도회로 내로 진입하여 차륜에서 레일이 단락되었을 때에 수신 계전기(relay)가 동작하는 방식이다.

폐전로식은 전기회로가 상시 폐로(閉路)되며 신호 전류를 흘려 보내 수신 계전기(relay)를 동작시켜 두고, 열차가 궤도회로 내에 진입하여 레일이 단락되었을 때에 수신 계전기가 낙하하는 방식이다. 폐전로식은 전원 고장, 회로의 단선, 레일 소손과 같은 경우에도 상시 안전측으로 동작하여 보안도가 높으므로 현재 널리 채용되고 있다.

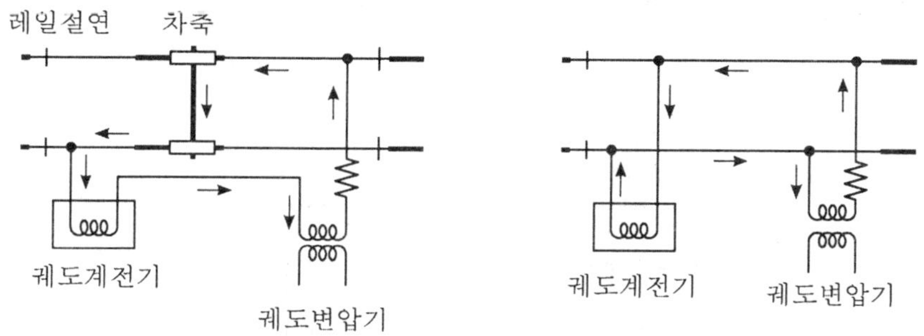

(a) 개전로식 (b) 폐전로식

❖❖ 그림 1-107 개전로식과 폐전로식 ❖❖

(2) 단궤조식과 복궤조식

단궤조식은 편측(片側) 레일만으로 절연을 만들어 신호 전류만을 흘려 보내고 다른 쪽의 레일은 신호 전류와 전기차의 귀선 전류를 흘려 보내는 방식으로 전기 운전 구간의 역 구내 측선 등에 이용된다. 임피던스 본드를 필요로 하지 않으나, 귀선측 레일이 소손되었을 때에 오동작의 우려가 있다.

복궤조식은 양측의 레일에 절연을 삽입하는 방식으로 가장 널리 채용되고 있다. 전기 운전 구간에서는 전기차의 귀선 전류를 흘려 보내기 때문에 임피던스 본드를 필요로 한다.

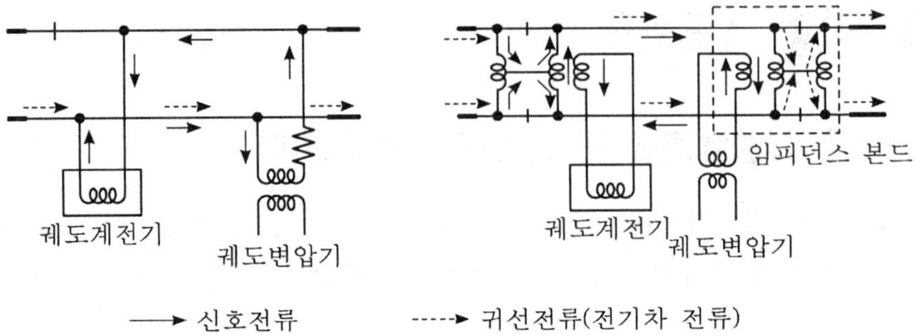

(a) 단궤조식 (b) 복궤조식

❖❖ 그림 1-108 단궤조식과 복궤조식 ❖❖

(3) 직류 궤도회로

직류 전원을 사용하는 방식이며, 보통 전지로 사용하고 구성이 간단하므로 사용된다. 직류 전철화 구간에서는 전기차 전류와 구별할 수 없기 때문에 사용되지 않는다.

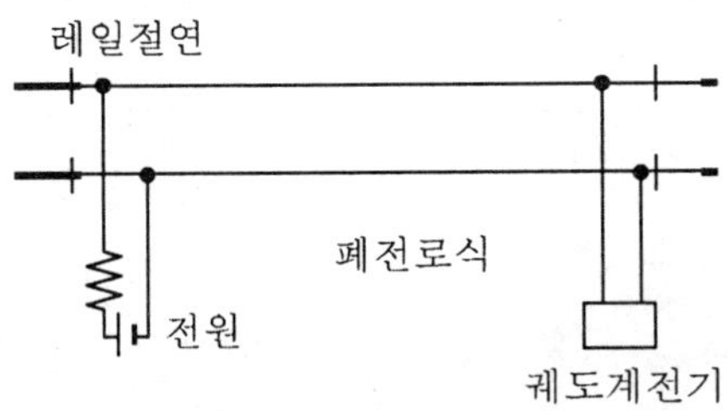

❖❖ 그림 1-109 직류 궤도회로 ❖❖

(4) 상용 주파 궤도회로

수 [V]~십 몇 [V]의 상용 주파수 교류 전원을 사용하는 궤도회로이다. 직류 전기철도에 널리 채용되고 있다.

(5) 분배주(分倍周) 궤도회로

송신측에서 분주기(分周器)에 의해 상용 주파수를 1/2로 하고, 궤도에는 25 또는 30[Hz]를 흘려 보내어 수신측에서 배주기(倍周器)에 의해 원래의 주파수로 되돌리는 궤도회로이며 교류 급전회로에서 사용된다.

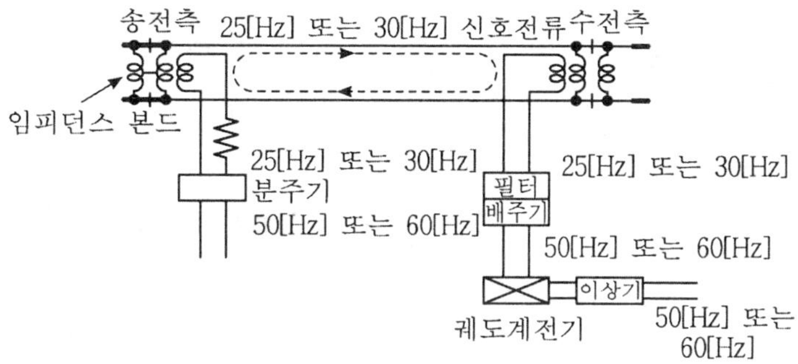

❖❖ 그림 1-110 분배주(分倍周) 궤도회로 ❖❖

(6) MG 궤도회로

전동 발전기를 이용하여 83.1/3[Hz], 100[Hz]를 사용하는 방식이다.

(7) AF 궤도회로

반송파로서 1[kHz] 부근의 가청 주파수를 이용, 수십 [Hz]의 신호 주파수로 변조한 것을 전원으로 이용하는 궤도회로이다. 변조파를 사용하고 있기 때문에 귀선전류로 인한 방해가 없으며, 신호 현시(現示) 수를 비교적 용이하게 증가할 수 있다.

많은 정보량을 취할 수 있으며, 차상(車上)으로의 전송이 용이하다. 신간선 등 ATC를 이용한 구간에서 이 방식이 채용되고 있다.

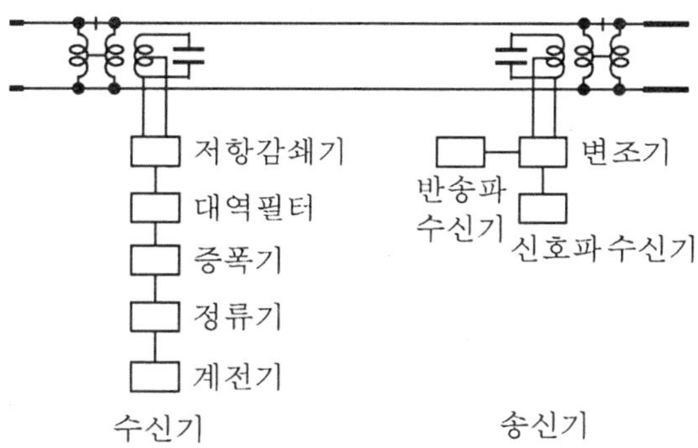

❖❖ 그림 1-111 AF 궤도회로 ❖❖

(8) 무절연 궤도회로

궤도회로의 경계에 레일 절연을 삽입하지 않는 것을 말한다. 지하철의 ATC 구간 외에, 신간선의 이상(異相) 전원이 만나는 곳(전환 섹션)의 열차 검지 등에 이용되고 있다.

궤도회로의 경계를 코일과 콘덴서로 전기적으로 단락하는 경계 단락식 및 신호가 간섭(混信 ; interference)하지 않도록 수많은 신호파를 배분하여 순서대로 사용하는 다주파식(多周波式)이 있다.

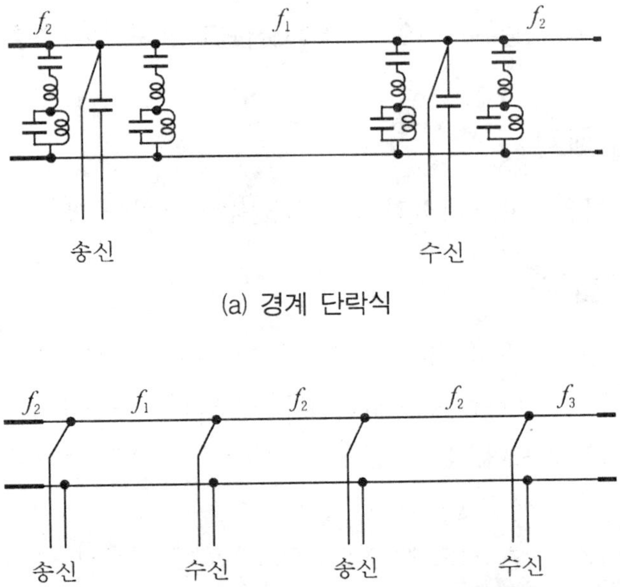

(a) 경계 단락식

(b) 다주파식

❖❖ 그림 1-112 무절연 궤도회로 ❖❖

무절연 궤도회로는 다음과 같은 특징이 있다.

① 레일 절연과 임피던스 본드가 필요하지 않기 때문에 보수가 용이하다.
② 롱 레일화(long rail化)로 승차감이 개선된다.
③ 현시(現示) 변경에 따른 궤도회로의 신설과 궤도회로의 변경이 비교적 용이하다.

(9) 임피던스 본드

임피던스 본드는 궤도회로의 경계에 설치하며, 전기차의 귀선 전류는 통과시키나 신호 전류는 연접하는 궤도회로에 유입하지 않도록 하는 것이다.

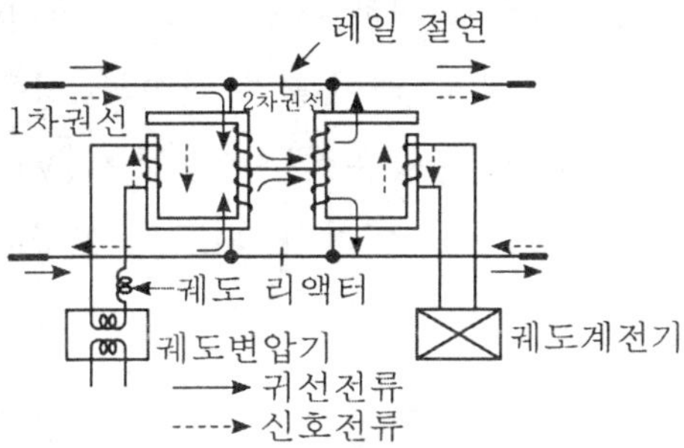

(a) 회로구성

(b) 외 형

❖❖ 그림 1-113 임피던스 본드 ❖❖

임피던스 본드는 그림 1-113에 나타낸 것과 같이 2차 권선의 양단을 레일에 접속하며 중성점을 연접하는 임피던스 본드의 중성점에 접속하고 있다. 이에 의해 귀회로 전류로 인해 생기는 자속은 제거되지만, 신호 전류에 대해서는 1차 권선과 2차 권선이 결합되고 있다. 그리고 좌우 레일 귀선 전류의 불평형으로 인해 철심이 포화하여 단락 상태가 되는 것을 막기 위해 철심에 갭을 만들고 있다.

전기철도에서 변전소에서의 귀선과 BT 급전회로의 흡상선, 또는 AT 급전회로의 CPW는 임피던스 본드의 중성점에 접속하고 있다. 이 경우, 레일 파단시에 신호 전류에 의해 wraparound로 인한 오동작이 없도록 2~3 궤도회로 이상을 떼어 놓아 접속할 필요가 있다.

1.7.4 통신유도 장해와 그 대책

전차선 전압에 비례한 정전적(靜電的)으로 유기되는 정전유도(靜電誘導)와 귀선 전류 중에서 대지로 누설되는 전류로 인해 전자적으로 유기되는 전자 유도의 작용은 전차선에 접근한 통신선에 유도 전압과 잡음이 생기게 한다.

교류 전차선에 평형하고 있는 통신선에는 예를 들어 BT 급전 방식에서는 전차선에 흐르는 전류와 부(－)급전선에 흐르는 전류의 불평형으로 유기 전압을 유기하여 통신에 지장을 주는 원인이 된다. 전차선의 전류와 NF 전류가 완전히 같으며 통신선에 대해 양자가 완전히 대칭의 위치에 있다면 전자 유도 전압은 0이 되나, 실제 회로는 전기차에서의 귀전류가 레일에서 흡상선을 통해 NF로 흐르고, 레일에서의 누설 전류 때문에 유도 장해로 된다.

이 유도의 실용상 지장이 없는 범위라는 것은 통화에 대한 유도 잡음 전압이 가청 주파수 300~3,400[Hz]에서 선간(線間) 전압에 대해 케이블 통신선의 경우 1[mV], 나(裸)통신선의 경우 2.5[mV], 상시 유도 위험 전압은 대지 전압 60[V], 이상시 유도 위험전압이 300[V], 정전유도 전압이 150[V] 이하가 되도록 제한되고 있다.

(1) 정전유도

(가) 전선 배치에 의한 정전유도

전차선 전압으로 인해 통신선에 유도 전류를 생기게 할 경우와 전차선 주위에 있는 공간 전위로 인해 인체에 영향을 줄 경우가 있다. 후자는 초고압 송전선 아래의 정전유도에 의한 경우가 대부분이다.

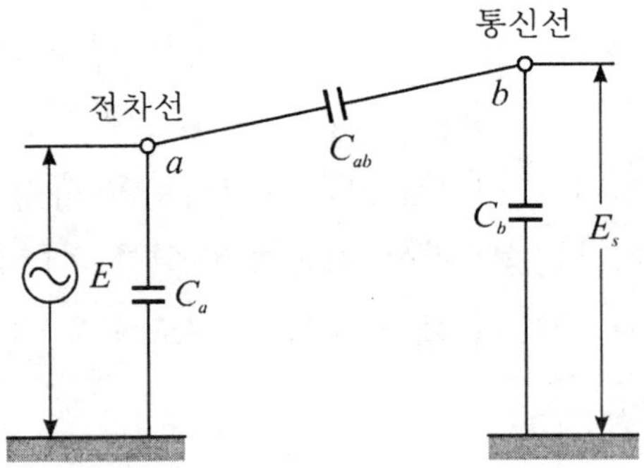

❖❖ 그림 1-114 정전유도 ❖❖

전차선과 통신선이 그림 1-114와 같이 콘덴서의 결합 회로에 상당하는 회로를 구성하고, 전차선의 대지 전압을 E[V], 전차선의 대지에 대한 정전 용량을 C_a[F], 통신선의 대지에 대한 정전 용량을 C_b[F], 전차선과 통신선과의 상호 정전 용량을 C_{ab}[F]라 하면 통신선에 유기되는 전압 E_s[V]는 다음 식이 된다.

$$E_s = \frac{C_{ab}}{C_{ab} + C_b} E(V)[V] \tag{1-102}$$

정전유도 전압은 전차선의 주파수나 부하 전류와는 관계가 없으며, 전차선의 대지에 대한 전압에 비례하는 것을 알 수 있다.

표 1-19 정전유도 전류 제한값(전기설비기술기준 제112조)

사용 전압	전철화선 길이	정전유도 전류
60[kV] 이하	12[km] 마다	2.0[μA] 미만
60[kV] 이상	40[km] 마다	3.0[μA] 미만

표 1-19에 나타낸 바와 같이 20[kV] 교류 전차선로의 경우는 접근하는 전철화선의 길이 12[km]마다 정전유도 전압에 흐르는 전류를 계산하고, 그 값이 2[μA]를 초과해서는 안된다(전기설비기술기준 고시 제23조에 의함). JR의 정전유도 전류 제한값은 10[mA]로 하고 있다.

$$i_T = V_k D_1 \times 10^{-3}\left(0.33n + 26\sum \frac{l_1}{b_1 b_2}\right) \tag{1-103}$$

단, i_T : 전철화기에 통하는 유도 전류[μA], V_k : 전선로의 사용 전압[kV], D_1 : 전선로의 선간 거리[m], b_1, b_2 : 전선과 전철화선의 상호 이격 거리[m], (단, 60[m] 이상의 값은 생략), l_1 : b_1, b_2간 전선의 길이[m], n : 교차점 수(단, 60[kV] 이하일 때는 각 교차점의 전후 50[m]는 계산에 넣지 않음)

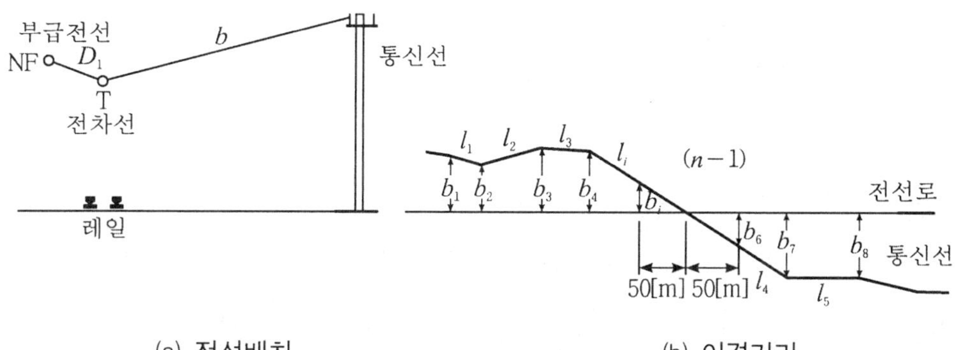

(a) 전선배치　　(b) 이격거리

❖❖ 그림 1-115 이격거리 ❖❖

(나) 정전유도 방지 대책

정전유도는 전차선 전압, 전차선과 통신선과의 상호 정전 용량에 비례한다. 전차선 전압은 일정하기 때문에 상호 정전 용량을 가능한 한 작게 하기 위해 다음과 같은 방지책이 행해지고 있다.

① 통신선을 전차선으로부터 가능한 한 떼어(離隔) 놓는다.

② 전차선과 통신선과의 중간에 부(−)급전선을 시설한다. 부(−)급전선의 차폐 효과에 의해 약 30[%]의 유도 전압이 저하한다. 차폐선의 높이가 전선 지상 높이의 1/2일 때 효과가 가장 좋다.

③ 통신선을 케이블화하면 완전하게 차폐할 수 있다.

(2) 전자 유도

(가) 통신선으로의 전자 유도

교류 전차선로의 경우 그림 1-116과 같이 전차선이 변압기의 1차 권선에 상당하고, 통신선은 그 2차 권선으로 간주되는 변압기 회로가 성립하면 전차선으로부터의 전자 유도로 인해 통신선에 전압을 발생한다.

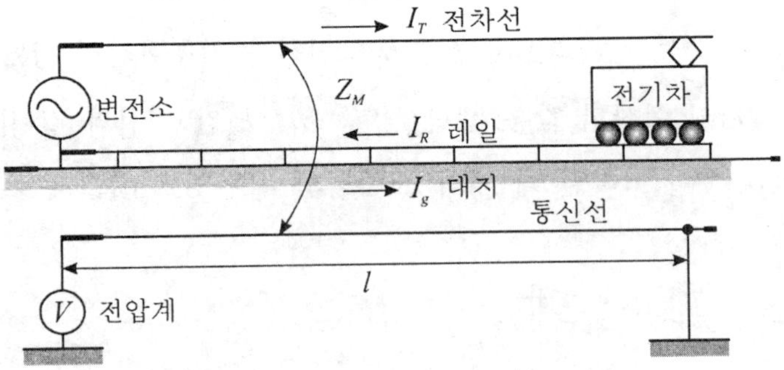

❖❖ 그림 1-116 전자 유도의 개념 ❖❖

이때, I_T : 전차선 전류[A], I_R : 귀선 전류[A], I_g : 대지 전류[A], Z_M : 전차선과 통신선의 상호 인덕턴스[Ω/km], l : 전차선과 통신선이 평행하고 있는 길이[km]로 하면, 통신선에 유기되는 전압 V_m은 다음 식이 된다.

$$V_m = 2\pi f\, Z_M(I_T - I_R)l$$

$$= 2\pi f\, Z_M I_g l \tag{1-104}$$

단, M은 카슨·폴라첵의 식에 의한다.

식 (1-104)으로부터 전자 유도 전압은 전차선의 교류 주파수, 대지 전류 및 양(兩)선 간의 상호 인덕턴스에 각각 비례한다.

교류 전차선은 귀선인 레일이 도상(道床)을 매개로 대지 위에 놓여 있기 때문에 부하 전류의 다량(多量)이 대지로 누설하여 3상 교류 송전선의 지락 사고와 같은 상태가 상시 존재하고 있기 때문이다.

(나) 전자 유도 방지 대책

전자 유도 전압은 대지 전류·상호 인덕턴스·양 선 평행 구간의 길이 등에 비례하기 때문에 이드의 값을 될 수 있는 한 감소할 필요가 있다.

① 대지 전류의 억제 : 전차선과 평행하게 부(－)급전선을 설치하여 귀선 저항을 감소하는 한편, 흡상 변압기로 레일 전류를 적극적으로 부급전선에 흡입해 올려 변전소에 반환한다.

② 상호 인덕턴스를 작게 한다 : 통신선을 가능한 한 격리해 놓거나 차폐 케이블을 채용한다.

③ 평행 구간을 짧게 한다 : 통신선에 절연 변압기 또는 중계 코일(차폐 코일)을 넣어 유도 구간을 분할한다.

④ 전기차에 대해서도 필터를 설비, 전차선으로의 고주파를 억제하여 유도 경감한다.

(3) 직류 전철화 구간의 유도 장해

교류를 실리콘 정류기 등으로 직류로 변환하면 직류에는 맥동하는 전류·전압이 함유되며 이 맥동으로 인해 교류 전차선의 경우와 마찬가지로 통신선에 큰 유도 장해를 준다.

이 때문에 전차선에 평행하는 통신선은 4[m] 이상의 이격을 필요로 하며, 전 구간에 걸쳐 등가 평균 이격 거리가 가능한 한 7[m] 이상이 되도록 통신선을 전차선으로부터 떼어 놓거나 또는 케이블화하고 있다. 변전소에는 귀선에 직렬 리액터를 설치하여 맥류를 저지함과 동시에 콘덴서와 리액터에 의한 병렬 공진 분로를 마련하여 맥류를 흡수하고 있다.

(4) 교류 AT 전철화 구간의 유도 장해

급전계통의 변화에 따라 대지누설전류를 구하기 위해 급전시뮬레이션을 수행하였다. 시뮬레이션 조건으로는 전기차가 1,000[A]의 부하를 소비하면서 한 급전구간에 1대가 운행하고, 급전계통은 두 개의 SSP가 있을 경우를 가정하였다.

상하선이 분리된 급전계통에서 10[km]마다 AT를 설치하고 전기차가 매 5[km]마다 위치한 경우의 위치별 대지누설전류를 보이고 있다. 대지누설전류는 첫 번째 SSP이후에 AT간 중간 15와 25[km]에 전기차가 위치할 경우, 각각 11과 21[km]에서 가장 큰 값을 나타내고 있다.

상하선이 분리된 급전계통에서 AT간격을 변화시켰을 때의 AT간격을 10[km]를 기준으로 대지누설전류의 변화율을 보이고 있다. AT간격이 줄어들면 대지누설전류가 줄어듦을 알 수 있다.

상하선이 각 AT마다 연결된 급전계통에서 10[km]마다 AT를 설치하고 전기차가 매 5[km]마다 위치한 경우의 위치별 대지누설전류를 보이고 있다. 상하선이 분리된 급전계통과 비교할 때 보다 큰 대지누설전류가 발생하며 전기차가 5[km]에 위치할 때 8[km]에서 가장 큰 대지누설전류가 발생한다.

상하선이 분리된 급전계통에서 10[km]마다 AT를 설치하고 전기차가 5[km]에 위치한 경우, 레일과 대지간의 상호임피던스를 변화시켰을 때 대지누설전류를 보이고 있으며 상호임피던스가 적어지면서 대지누설전류가 증가하는 것을 알 수 있다.

상하선이 분리된 급전계통에서 10[km]마다 AT를 설치하고 전기차가 5[km]에 위치한 경우, AT 누설임피던스를 변화시켰을 때 대지누설전류를 보이고 있으며 AT 누설임피던스가 증가하면서 대지누설전류가 증가하고 있다.

(5) 통신 유도 장해의 제한값

(가) 통신 장해의 평가 지표

고조파로 인한 장해로서 전력선이 근접함에 따른 통신선에 대한 장해가 있다. 유도 잡음의 주 성분은 음성 주파수대 중, 거의 300~3,000[Hz]의 범위 내에 있다. 그리고 이와 전철화 수화기 감도의 주파수 특성을 고려해서 가중치를 준 것을 통신 장해의 지표로 삼고 있다.

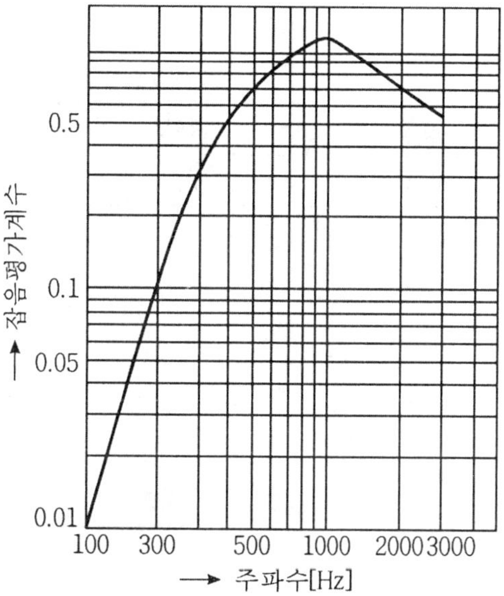

❖❖ 그림 1-117 잡음 평가 가중치 계수 ❖❖

일본에서 가장 잘 사용되고 있는 것은 등가 방해 전류 J_P인데, 그림 1-117에 나타나는 것과 같은 잡음을 800[Hz]로 환산한 잡음 평가 계수(Sf_n : ITU-T계수, ITU-T : 국제 전신 전철화 자문위원회)로 가중치를 주고 있다.

이로부터 등가 방해 전류는 다음 식으로 표현할 수 있다.

$$J_P = \sqrt{\sum(Sf_n \cdot I_n)^2}[\mathrm{A}] \tag{1-105}$$

(나) 유도 전압 및 잡음 전압의 제한값

일본에서의 유도 전압 및 잡음 전압의 제한값을 표 1-20에 나타내었다. 교류 전기철도에서는 이 제한값을 고려한 급전회로 구성 및 통신 선로 유도에 대한 대책을 시행하고 있다.

표 1-20 유도 전압·잡음 전압의 제한값

종 별	조 건	허용치	비 고
위험 전압	이상시	300[V]	교류 전기철도
		430[V]	고신뢰도 송전선
	평상시	60[V]	종류에 관계 없음
잡음 전압	평상시	1[mV]	교류 전기철도

㈜ 위험 전압은 전자 유도 전압 실효치

제 2 장

단락 전류 계산

2.1 % 임피던스법

2.1.1 고장계산시 적용하는 전기량의 표시방법과 환산법

전력계통에서 표시되는 각종 물리량 즉 전압, 전류, 임피던스 등을 고장계산시에 어떤 단위로 적용할 것인가에 대한 몇 가지 표시 방법이 있다.

① 옴법 : 전압은 V(Volt), 전류는 A(Ampere), 임피던스는 Ω(Ohm), 계통용량은 VA(Volt-Ampere) 등의 단위로 나타내는 방법인데, 3상회로법에 의한 고장계산시에 적용된다.

② 단위법 : 전압, 전류, 임피던스 및 용량(피상전력)의 단위를 어떤 기준량에 대한 배수로 표현하는 방법인데, 각 물리량의 단위는 P.U로 나타낸다.

③ 퍼센트법 : 단위법과 같이 모든 물리량을 어떤 기준량에 대한 백분율(%)로 표시하는 방법이다. 이상의 세가지 방법중에서 대칭좌표법에는 P.U법이나 퍼센트법이 주로 적용된다.

④ P.U법과 %임피던스법 : 고장 계산을 위한 전압, 전류, 임피던스 등을 표시하는데 있어 어떤 기준량(BASE)을 정하고 그 기준전압 또는 기준전류의 배수로 환산하여 표시하는 것을 단위법(Per Unit법 또는 P.U법)이라 하고, 백분율로 표시하는 것을 %법(Percent법)이라 한다.

예로서, 기준전압 3.3[kV] 일 때 3.135[kV]인 전압을

$$V[\mathrm{P.U}]=\frac{V}{V[\mathrm{BASE}]}=\frac{3.135}{3.3}=0.95[\mathrm{P.U}]$$라 한다.

2.1.2 %임피던스법

(1) %임피던스와 BASE [kVA]

① 보통 전기적 계산에는 Ohm법을 사용하여 전압을 [V], 전류를 [A], 전력을 [kVA], 그리고 임피던스를 [Ω]의 단위로 표시하여 본래의 양대로 계산하고 있으나 전력계통의 고장계산에는 %임피던스법이 일반적으로 사용되고 있다. %임피던스란 어떤 임피던스 Z[Ω]가 있을 때 선간전압이 V[kV], 3상용량이 P[kVA]이고 전류 $\left(I=\frac{P}{\sqrt{3}\,V}\right)$가 Z에 흐를 때 전압강하 ZI[V]를 상전압의 100분율로 표시한 것이다.

$$\%Z=\frac{I\cdot Z}{\frac{V}{\sqrt{3}}\times 10^{3}}\times 100 \tag{2-1}$$

② 전압과 전류에 어떤 기준량을 취하면 전력과 임피던스의 기준량은 자동적으로 정해진다. 따라서 기준전압[kV], 기준전류[A]를 어떤 값으로 정하면 기준전력과 기준 임피던스는 다음과 같이 표시할 수 있다.

$$\text{기준전력}=\text{기준전압}\times\text{기준전류}$$

$$\text{기준임피던스}=\frac{\text{기준전압}[\mathrm{kV}]\times 10^{3}}{\text{기준전류}[\mathrm{A}]} \tag{2-2}$$

여기에서 Z[Ω]인 임피던스를 기준임피던스에 대한 %로 표시하면 다음과 같다.

$$\%Z=\frac{Z[\Omega]}{\text{기준임피던스}}\times 100 \tag{2-3}$$

따라서 3상 기준전력을 [kVA]로, 기준선간전압을 [kV]로 표시하면 다음과 같은 관계식이 성립된다.

$$기준전류[A] = \frac{기준[kVA]}{\sqrt{3}기준[kV]} \tag{2-4}$$

$$기준임피던스[\Omega] = \frac{[기준\ kV]^2 \times 10^3}{[기준\ kVA]} \tag{2-5}$$

$$\%Z = \frac{Z[\Omega]}{기준임피던스[\Omega]} \times 100$$

$$= \frac{Z[\Omega] \times [기준\ kVA]}{[기준\ kV]^2 \times 10} \tag{2-6}$$

일반적으로 송배전계통의 고장계산에서는 기준전력을 100[MVA]로 택하고 있다. 따라서 100[MVA]를 기준으로 하여 22.9[kV-Y]계통을 예로 든다면 다음과 같으며 전압별 기준전류와 기준임피던스는 표 2-1과 같다.

➽ 22.9[kV-Y]의 기준전류

$$[기준\ I] = \frac{P}{\sqrt{3}V} = \frac{100,000}{\sqrt{3} \times 22.9} = 2,521.1$$

➽ 22.9[kV-Y]의 기준임피던스

$$[기준\ Z] = \frac{[기준kV] \times 10^3}{[기준전류A]} = \frac{KV \times 10^3}{\sqrt{3}} \times \frac{1}{2,521.1}$$

$$= \frac{22.9}{\sqrt{3}} \times \frac{1,000}{2,521.1} = 5.25[\Omega]$$

$$기준\ \%임피던스 = \frac{1}{[기준임피던스]} \times 100 = \frac{1}{5.25} \times 100 = 19.1[\%]$$

즉, 22.9[kV-Y]에서 1[Ω]은 100[MVA] 기준으로 환산하면 19.1[%]이다.

표 2-1 전압별 100[MVA] 기준 변환계수

기준전압[kV]	기준전류[A]	기준임피던스(1[Ω]당 [%])
3.3	17,496	918.3
5.7	10,129	307.8
6	8,748	229.6
11.4	5,064	76.95
22.0	2,624	20.7
22.9	2,521	19.1

예제 2-1 단락전류 계산시 사용되는 옴법, 퍼유니트 임피던스법, 퍼센트 임피던스법에 대하여 간단히 설명하여라.

해설 차단기의 차단용량 선정을 위해서는 전력계통의 사고시 계통 각 부분의 고장전류 및 전압분포를 계산하여 차단전류를 선택하며, 또한 전기적, 기계적 강도를 고려, 여유 있게 선정하여야 한다. 이러한 단락 전류 계산에는 다음의 4가지 방법이 있다.

- 저항법(Ohm법)
- Per Unit법(단위법)
- Percent Impedance법
- 대칭 좌표법

① 저항법 : 전압[V], 전류[A], 저항[Ω]에 의한 계산법

② Per Unit법 : 전압, 전류 또는 전력 등에 어떤 기준량(Base량)을 정하고 그 기준전압 또는 기준전류에 몇 배인가를 표시하는 방법을 말하며 단위법으로 표시한 양에는 [P.U]를 붙인다.

③ Percent Impedance법 : Per Unit법을 백분율로 나타낸 것이다.

㉠ %임피던스의 정의 : 그림 2-1과 같이 임피던스 Z[Ω]이 접속되고 E[V]의 정격 전압이 인가되어 있는 회로에 정격전류 I[A]가 흐르면 ZI[V]의 전압강하가 생기게 된다.

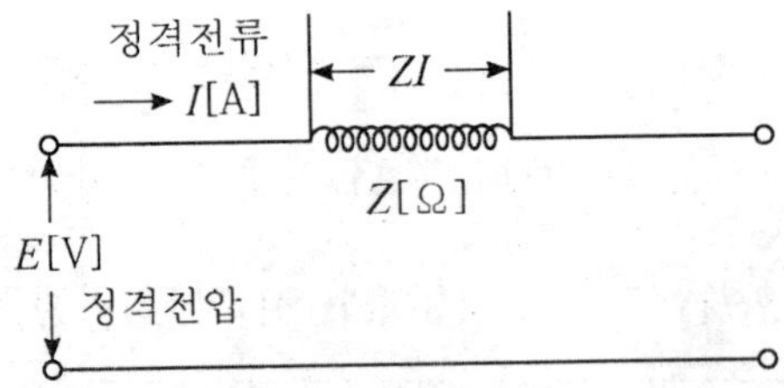

❖❖ 그림 2-1 %임피던스의 개념 ❖❖

이 전압 강하분 ZI[V]가 회로의 정격전압 E[V]에 대해서 몇 [%]에 해당하는가 하는 관점에서 E[V]에 대한 ZI[V]의 비를 %로 나타낸 것이 %임피던스인 것이다. 즉,

$$\%Z = \frac{Z[\Omega] \cdot I[A]}{E[V]} \times 100[\%]$$

㉡ %임피던스를 사용하는 이유 : Ω 임피던스는 사용하는 전압에 따라 그 값이 각각 달라지고 있기 때문에 하나의 계통 전압이 서로 다른 여러개의 부분으로 이루어질

경우에는 반드시 사전에 계통전압의 기준값을 정하고 각 부분의 임피던스를 이 기준인 전압값에 맞추어서 환산해 준 다음에 집계하여야 한다. 이에 대하여 %임피던스는 이러한 번거로움이 없이 각 부분의 값을 그대로 집계해 갈 수 있다는 특징이 있다.

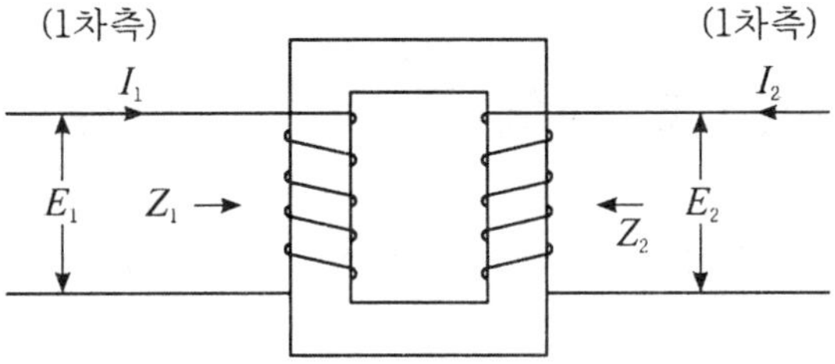

❖❖ 그림 2-2 변압기의 1, 2차 회로 ❖❖

예를 들어 그림 2-2와 같은 변압기 회로에서

$E_1 > E_2$일 때

변압비 즉, 권수비를 $a = \frac{E_1}{E_2}$라 하면

$\frac{I_1}{I_2} = \frac{1}{a}$, $\frac{Z_1}{Z_2} = a^2$이므로

$$\%Z_2 = \frac{Z_2 I_2}{E_2} \times 100 = \frac{\frac{1}{a^2} Z_1 \cdot a I_1}{\frac{1}{a} E_1} \times 100$$

$$= \frac{Z_2 I_2}{E_1} \times 100 = \%Z_1$$

로 된다.

그러므로, 변압기의 임피던스를 $\%Z$로 나타내면 고압측에서 보거나 저압측에서 보더라도 언제나 그 값이 같기 때문에 Ω임피던스처럼 전압에 대해서 신경을 쓸 필요가 없다.

㉢ %임피던스법에 의한 단락전류계산 : 일반적으로 전력계통에서는 임피던스의 크기를 Ω값 대신에 %값으로 나타내는 경우가 많다. 지금 정격 전류를 I_n[A], 정격 Y 전압을 E[V]라고 하면 우선 $\%Z$의 정의 식에서 $\%Z = \frac{ZI_n}{E} \times 100[\%]$

$$\%Z[\Omega] = \frac{\%Z \times E}{100 I_n}[\Omega]$$

이므로, 단락전류 I_s는

$$I_s = \frac{E}{Z[\Omega]} = \frac{E}{\frac{\%Z \times E}{100 \times I_n}} = \frac{100}{\%Z} \times I_n[\text{A}]$$

로 쉽게 계산할 수 있다.

2.1.3 3상 단락전류 계산

계통의 동일지점에서 3상이 단락되는 고장은 그림 2-3과 같다.

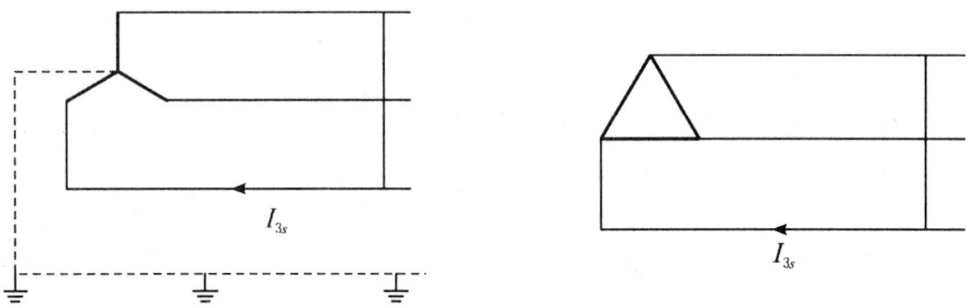

(a) Y 계통 (b) △ 계통

❖❖ 그림 2-3 ❖❖

이때 고장전류는 회로 전체의 임피던스에 반비례하면 그 계산식은 다음과 같다.

$$I_{3s} = \frac{100}{Z_1} \times \text{기준전류[A]}$$

$$= \frac{100}{Z_1} \times \frac{100000}{\sqrt{3} \cdot V} \qquad (2\text{-}7)$$

단, 여기에서 I_{3s} : 3상단락 고장전류[A], Z_1 : 고장회로의 정상 %임피던스(100[MVA] 기준)[%]을 나타낸다.

$$Z_1 = Z_s + Z_t + Z_n \qquad (2\text{-}8)$$

여기서, Z_s : 계통의 %임피던스(100[MVA] 기준), Z_t : 변압기 %임피던스(100

[MVA] 기준), Z_n : 선로의 정상 %임피던스(100[MVA] 기준), V : 선간전압[kV]을 나타낸다.

2.1.4 선간단락 고장전류 계산

3상계통에서 선간단락되는 고장은 그림 2-4와 같다.

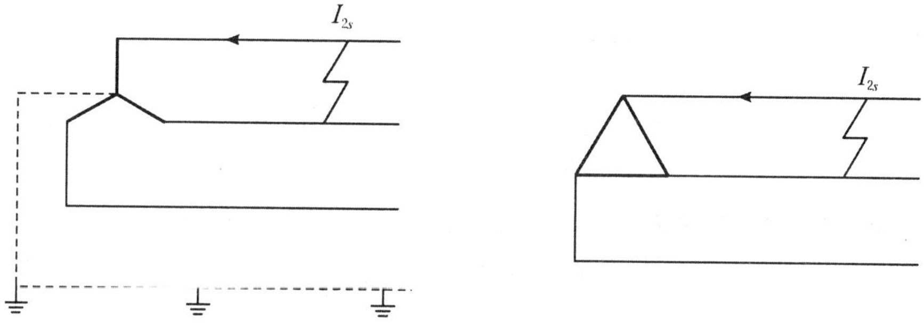

(a) Y 계통 (b) △ 계통

❖❖ 그림 2-4 ❖❖

이 때의 고장전류는 3상단락과 같이 정상분 전류만 흐르고 다음과 같이 계산한다.(단, $Z_1 = Z_2$)

$$I_{2s} = \frac{\sqrt{3} \cdot 100}{2 \cdot Z_1} \times \text{기준전류[A]}$$

$$= \frac{\sqrt{3}}{2} \cdot \frac{100}{Z_1} \times \frac{100000}{\sqrt{3} \cdot V} \text{[A]}$$

$$= \frac{\sqrt{3}}{2} \cdot I_{3s}\text{[A]} = 0.866\, I_{3s}\text{[A]} \tag{2-9}$$

단, 여기에서 I_{2s} : 선간단락전류[A], 기타는 3상 단락전류 계산과 동일하다.

2.1.5 1선지락 고장전류 계산

(1) 접지계통에서의 지락고장

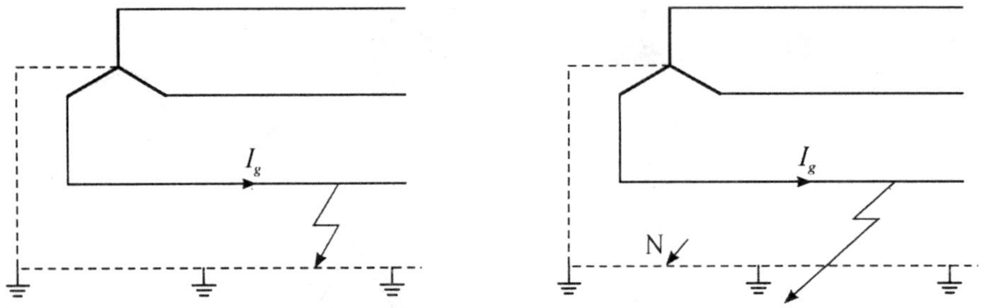

(a) 중선선과의 혼촉 (b) 지락고장

❖❖ 그림 2-5 ❖❖

즉, 3상4선식 접지계통에서 1선지락고장은 다중접지된 중성선과의 혼촉인 경우와 지락인 경우가 있다.

$$
\begin{aligned}
I_g &= \frac{3\times 100}{(Z_1+Z_2+Z_0+Z_F)} \times \text{기준전류[A]} \\
&= \frac{3\times 100}{(Z_1+Z_2+Z_0+Z_F)} \times \frac{100000}{\sqrt{3}\cdot V}\,[\text{A}] \qquad (2\text{-}10)
\end{aligned}
$$

단, 여기에서 I_g : 1선지락전류[A], V : 선간전압[kV], Z_1, Z_2, Z_0 : 고장회로의 정상, 역상, 영상 %임피던스(100[MVA]기준)을 나타낸다.

$$
\left.
\begin{aligned}
Z_1 &= Z_s + Z_t + Z_n \\
Z_2 &= Z_{l_1} \\
Z_0 &= Z_t + Z_{l_0}
\end{aligned}
\right\} \qquad (2\text{-}11)
$$

여기서, Z_t : 주변압기의 %임피던스(100[MVA]기준), Z_s : 계통의 %임피던스(100[MVA]기준), Z_{l_1} : 선로의 정상 %임피던스(100[MVA]기준), Z_{l_0} : 선로의 영상 %

임피던스(100[MVA]기준), Z_F : 고장점의 고장임피던스로서 100[MVA] 기준으로 환산한 %임피던스이다.

단, Z_F의 값은 고장전류 계산의 필요에 따라 각각 기준치를 적용해야 한다.

즉, 유도전압 계산시 또는 보호협조 검토시는 그 기준치가 각각 상이하므로 주의를 요한다.

(2) 비접지계통에서의 1선지락고장

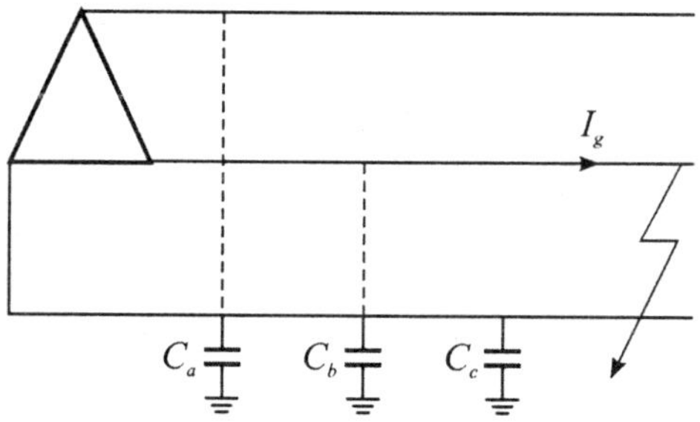

❖❖ 그림 2-6 ❖❖

3상 배전선에서 각 상의 대지정전용량이 같다고 본다. 즉,

$$C_a = C_b = C_c$$

따라서 1선지락전류는 다음과 같이 계산하여 Ohm법으로 계산한다.

$$I_g = \frac{\frac{V}{\sqrt{3}} \times 1,000}{R + \frac{1}{3\omega C_a}} \tag{2-12}$$

단, 여기서 I_g : 1선지락전류[A], V : 선간전압[kV], R : 지락점의 지락저항[Ω], ω : $2\pi f = 3\times3.14\times60$, C_a : 각 상의 대지정전용량[μF]이다.

C_a는 [km]당 다음 식으로 계산한다.[μF/km]

$$C_a = \frac{0.02413}{\log_{10}\frac{16h^3}{dD}} \tag{2-13}$$

위 식에서 d : 전선의 외경[mm], D : 등가선간거리[mm], h : 전선의 지표상 높이[mm] 또 D는 다음과 같이 구한다.

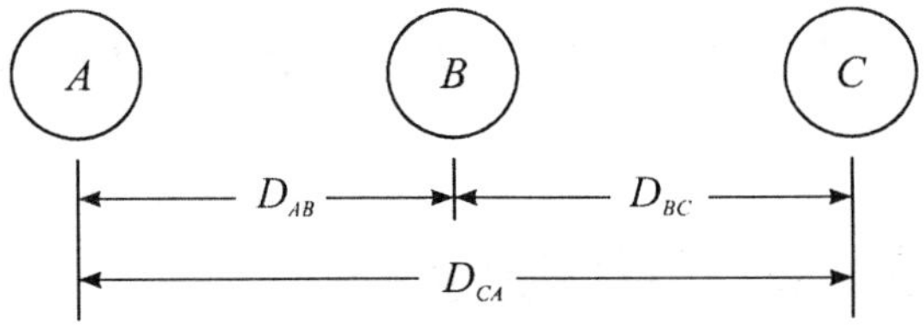

❖❖ 그림 2-7 ❖❖

전선 3조간의 거리를 각각 D_{AB}, D_{BC}, D_{CA}라고 할 때 그 기하 평균거리를 등가선간거리라고 하며 다음과 같이 구한다. 즉,

$$D = \sqrt[3]{D_{AB} \cdot D_{BC} \cdot D_{CA}} \tag{2-14}$$

2.2 임피던스 산출

고장계산에 관련되는 임피던스에는 계통임피던스와 변압기의 임피던스 및 선로임피던스가 고려되며 지락고장시에는 지락저항도 고려해야 한다.

2.2.1 전원(한전)측 임피던스

한전에서는 발전소 및 변전소에 대하여 정기적으로 계산하여 제시하고 있으며 한전에 협조를 요청하여 구한다. 22.9[kV]로 수전받는 수용가는 한전 154[kV] 변전소의 변압기 표준용량이 60[MVA]($\%Z$: 14.5[%])이므로 이것으로부터 계산하거나 개략 500[MVA] (X/R : 10)정도로 하면 실용적으로 문제가 없다.

한전에서 제시되는 임피던스는 100[MVA]를 기준으로 하여 제시되고 있으며 이를 기준용량의 임피던스로 환산하고자 할 경우 다음과 같이 환산한다.

kVA_{base1}의 $\%Z_{base1}$을 kVA_{base2}의 $\%Z_{base2}$로 환산

$$\%Z_{base2} = \%Z_{base1} \times \frac{kVA_{base2}}{kVA_{base1}}$$

또한, 한전측의 임피던스를 정확히 알지 못하여 22.9[kV] 계통에서 임의의 값을 잡고 이를 기준용량의 임피던스로 환산할 때 다음과 같이 환산한다.

$$\%Z = \frac{kVA_{base}}{kVA_{sc} - 3_p}$$

$$\%R = \%Z \times \frac{R}{\sqrt{R^2 + X^2}} = \frac{\%Z}{\sqrt{1 + (X/R)^2}}, \quad \%X = \%R \times X/R$$

예 1 22.9[kV] 수용가의 전원측 임피던스를 500[MVA]로 할 경우 이를 1,000 [kVA] 임피던스로 환산하면?

정상임피던스는

$$X_{p.u} = \frac{1,000[kVA]}{500[MVA] \times 1000} = 0.002_{p.u}[0.2\%]$$

2.2.2 케이블 및 전선

전기설비기술계산 핸드북 등의 자료집 Data를 참조하거나 제작업체의 Data를 이용하여 계산한다. 일반적으로 케이블은 [Ω/km]로 Data가 주어지므로 이를 $\%Z$ 나 $Z_{p.u}$로 환산하여야 한다.

① 22.9[kV-Y] 다중접지 계통의 가공전선 임피던스 참고값(표 2-2)

② 22.9[kV] CNCV Cable 임피던스 참고값

- CNCV 60[mm^2] : $0.3874 + j0.1632$[Ω/km]
- CNCV 100[mm^2] : $0.2305 + j0.1502$[Ω/km]
- CNCV 200[mm^2] : $0.1194 + j0.1354$[Ω/km]

케이블의 임피던스가 [Ω/km]로 주어졌을 때 다음과 같이 환산한다.

$$\%Z = \frac{kVA_{base} \times Ohm[\Omega]}{10 \times kV^2}$$

$$Z_{p.u} = \frac{kVA_{base} \times Ohm[\Omega]}{1000 \times kV^2}$$

$$Z_{p.u} = \frac{\%Z}{100}$$

예 2 22.9[kV] 60[mm²] CV Cable의 선로정수가 $0.389 + j0.175[\Omega/km]$로 주어지고 선로의 길이가 1.5[km]라 하면 기준용량(base)을 1000[kVA]로 했을 경우의 %임피던스값은 다음과 같다.

$$\%Z = \frac{kVA_{base} \times ohm[\Omega]}{10 \times kV^2}$$

$$= \frac{1000 \times (0.389 + j0.175[\Omega/km]) \times 1.5[km]}{10 \times 22.9^2}$$

$$= 0.1113 + j0.05[\%]$$

표 2-2 22.9[kV-Y] 다중접지선로의 정상(역상) 임피던스

전 압	11.4[kV]			22.9[kV]		
임피던스 \ 선 종	R [%/km]	×1, ×2 [%/km] 1,800완철 1회선용 D=1,008	×1, ×2 [%/km] 2,400 완철 1회선용 D=1,008	R [%/km]	×1, ×2 [%/km] 1,800 완철 1회선용 D=1,008	×1, ×2 [%/km] 2,400 완철 1회선용 D=1,008
ACSR 160[mm²]	15.59	28.56	29.95	3.86	6.98	7.42
ACSR 95[mm²]	31.13	35.87	37.27	7.71	8.80	9.24
ACSR 58[mm²]	53.55	38.18	39.58	13.27	9.46	9.81
ACSR 32[mm²]	94.67	38.70	40.10	23.46	9.59	9.94
HDCC 100[mm²]	14.49	30.76	32.16	3.59	7.62	7.97
HDCC 60[mm²]	26.20	32.84	34.24	6.49	8.14	8.49
HDCC 38[mm²]	41.36	34.16	35.56	10.25	8.47	8.81
HDCC 22[mm²]	70.33	35.63	37.03	17.43	8.83	9.18

표 2-3 22.9[kV-Y] 다중접지선로의 영상 임피던스

전력선 / 중성선	HDCC 100[mm²]	HDCC 60[mm²]	HDCC 38[mm²]	HDCC 22[mm²]	ACSR 160[mm²]	ACSR 95[mm²]	ACSR 58[mm²]	ACSR 32[mm²]
HDCC 38	10.88 $+j24.11$	13.79 $+j24.62$	17.54 $+j24.95$	24.72 $+j25.31$	11.16 $+j23.56$	15.01 $+j25.37$	28.57 $+j25.95$	30.76 $+j2607$
HDCC 22	12.25 $+j27.23$	15.15 $+j27.74$	18.91 $+j28.07$	26.09 $+j28.43$	12.52 $+j26.68$	16.47 $+j28.49$	21.93 $+j29.07$	32.12 $+j29.19$
ACSR 160	7.73 $+j20.69$	10.63 $+j21.21$	14.39 $+j21.54$	21.57 $+j21.90$	8.00 $+j20.15$	11.85 $+j21.96$	17.41 $+j22.54$	27.60 $+j22.66$
ACSR 95	9.60 $+j23.23$	12.51 $+j23.75$	16.26 $+j24.07$	23.44 $+j24.44$	9.87 $+j22.68$	13.73 $+j24.50$	19.28 $+j25.07$	29.47 $+j25.20$
ACSR 58	11.35 $+j25.69$	14.25 $+j26.20$	18.01 $+j26.53$	25.19 $+j26.89$	11.62 $+j25.14$	15.47 $+j26.96$	21.03 $+j27.53$	31.22 $+j27.66$
ACSR 32	12.24 $+j29.20$	15.14 $+j29.72$	18.89 $+j30.04$	26.08 $+j30.41$	12.51 $+j28.65$	16.36 $+j30.47$	21.92 $+j31.04$	32.11 $+j31.17$

※ 2,400[mm] 완철 사용시를 기준으로 한 값이며, 단상구간은 상기값의 61[%], 2상구간은 상기값의 80[%]를 중성선이 없는 3상구간은 상기값의 156[%]를 적용함.

2.2.3 변압기

① 변압기 %임피던스는 변압기 명판에 표시되어 있으므로 이것을 이용하여 계산하되 신설인 경우는 제작사에 문의하거나 표 2-5를 참조한다.

X/R비는 여러 가지 자료가 있으며 그림 2-8을 참고한다.

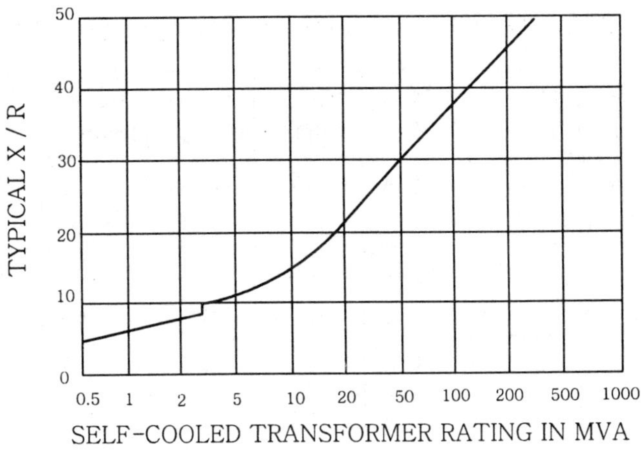

❖❖ 그림 2-8 X/R Ratio of Transformers(Based on ANSI/IEEE C37.010-1979[2]) ❖❖

예3 변압기용량 1,000[kVA], %임피던스가 6[%]인 변압기를 사용하고 그림 2-8에서 X/R비가 약 7정도라면 $R=6/7=0.857$이다. 따라서 %임피던스는 $0.857+j6$이다.

② 3권선 변압기(△→Y변환)

$$X_p=\frac{V_{ps}+V_{pt}-V_{st}}{2}$$

$$X_s=\frac{V_{ps}+X_{st}-X_{pt}}{2}$$

$$X_t=\frac{X_{pt}+X_{st}-X_{ps}}{2}$$

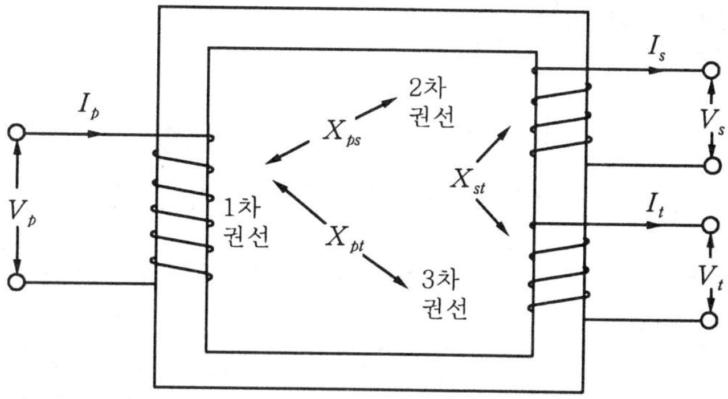

(a) 결선도

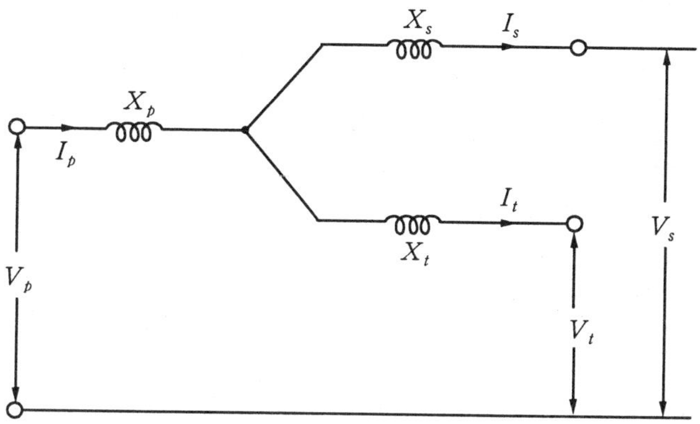

(b) 등가회로도

❖❖ 그림 2-9 3권선 변압기 ❖❖

표 2-4 변압기

계통전압[kV]	권선의 BIL[kV]		임피던스 전압 [%]	
	고전압	저전압	표준	저감
22.9	125	-	6.0	
	150	60	6.0	
154	650	150	11.0	10.3
			14.5	13.5

2.2.4 회전기 임피던스

표 2-5 Typical X/R X″ AND MULTIPLYING FACTOR (MF) FOR ANSI FAULT CALCULATION BASED ON ANSI/IEEE STANDARDS

MOTOR TYPE		1st CYCLE FAULT			INTERRUPTING DUTY			MINIMUM FAULT		
		X/R	X″	MF	X/R	X″	MF	X/R	X″	MF
Synchronous Motors	S	30	20	1	30	20	1.5	30	20	0
Generator	G	29/45	9	1	29/45	9	1	29/45	9	0
Induction Motors less than 50 Horse Power	$I<50\ H$	9	17	1.67	9	17	0	9	17	0
Induction Motors of 50 to 150 Horse Power	$I=50-150\ H$	9	17	1.2	9	17	3	9	17	0
Induction Motors of over 250 Horse Power	$I>250\ H$	9	17	1	9	17	1.5	9	17	0
Induction Motors of over 1000 Horse power	$I>1000\ H$	30	17	1	30	17	1.5	30	17	0

예 4 5,000[kVA] 발전기의 $\%Z$를 17[%]라 하고 X/R비를 30이라 할 때 10[MVA] 임피던스로 환산하면 다음과 같다.

$$X_{p.u} = \frac{kVAbase \times \%X/100}{kVA}$$

$$= \frac{(10 \times 1000) \times 17/100}{5000} = 0.34$$

$$R_{p.u} = \frac{X_{p.u}}{X/R} = \frac{0.34}{30} = 0.0113$$

$$Z_{p.u} = 0.0113 + j0.34$$

예 5 250[Hp], 역률 80[%] 3.3[kV] 고압 유도전동기가 3.45[kV] 모선에 접속되어 있을 경우 임피던스를 10[MVA]로 환산하면 다음과 같다. 유도전동기 임피던스는 17[%], Demand Factor는 95[%]로 한다.

$$X_{p.u} = \frac{kVAbase \times \%X/100 \times (MV/SV)^2}{kVA \times DF/100}$$

$$= \frac{(10 \times 1000) \times 17/100 \times (3.3/3.45)^2}{250 \times 95/100} = 0.6549$$

※ MV : Motor Voltage

※ SV : System Voltage

※ DF : Demand Factor

$$R_{p.u} = \frac{X_{p.u}}{X/R} = \frac{0.6549}{14} = 0.0468$$

※ Interrupting Fault Current 계산시는 위의 값에 1.5배 한다.

$$Z_{p.u} = 0.0468 + j0.6549$$

회전기 임피던스의 시간에 따른 변화

고장전류 공급원이 회전기인 경우 회전기 임피던스는 일정하지 않고 시간에 따라 그림 2-10과 같이 변화되기 때문에 고장전류도 이에 따라 변화된다.

① Xd'' : 차과도 리액턴스(Subtransient Reactance) : 고장이 일어난 첫 번째 사이클(First Cycle) 동안의 전류를 결정하는 임피던스로 0.1초 이내에 리액턴스는 증가한다.

② Xd' : 과도 리액턴스(Transient Reactance) : 고장이 일어난 수 사이클 후의 고장전류를 결정하는 것으로 1/2~2초 이내에 리액턴스는 증가한다.

③ Xd : 동기 리액턴스(Synchronous Reactance) : 안정된 상태에 도달한 후에 흐르는 전류를 결정하는 값이다.

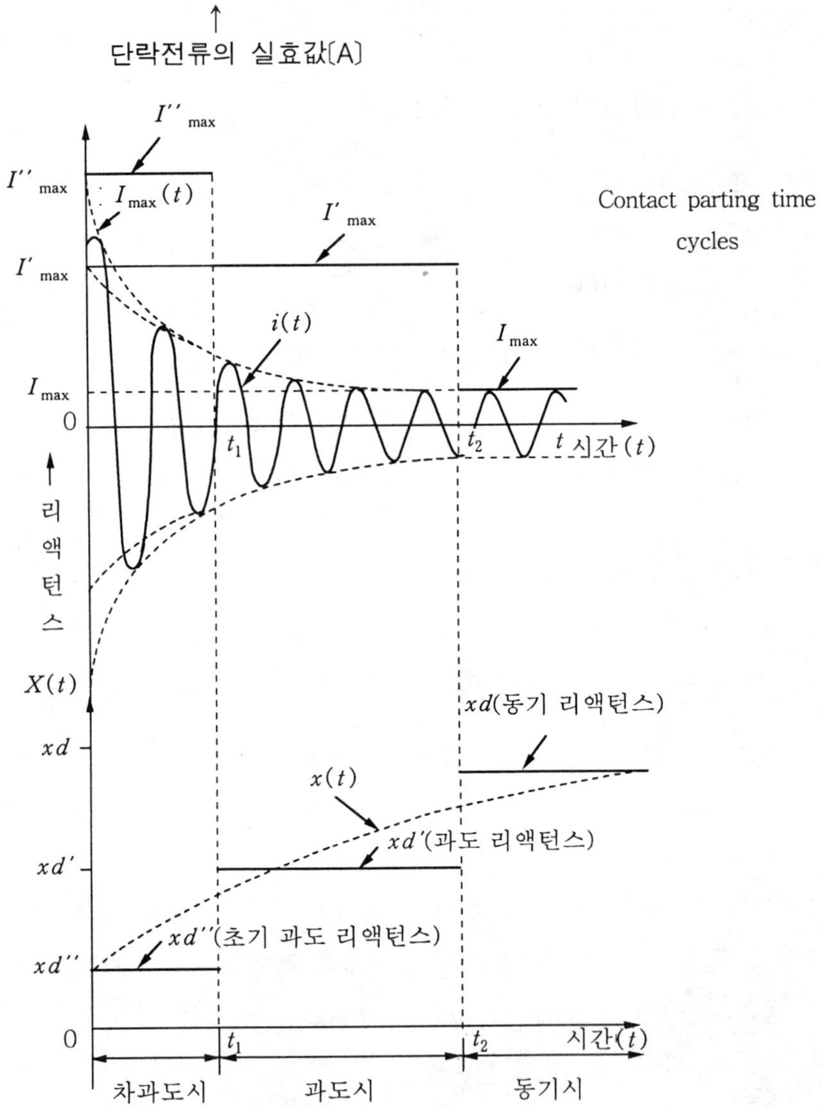

❖❖ 그림 2-10 ❖❖

2.3 비대칭 계수(M.F : Multiplying Factor)

고장발생 초기의 임의의 시간대의 비대칭 고장전류값(r.m.s)은 고장전류 속에 포함되어 있는 DC분의 감쇄율과 회전기 리액턴스 변화율에 대한 정확한 값을 알아야 되기 때문에 매우 어렵고 복잡하다. 이러한 것은 정확하게 산출하는 것이 바람직하지만 실제로는 간단한 계수를 곱하여 구하는 것이 일반적이다. M.F는 DC분이 포함된 비대칭파의 전류 실효치를 대칭 AC분의 교류값으로 바꾸는 것이다. M.F는 표에서 구하기도 하고 그림 2-11과 같이 X/R비 및 차단기 접촉자 개리시간에 따른 값을 찾기도 한다.

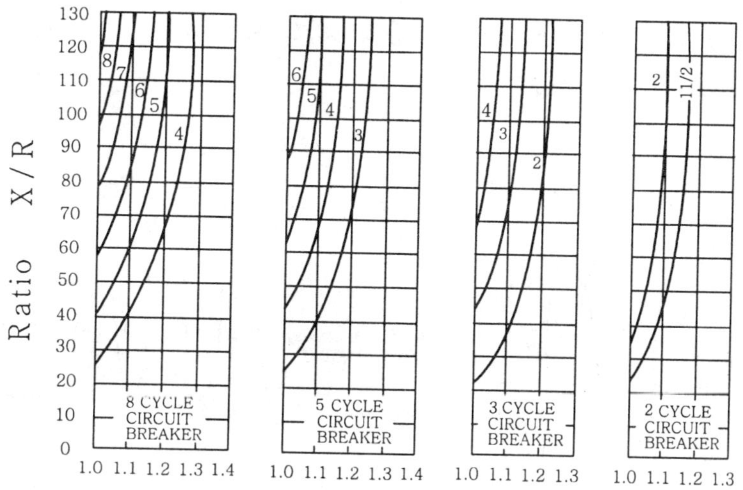

❖❖ 그림 2-11 Multiplying Factors for Three Phase Faults Fed Predominantly from Generators ❖❖

2.3.1 비대칭 전류

대칭 실효치라 함은 고장 전류 가운데 교류분만의 실효치를 말한다.

반면 단락 전류의 비대칭 실효치란 단락 전류에 포함되어 있는 직류분을 포함한 전류의 실효치를 말한다. 일반적으로 고전압회로에 있어서는 전원측의 저항은 리액턴스에 비하여 무시할 수 있을 정도로 작다.

따라서 단락 전류는 전원 전압에 비하여 위상각이 거의 90° 늦게 된다. 그러나 저압 회로에 있어서는 저항의 비율이 상대적으로 크기 때문에 전류의 상차각은 90°보다 작게 된다.

리액턴스로만 구성되어 있는 회로에서 전원 전압파의 파고점에서 단락이 발생하면 단락 전류는 0에서(전압 보다 90° 늦은 점) 출발하여 전압파에 대하여 회로 역률각과 같은 90° 늦은 X축에 대칭인 사인(sine) 곡선을 그리게 된다(그림 2-12 참조).

반면 단락 사고가 전원 전압파 0인 점에서 발생하면 전류는 0에서 출발하나 이 단락 전류는 전압보다 90° 늦으므로 최대 전류는 다음의 전압 0인 점(사고 점에서 180°되는 점)이 되어, X축에 대칭인 사인곡선을 그리지 않고 파고치에서의 단락 전류보다 90° 늦고 동시에 Y축의 윗 방향(+방향)으로 대칭 전류의 파고치 만큼 이동하게 된다(그림 2-13 참조).

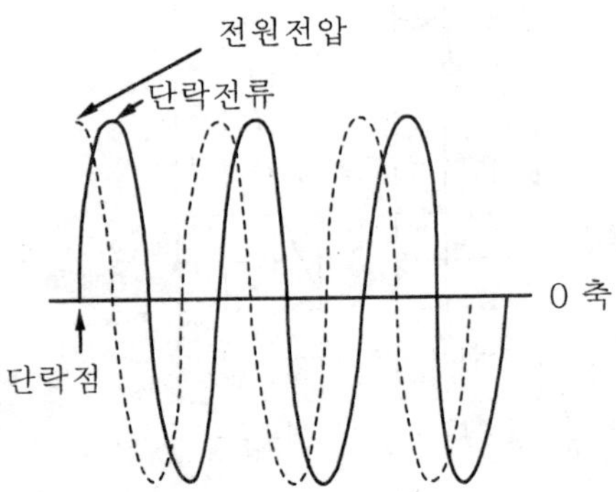

❖❖ 그림 2-12 대칭 전류와 전압 ❖❖

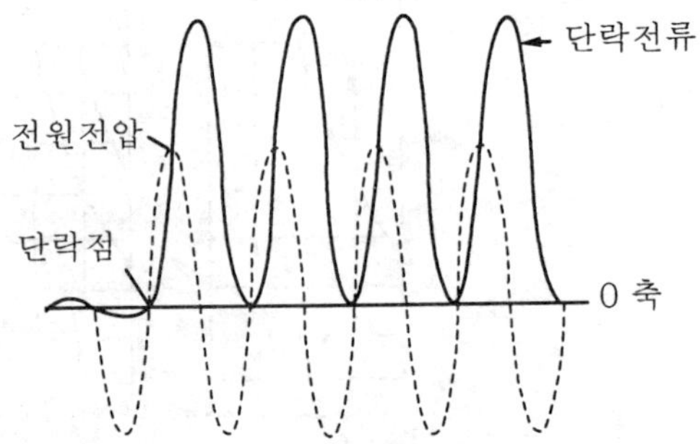

❖❖ 그림 2-13 비대칭 전류와 전압 ❖❖

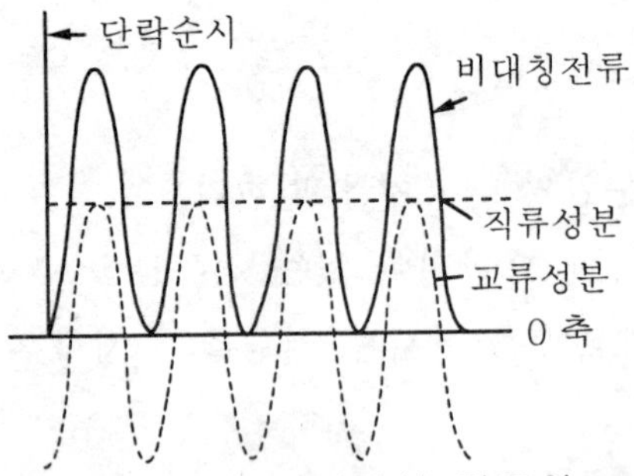

❖❖ 그림 2-14 비대칭 전류의 직류성분 ❖❖

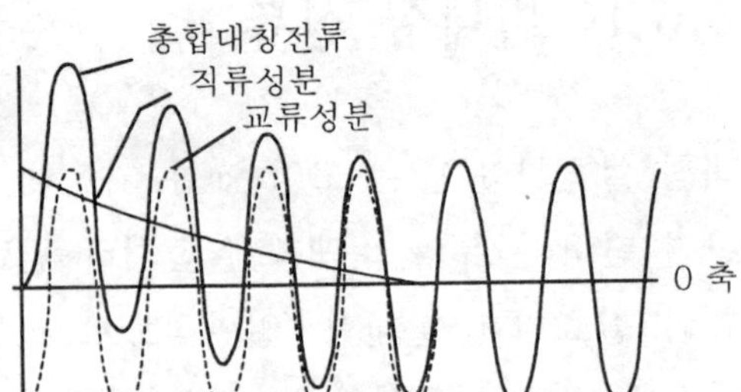

❖❖ 그림 2-15 직류 성분 감쇄와 비대칭 전류 ❖❖

이 두 가지 경우는 모두 회로 역률이 0인 경우로 극단적인 예를 든 것이다. 이와 같은 이유로 단락 전류는 만일 단락이 전원 전압의 파고점과 0인 점 사이의 어떤 점에서 발행하면 단락이 발생한 전압 곡선상의 위치에 따라 정도가 다른 비대칭 전류가 되게 된다. 따라서 최대 비대칭 단락전류는 전압파 0인 점에서 단락이 발생하였을 때로써 단락 발생 후 1/2[Hz]되는 점의 파고치임을 알 수 있다.

이에 따라 비대칭 전류의 계산은 교류대칭 직류의 2가지 성분으로 나누어 분석한다. 직류분의 감쇄 곡선은 전원계통 회로의 저항과 리액턴스, 즉 회로 시정수(Time Constant)와 시간에 따라 식 (2-20)에 의하여 다음의 식 (2-15)와 같이 감쇄하여 간다.

$$I_{dc} = \sqrt{2} I_{so}\, e^{-\frac{X}{\omega R} t} \tag{2-15}$$

2.3.2 고압회로의 비대칭 전류

발전기로부터 거리가 상당히 멀리 떨어져 있어 발전기의 차과도 리액턴스의 영향이 없을 때 전원측은 $X/R < 15$로 되어 단락 전류의 교류분은 감소하지 않는다. 이 때에는

$$I_k = I_b = I_{S1} \tag{2-16}$$

$$i_p = x\sqrt{2} I_{S1} \tag{2-17}$$

$$x = 1.02 + 0.98 e^{-3R/X} \tag{2-18}$$

여기서,

I_k : Steady state short circuit current(r.m.s)

I_b : Symmetrical short circuit breaking current(r.m.s)

I_{s1} : Initial symmetrical short circuit current(r.m.s)

i_p : peak short circuit current(crest)의 관계가 성립한다.

식 (2-16)은 곧 차단기의 차단 또는 투입은 비대칭 전류와 관계없이 투입 전류는 i_p에 의하여, 차단 전류는 I_b에 의하여 결정되는 것을 의미한다.

ANSI/IEEE에서도 회로의 $X/R < 15$일 때에는 Multiplying Factor를 1로 하고, $X/R > 15$ 이상일 때로써 비대칭 전류의 보다 정밀한 계산이 필요한 경우에 그림 2-16의 Multiplying Factor를 곱하도록 되어 있다.

일반적으로 $X/R < 15$일 때 또는 특별히 전동기의 기여 전류를 고려하여야 할 필요가 있는 경우를 제외하고는 대칭 용량이 적절한 차단기는 해당 비대칭 전류에 대하여도 그 용량이 충분하다고 한다.

그림 2-16에서 보는 바와 같이 비록 $X/R > 15$인 경우라 할지라도 고압 또는 특고압 차단기에 있어서는 비대칭 계수가 1.25보다 큰 경우가 거의 없음을 알 수 있으며 JEC181에서도 비대칭 전류계수 $\left(=\frac{\text{비대칭전류}}{\text{대칭전류}}\right)$를 1.5[Hz]에서 1.19로 간주하고 있으며 비록 이 값이 큰 경우일지라도 1.25배를 초과하지 않으므로 비대칭 계수를 무시하고 필요한 대칭 전류만으로 차단기의 용량을 구하고 있다.

이에 따라 고압에서는 차단 시간이 수 [ms] 이내인 Fuse, 저압에서는 0.02[sec] 전후에 회로를 차단하는 몰드차단기(MCCB)에 대하여서는 비대칭 전류를 표시 할 때가 있으나 일반적으로 고압 이상의 차단기에는 비대칭 전류를 표시하지 않는다.

비대칭 전류는 계통 회로의 R성분에 의한 손실로 인하여 직류분이 $e^{-\frac{X}{\omega R}t}$에 비례하여 감소하므로 매 사이클마다 그 값이 감소하는 것을 알 수 있다.

비대칭 전류의 계산 방법에는

① 정밀 계산법

② 간이 계산법

㉠ 일본전기학회 공동연구회의 추천 방법

㉡ VDE의 계산법

등이 있으나 ①의 방법은 계통에 연결되어 있는 선로는 물론 발전기의 차과도 리액턴스(Sub-Transient Reactance)의 시간대별 값 또는 계통 내의 모든 회전기의 개로 차과도 시정수(Open Circuit Sub-Transient Time Constant)등 복잡한 Data를 필요로 하므로 이와 같은 계산은 전력회사 연구소나 대학의 연구 영역에 속한다고 할 수 있다.

여기에서는 일본 전기학회가 제시한 간이 계산법이 ANSI가 제시한 방법과 동일하고 비교적 계산이 간단하므로 이를 소개하고자 한다.

$$I_{as} = \sqrt{I_{s1}^2 + I_{dc}^2} \tag{2-19}$$

$$I_{s1} = \frac{E}{Z_1} = \frac{V}{\sqrt{3}Z_1} \tag{2-20}$$

단, I_{as} : 비대칭전류(실효치), I_{s1} : 초기 대칭단락전류 rms값, I_{dc} : 직류성분전류, E : 계통의 상전압, Z_1 : 계통 정상(Positive) 임피던스, V : 선간 전압

여기서 I_{dc}의 값은 그림 2-17의 Percentage d.c component in relation to time interval τ에 의하여 구한다.

종(Y)축의 Percentage d.c. component는 $I_{dc}\% = \dfrac{I_{dc}}{\sqrt{2}\,I_{S0}}$ [%]이므로

$$I_{dc} = I_{dc}\% \times \sqrt{2} I_{so} \tag{2-21}$$

$$I_{s1} = k_t I_{so} \tag{2-22}$$

단, I_{so} : 단락순시의 대칭단락전류 rms값, k_t의 값은 $X/R<15$이면 $k_t=1$로 하고 $15<X/R<30$ 및 $X/R \geq 30$인 경우에는 수화력 발전소의 구성비에 따라 별도로 정하는 Factor를 곱한다.

일반적으로 특별한 경우를 제외하고는 자가용 계통에 있어서는 $X/R<15$로 $k_t=1$이므로 $I_{dc}\%$의 값을 IEC의 감쇄 곡선에 따라 비대칭과 대칭 실효 전류의 비를 계산해 보면 표 2-6과 같다.

표 2-6

단락발생 후시간 [ms]	비대칭전류 / 대칭전류	사이클
10	1.510	$\frac{1}{60} \times 1000 = 16.67$[ms]
20	1.339	
30	1.225	
50	1.098	
70	1.039	
90	1.014	

표 2-6과 같이 직류성분은 70[ms]을 전후하여 20[%] 이하로 감소하는 것을 알 수 있다.

직류 성분이 20[%] 이하일 때에는 비대칭 비율이 $\sqrt{1+(0.2\sqrt{2})^2}=1.04$로 그 영향이 미미하므로 IEC에서는 직류 성분이 20[%] 이하일 때에는 이를 무시하고

계산하는 것을 허용하고 있다, 이에 따라 이와 같은 과도 상태에 대한 비대칭 계산은 일반적으로 4~5사이클까지로 하고 있다.

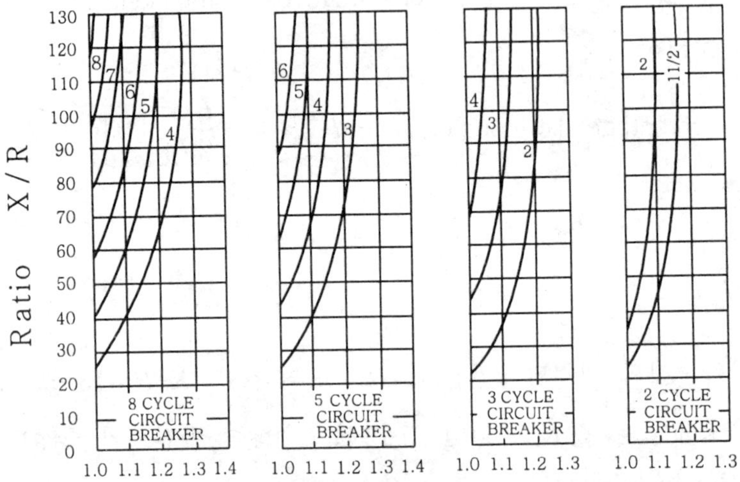

❖❖ 그림 2-16 Asymmetrical multiplier의 예(ANSI C37-010) ❖❖

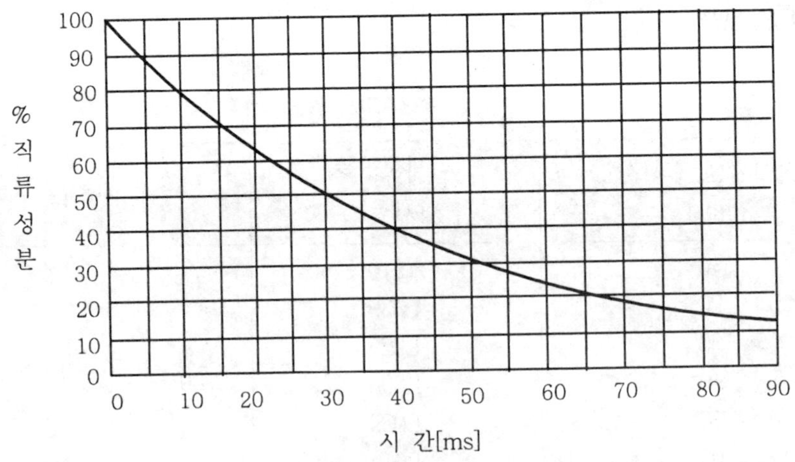

❖❖ 그림 2-17 Percentage d.c component in relation to time ❖❖ interval τ(IEC56)

2.3.3 저압회로와 비대칭 전류의 최대값

고압회로에 대하여 위에서 설명한 바와 같이 계통단락시의 비대칭 전류의 실효치는 $I_{as}=\sqrt{I_{sl}^2+I_{dc}^2}$이며 비대칭 전류의 최대값 $I_{\text{AS.P}}$는

$$I_{\text{AS.P}}=\sqrt{2}I_{sl}+\sqrt{2}I_{sl}\varepsilon^{-\frac{2\pi R}{x}C} \tag{2-23}$$

이다. 여기서 R, X, C는 전원측의 저항, 리액턴스 및 단락사고후의 시간을 사이클수로 표시한 것으로서 위 식의 1항은 교류분의 최대치이고, 2항은 직류 성분 시간 t를 주파수로 표시한 것이다.

비대칭 단락 전류의 실효치는 직류분이 최대가 되는 시점에서 최대가 된다. 즉 그림 2-15에서 보는 바와 같이 비대칭 단락 전류 $C=1/2$[Hz]에서 최대가 됨으로 단상 단락시 비대칭 실효치의 최대값은 다음과 같다.

$$I_{as}=\sqrt{I_{sl}^2+I_{\text{dc}}^2}=\sqrt{I_{sl}^2+\left[\sqrt{2}I_{sl}\cdot\varepsilon^{-\frac{2\pi R}{x}c}\right]^2}$$
$$=I_{sl}\sqrt{1+2\cdot\varepsilon^{-\frac{2\pi R}{X}}} \tag{2-24}$$

3상 단락시는 A상에 최대 전류가 흐른다면 B, C상은 A상에 비하여 120°, 240° 각각 늦기 때문에 각상의 전류의 크기가 각각 다름으로 1/2[Hz] 후의 각상 평균치를 취하여 3상 평균 비대칭 단락 전류값으로 한다. 따라서

$$\text{단상 단락시}\quad I_{as}=I_{sl}\sqrt{1+2\varepsilon^{-\frac{2\pi R}{x}}} \tag{2-25}$$

$$\text{3상 단락시}\quad I_{as}=I_{sl}\cdot\frac{1}{3}\left\{\sqrt{1+2\varepsilon^{-\frac{2\pi R}{x}}}+2\sqrt{1+\frac{1}{2}\varepsilon^{-\frac{2\pi R}{x}}}\right\} \tag{2-26}$$

여기서 R, X는 회로의 저항과 리액턴스이다.

또 단락 전류의 최대 순시값은 그림 2-15에서 보는 바와 같이 비대칭 실효치의 1/2[Hz]에서의 값이며 이때 최대치 I_P는 $C=0$일 때의 전류의 합계보다 작으므로

$$I_P < \sqrt{2}I_{sl} + \sqrt{2}I_{sl}\,\varepsilon^{-\frac{2\pi R}{x}} = 2\sqrt{2}\,I_{sl} \tag{2-27}$$

이 됨을 알 수 있다. 일반적으로 I_P는 직류분의 1/2[Hz] 동안의 감소를 감안하여 최대 순시치로는 계수를 2 대신에 1.8을 취하여 $I_P = 1.8\sqrt{2}I_{sl} = 2.5\,I_{sl}$으로 하고 있다. 이 값은 차단기의 투입 전류로서 차단기 용량을 결정하는 중요한 요소가 된다.

여기서 주의할 점은 전원의 단락 용량이 작거나 중성점을 직접 접지하여 계통의 정상 임피던스가 영상 임피던스 보다 큰 경우에는 지락 전류가 3상 고장 전류보다 크게 됨으로 이런 때에는 차단기의 용량은 3상 고장 전류보다는 지락 고장 전류에 의하여 결정되게 된다는 점이다.

2.4 고장계산

2.4.1 전력계통 고장현상

(1) 고장발생 원인

① 절연불량 요인
- 설계결함 또는 실수
- 제작불량
- 시공불량
- 절연열화

② 전기적 요인
- 뇌 서어지
- 개폐 서어지
- 동적 과전압

③ 기계적 요인
- 바람
- 눈 또는 얼음
- 오염

④ 열적 요인
- 과전류
- 과전압

(2) 고장발생의 형태

① 3상단락(또는 지락)

② 선간단락

③ 2상지락

④ 1상지락

2.4.2 고장계산의 목적

전력 계통의 고장계산은 송전선 및 발·변전소에 1선지락 및 선간단락 사고 등과 같은 각종 사고가 발생하였을 경우 고장 발생지점 및 전력계통 각 지점의 전압과 전류를 구하여 보호계전방식, 차단기의 차단용량, 전력기기의 과전류 강도, 인근통신선 유도전압 등의 검토에 널리 쓰인다.

2.4.3 전력계통 고장계산의 용도

① 보호계전방식의 적용, 보호계전기의 정정(Setting) 및 동작상황 분석

② 차단기의 차단용량 검토

③ 각종 전력용 기기의 과전류, 과전압내력 검토

④ 근접 통신선의 유도장애 계산 검토

⑤ 직접접지 계통에서의 유효접지 계수 계산 검토

⑥ 계통 안정도 계산 검토

2.4.4 고장계산 작업순서

고장계산식은 무부하발전기의 단자에서의 고장으로 가정하였는데, 실제 계통의 경우도 대체로 다음 조건이 만족되면 그대로 적용이 가능하다고 할 수 있다.

① 고장점에서 고장직전의 각상 전압이 3상대칭 평형이다.

② 고장점에서 전원측으로 본 임피던스가 각상 평형인 조건인데, 3상전력계통의

경우 대체로 이 조건은 만족되므로 테브난의 정리를 활용하여 무부하 발전기의 고장계산식을 그대로 적용하고 있다.

실제 고장계산시의 그 준비 및 작업순서를 정리해본다.

(1) 준비사항

① 고장계산 대상계통의 계통구성 단선결선도(발전기, 송전선, 변압기, 모선, 배전선, 부하기기 등)
② 기기 및 선로 등의 임피던스 정수(계통을 구성하는 모든 기기 및 설비의 임피던스, 대칭분 임피던스)
③ 임피던스 도면 작성(피 고장계산 계통 구성요소의 모든 부분의 임피던스가 포함되어 표시된 임피던스 도면)
④ 임피던스 값의 환산(모든 임피던스를 p.u법 또는 퍼센트법으로 환산 표시하고 공통기준용량으로 환산)
⑤ 전력수급조건 고려(필요한 경우 발전기 운전출력, 전압, 부하전력 등을 고려)
⑥ 고장조건 상정(고장점의 가정, 고장종별($3\phi S$, $3\phi SG$, $1\phi G$, $2\phi S$, $2\phi SG$ 등)의 결정)

(2) 고장계산의 종류

전력 계통에 발생하는 고장은 3상 단락고장, 2선 단락고장, 1선 지락고장, 단선사고 등과 같이 종류가 많으나 이 모두를 해석할 수는 없고 고장계산의 이용목적에 맞도록 선정하여 고장계산을 수행하게 된다.

이들 고장 종류 중에서도 대표적인 고장계산은 정상고장전류가 가장 큰 3상 단락 및 영상 고장전류가 가장 큰 1선지락 고장계산이며, 3상 단락 고장계산을 수행하게 되면 선간 단락고장 용량은 3상단락용량의 약 $\sqrt{3}/2$으로 되므로 일반적으로 계산을 생략한다.

한편 중성점 직접접지 계통에서 대용량 변압기 중성점을 직접 접지한 경우나 다수의 변압기 중성점을 직접접지한 경우에는 영상 등가 임피던스값이 정상 등가임피던스 값보다 적게 되어 1선 지락고장전류가 3상 단락고장 전류보다 크게 되는 경우도 있으므로 차단기 차단용량 검토시 주의하여야 한다.

(3) 3상 단락 고장계산

3상 단락고장시는 3상 대칭 고장이므로 정상분 전류만이 흐르게 되고 각상의 고장전압, 전류의 절대값이 같게 된다.

고장점에서 전원측으로 본 임피던스를 동일한 기준용량(기준 MVA)으로 환산하여 합성한 고장점에서 본 등가임피던스(Equivalent Impedance)를 구하여서 다음 식으로 단락용량과 단락전류를 구한다.

$$\text{단락용량, } MVA_{(F)} = \frac{100}{\%Z} \times MVA_{(BASE)} \text{ 또는 } \frac{1}{Z_{(p.u)}} \times MVA_{(BASE)}$$

$$\text{단락전류, } Is = \frac{MVA_{(F)}}{\sqrt{3}kVA_{(BASE)}} \text{ 또는 } \frac{100}{\%Z} \times I_{(BASE)}$$

그림 2-18 (a)와 같은 계통에서 F점에 3상 단락이 발생한 경우의 정상등가 회로는 그림 (b)와 같이 된다.

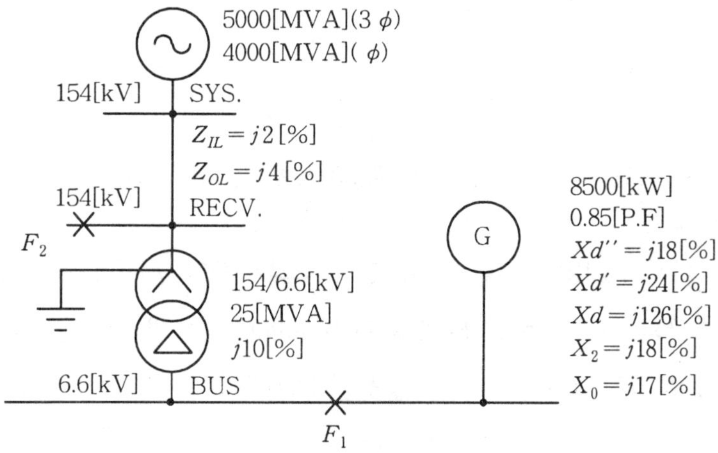

(a) 계통 LAY OUT

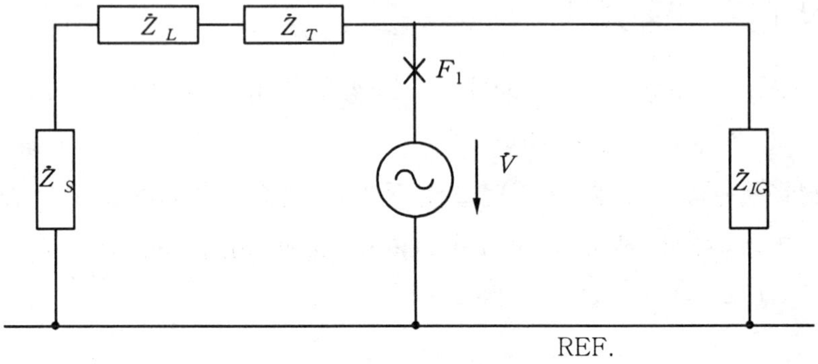

(b) 정상 등가회로

❖❖ 그림 2-18 154/0.6[kV] 수전 계통의 고장회로 ❖❖

일반 전력계통의 임피던스중 저항분은 리액턴스분보다 매우 적으므로 편의상 저항분은 무시하고 각각의 임피던스를 100[MVA] 기준으로 환산하면

$$Z_s = \frac{100\times100}{5000} = j2[\%]$$

$$Z_L = j2[\%]$$

$$Z_T = j10\times\frac{100}{25} = j40[\%]$$

$$Z_G = j18\times\frac{100}{10} = j180[\%]\ (\because 8500[kW]/0.85 = 10,000[kVA])$$

따라서 F_1점에서 154[kV] 계통을 본 임피던스의 합인 $j44[\%]$와 6.6[kV] 저항분은 무시하고 각각의 발전기측을 본 임피던스 $j180[\%]$는 병렬로 구성 되어 있으므로 고장점의 정상 등가 임피던스는 $Z_{eq} = 35.357[\%](100[MVA_{base}])$가 된다.

단락 용량 $MVA_{(F)}$와 단락전류 $I_{(F)}$는

$$MVA_{(F)} = \frac{100\times100}{35.357} = 282.83[MVA]$$

$$I_{(F)} = \frac{282.83}{\sqrt{3}\times6.6} = 24.742[kA]$$

이때 고장전력과 전류는 회로의 임피던스에 역비례하여 흐를 것이므로 154[kV] 계통에서 오는 고장전류 I_s 및 발전기측에서 오는 고장전류 I_G는 다음과 같다.

$$I_s = 24.742 \times \frac{j180}{j224} = 19.882[\text{kA}]$$

$$I_G = 24.742 \times \frac{j44}{j224} = 4.86[\text{kA}]$$

예 제 2-2 그림 2-19와 같은 계통에 있어서 F_1 및 F_2의 3상 단락전류 및 단락용량을 계산하여라.(단, 발전기는 상시 KEPCO와 병렬 운전임)

해설 ① %임피던스 계산

KEPCO 모선 임피던스의 기준인 100[MVA]를 기준하여 각 Unit별 % 임피던스를 계산한다.

∴ 154[kV] TR_1의 $\%Z : \%Z_{T1}$

$$\%Z_{T1} = 10 \times \frac{100}{50} = 20[\%]$$

∴ 22[kV] TR_2의 $\%Z : \%Z_{T2}$

$$\%Z_{T2} = 7 \times \frac{100}{30} = 23.33[\%]$$

∴ Generator G1의 $\%Z : \%Z_g$

14.7[%] at 25[MVA_{base}] 이므로

$$\%Z_g = 14.7 \times \frac{100}{25} = 58.8[\%]$$

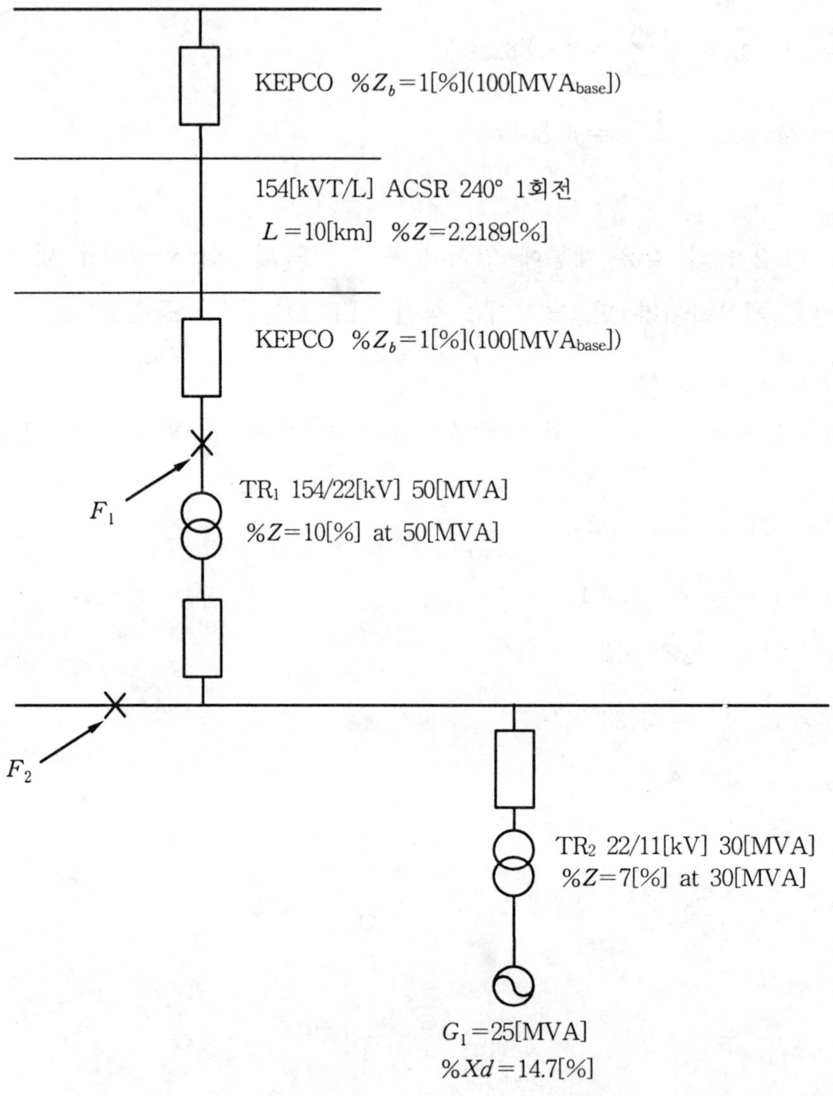
KEPCO %Zb=1[%](100[MVAbase])
154[kVT/L] ACSR 240° 1회전
L=10[km] %Z=2.2189[%]
KEPCO %Zb=1[%](100[MVAbase])
F1
TR1 154/22[kV] 50[MVA]
%Z=10[%] at 50[MVA]
F2
TR2 22/11[kV] 30[MVA]
%Z=7[%] at 30[MVA]
G1=25[MVA]
%Xd=14.7[%]

❖❖ 그림 2-19 계통도(예) ❖❖

② Positive Sequence Diagram

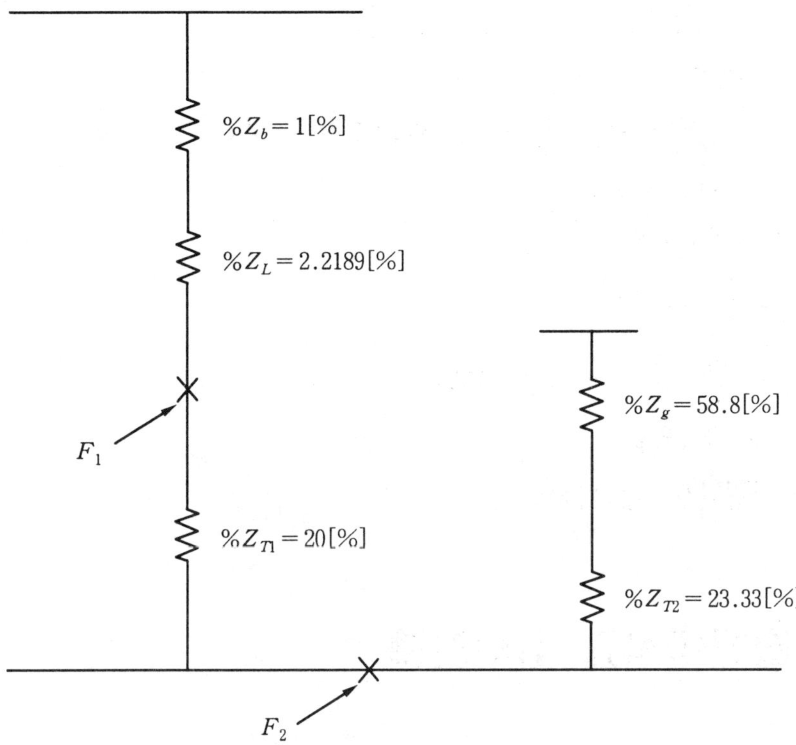

❖❖ 그림 2-20 임피던스도 ❖❖

③ 고장전류(3상 단락전류) 계산

$$I_{S1} = \frac{100}{\%Z_S} \times \frac{P}{\sqrt{3} \times V}$$

· F_1점(154[kV] CB)

V : 선간전압(154[kV])

P : 기준용량(100[MVA])

$\%Z_{S1}$: 고장점에서 전원측으로 본 합성 임피던스

$$\%Z_{S1} = \frac{1}{\dfrac{1}{1+2.2189} + \dfrac{1}{20+58.8+23.33}}$$

$$= 3.1205[\%]$$

$$\therefore\ I_{S1} = \frac{100}{\%Z_{S1}} \times \frac{P}{\sqrt{3} \times V} = \frac{100}{3.1205} \times \frac{100,000}{\sqrt{3} \times 154} = 12.014[\text{A}](\simeq 12[\text{kA}])$$

· F_2점(22[kV] CB)

$$\%Z_{S2} = \frac{1}{\frac{1}{1+2.2189+20}+\frac{1}{58.8+23.33}}$$

$$= 18.10[\%]$$

$$\therefore\ I_{S2} = \frac{100}{18.10} \times \frac{100,000}{\sqrt{3} \times V} = 14.499\ [A](\simeq 15[kA])$$

④ 고장용량(차단용량)계산

· F_1에서의 차단용량

$$P_{S1} = \frac{100}{\%Z_{S1}} \times 100\ [MVA]$$

$$\therefore\ P_{S1} = \frac{100 \times 100}{3.1205} = 3.205\ [MVA]$$

· F_2에서의 차단용량

$$P_{S2} = \frac{100 \times 100}{18.1} = 553\ [MVA]$$

2.5 접지방식과 지락전류

계통의 접지방식은 직접접지(다중접지), 저항접지 및 비접지(GPT접지)방식으로 나누어지는데 각 방식에 따라 지락전류의 크기 및 계산방식이 다르므로 지락전류 계산은 각 방식별로 구분 하는 게 좋다.

우리나라에서 적용되는 접지방식은 다음과 같다.

(1) 직접접지(다중접지)

① 765[kV], 345[kV], 154[kV] 송전선로

② 22.9[kV] 배전선로

③ 저압 계통

(2) 저항접지

① 공장 구내 배전 설비

② 발전기 중성점

(3) 비접지

① 서울시내 일부 22[kV] 배전선로

② 공장(빌딩)구내(22[kV], 11[kV], 6.6[kV], 3.3[kV])

2.5.1 직접접지(Solid Grounding)

이 방식은 변압기의 중성점을 대지에 직접접지 하기 때문에 1선 지락 사고시의 건전상 전압상승이 가장 적어 전력기기의 절연을 현저히 줄일 수 있으며 지락전류 검출이 용이하여 지락사고시 보호계전기가 신속하게 동작을 한다. 한편 지락전류가 크기 때문에 지락사고시 설비사고를 일으키는 경우가 많으며 통신선에의 유도전압이 높아 장해를 일으킬 수가 있다. 이 때문에 계통은 충분한 절연설계를 하여 사고를 심하게 발생시키지 않게 함과 동시에 만일의 사고가 발생하면 선로에 유입되는 지락 사고 전류의 지속시간을 최대 단시간으로 하기 위해 확실하고 고속도 선택차단이 가능한 기능의 보호 계전기 및 차단기를 설치하는 등의 대책이 필요하다.

2.5.2 비접지(Ungrounded System)

계통을 접지하지 않고 비접지 상태로 운전하는 방식으로 지락사고시 지락전류는 충전전류와 GPT를 통한 유효전류이며, 수 [A]정도에 지나지 않는다. 반면 1선 지락시 건전상의 전위는 $\sqrt{3}$배까지 상승된다.

만약 이 지락사고 전류가 간헐적으로 생기거나 계속 흐르도록 방치하면 심각한 과도 이상전압이 대지간에 생길 수 있으며 그 크기가 상전압의 6배 내지 8배에 이른다. 이것이 절연을 파괴시키고 동시다발의 전동기 소손사고를 일으키는 원인이 된다.

이 과도 이상전압은 계통 커패시턴스의 반복 충전 때문이거나 계통 커패시턴스와 기기의 인덕턴스간의 공진에 의하여 발생된다.

1선 지락 사고가 난 상태로 방치하여 두면 두 번째 지락사고시 Phase-to-Ground-to-Phase Fault가 되어 대전류가 흐르면서 상 과전류 계전기에 의하여 트립된다.

3.3[kV] 계통은 비접지 방식을 적용하고 있으며, GPT와 ZCT를 조합하여 SGR(선택 지락계전기)로 지락보호를 하고 있다. 이 방식은 지락사고시 수 [A]정도의 적은 전류가 흐르므로 계통에 미치는 영향이 적으며 중요한 부하는 지락사고시 트립시키지 않고도 운영할 수 있다.

그러나 이 방식은 결선 및 극성이 맞지 않으면 오동작하거나 부동작하게 되며 GPT, 한류저항 등의 용량이 작아 소손되는 사례가 있으므로 이에 대한 충분한 검토가 필요하다.

2.5.3 저항접지(Resistance Grounding)

이 방식은 1선 지락전류를 억제하기 위하여 계통의 중성점에 저항기를 접속하여 접지하는 방식으로 저항기의 크기를 조정하여 지락사고시 계통에 흐르는 지락전류의 크기를 조정 할 수 있다. 일반적으로 지락전류가 100[A] 정도까지 흐르도록 조정하는 계통을 **고저항 접지 방식**이라 하고 그 이상의 지락전류가 흐르는 계통을 **저저항 접지 방식**이라 한다.

표 2-7 접지방식 비교

구 분	직접(다중)접지	비접지	저항접지
결선도		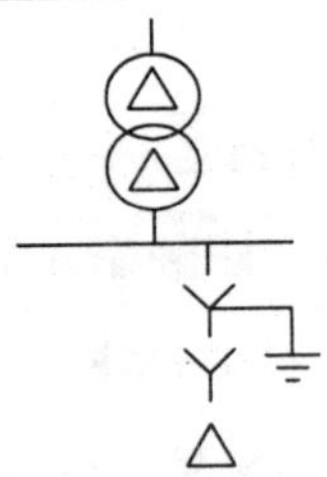	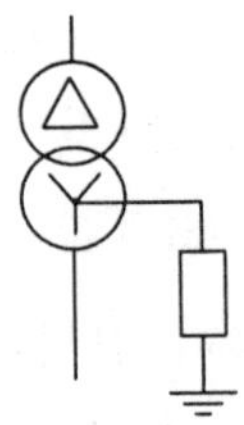
중성점 저항	$Z \fallingdotseq 0$	$Z \fallingdotseq \infty$	$Z = R$
지락전류	수백~수천 [A]	수 [A] 이하	임의 조정(5~200[A]정도)
1선 지락시 건전상 전위상승	$1.3E$	$\sqrt{3}E$	$1.3E \sim \sqrt{3}E$
유도장해	대	소	중
전원 공급(Service)	Trip at the first fault	No trip at the first fault	Trip at the first fault

구 분	직접(다중)접지	비접지	저항접지
장 점	· 보통의 절연강도 · 단순한 보호방식 (OCGR) · 과도전압 감소	· 중단없는 전원공급 · 적은 고장전류	· 적은 고장전류 · 중간 수준의 절연강도 · 과도 과전압 감소
단 점	· 전원공급 중단 · 큰 고장전류 · 높은 접촉전압	· 과도 과전압 상승 · 높은 절연강도 요구 · 지락보호 난이 (GPT, ZCT, SGR)	· 전원공급 중단 · 열적 스트레스 발생 · 지락보호 난이 - CT비 300/5[A] 이하인 경우 : GPT, CT 잔류회로, DGR - CT비 300/5[A] 초과인 경우 : GPT, CT 3차영상분로 접속, DGR

표 2-8 산업플랜트에서 사용 가능한 접지방식의 종류 및 특징(저압)

접지방식		저압계통(600[V] 이하)
고저항 접지 (광업 등 연속공정에 사용)	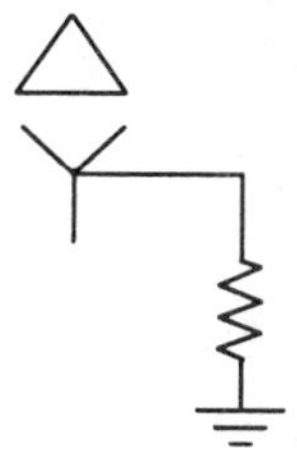 $I_g = 1 \sim 5[A]$	① 지락사고 전류 : 일반적으로 1~5Amps ② 사고에 의한 피해 : 없음. 첫 지락에 한하여 ③ 전력 공급의 신뢰성 : 트립 없음. 모든 기기 정상운전 ④ 과도 이상 전압 : 효과적으로 제한 ⑤ 아크 지락 사고 : 없음 ⑥ 사고지점 색출 : 펄스 장치가 있으면 쉬움 노련한 전공에 의하여 사고지점을 빨리 찾는 것이 요구됨.
직접접지 (일반적으로 사용)	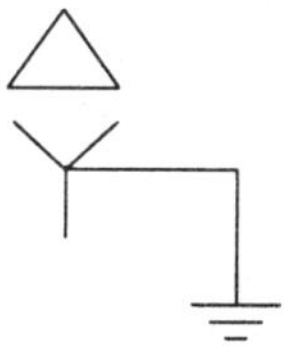	① 지락사고 전류 : 대단히 큼. 단지 변압기나 전선 굵기, 과전류 보호장치에 의해 제한될 뿐임 ② 사고에 의한 피해 : 일반적으로 매우 크다. ③ 전력 공급의 신뢰성 : 일반적으로 없음. 차단기 트립 ④ 과도 이상 전압 : 가장 효과적으로 제한 ⑤ 아크 지락 사고 : 가공할 피해로 연결 가능성 가장 많음. 통상 보호계전기에 의한 보호필요 ⑥ 사고지점 색출 : 스스로 해당회로 차단

접지방식		저압계통(600[V] 이하)
비접지 (종전 사용 방식)	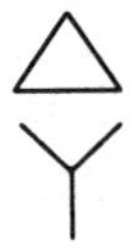	① 지락사고 전류 : 없음. 첫 지락에 한하여 ② 사고에 의한 피해 : 없음. 첫 지락에 한하여 ③ 전력 공급의 신뢰성 : 트립 없음 모든 기기 정상 운전 : 첫 지락에 한하여 ④ 과도 이상 전압 : 아크 지락 사고시 정상전압의 600[%]의 이상전압 유기 ⑤ 아크 지락 사고 : 4번 참조. 불꽃 소손피해는 없음 ⑥ 사고지점 색출 : 매우 어렵다. 노련한 전공이 빨리 찾아내어야 하는데, 왜냐하면 2번째 지락사고시에는 선간 단락이 되기 때문이다.
저저항 접지 (이동식 장비 이외에는 드물게 사용)	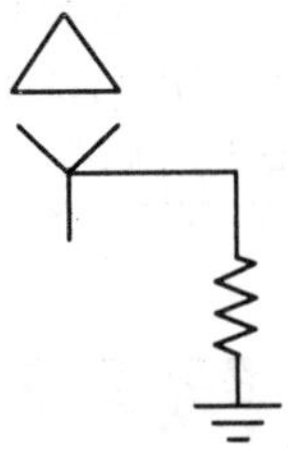 $I_g = 15 \sim 150$ [A]	① 지락사고 전류 : 일반적으로 15~150Amps. ② 사고에 의한 피해 : 사고시 트립이 되지 않거나 즉시 찾아내지 못하면 피해가 커질 수 있음 ③ 전력 공급의 신뢰성 : 소규모 회로는 트립 시키고, 그 이외에는 경보나 보호계전기 트립 ④ 과도 이상 전압 : 효과적으로 제한 ⑤ 아크 지락사고 : 대규모 피해의 원인이 될 수 있음 ⑥ 사고지점 색출 : 선택 접지계전기로 감지. 사고지점 색출은 매우 어려움

2.5.4 지락전류 계산(예)

(1) 직접접지(다중접지) 계통의 지락전류 계산

아래와 같은 배전계통의 고장점 A에서 3상 단락전류와 1선 지락전류를 구한다. 단, 전원측(계통) 임피던스는 5[%](100[MVA] 기준). 주변압기의 임피던스는 14.5[%](자기 용량에서) 또 3상단락의 고장 저항은 무시하며 1선 지락의 고장저항치는 7.5[Ω]이다.

① 3상 단락전류 I_{3S}를 구하면

$$I_{3S} = \frac{100}{Z_1} \times \frac{100,000}{\sqrt{3}V} = \frac{100}{Z_1} \times \frac{100,000}{\sqrt{3} \times 22.9}$$

$$= \frac{100}{Z_1} \times 2,521[A]$$

$$Z_1 = Z_S + Z_t + Z_{L1}$$

$$Z_S = j5[\%]$$

$$Z_t = j14.5 \times \frac{100}{60} = j24.2[\%](100[MVA]\ 기준)$$

$$Z_{L1} = (5.8 + j8.41) \times 9 = 52.2 + j75.7$$

$$Z_1 = j5 + j24.2 + 52.2 + j75.7$$

$$= 52.2 + j104.9$$

$$I_{3S} = \frac{100}{Z_1} \times 2,521 = \frac{100 \times 2,521}{52.2 + j104.9} = \frac{252,100}{52.2 + j104.9} = 2403.2[A]$$

② 1선 지락전류

$$I_g = \frac{3 \times 100}{Z_1 + Z_2 + Z_0 + 3R_f} \times \frac{100,000}{\sqrt{3} \times V}$$

$$= \frac{3 \times 100}{Z_1 + Z_2 + Z_0 + 3R_f} \times \frac{100,000}{\sqrt{3} \times 22.9}$$

$$= \frac{3 \times 100}{Z_1 + Z_2 + Z_0 + 3R_f} \times 2,521[A]$$

또, $Z_1 = Z_2 = Z_S + Z_t + Z_{L1}$

$Z_0 = Z_t + Z_{L0}$이므로 $Z_1 = 52.2 + j104.9 = Z_2$

$$Z_t = j24.2$$

$$Z_{L0} = (14.02 + j32.36) \times 9 = 126.2 + j291.2$$

$$Z_0 = 126.2 + j(24.2 + 291.2) = 126.2 + j315.4$$

또, R_f는 7.5를 100[MVA] 기준 % 임피던스로 환산하면

$$R_f = 7.5 \times \frac{100,000}{10V^2} = 7.5 \times \frac{100,000}{10 \times 22.9^2}$$

$$= 7.5 \times 19.1 = 143.3[\%]$$

$$I_g = \frac{3 \times 100 \times 2,521}{Z_1 + Z_2 + Z_0 + 3R_f}$$

$$= \frac{3 \times 100 \times 2,521}{2(52.2 + j104.9) + (126.2 + j315.4) + (143.3 \times 3)}$$

$$= \frac{3 \times 100 \times 2,521}{660.5 + j525.2} = \frac{756,300}{660.5 + j536.8} \fallingdotseq 896[A]$$

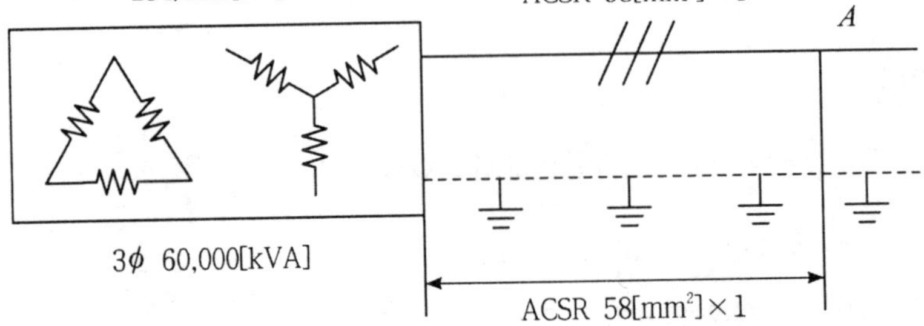

❖❖ 그림 2-21 ❖❖

(2) 저항접지 계통의 지락전류 계산

(가) 계통 구성

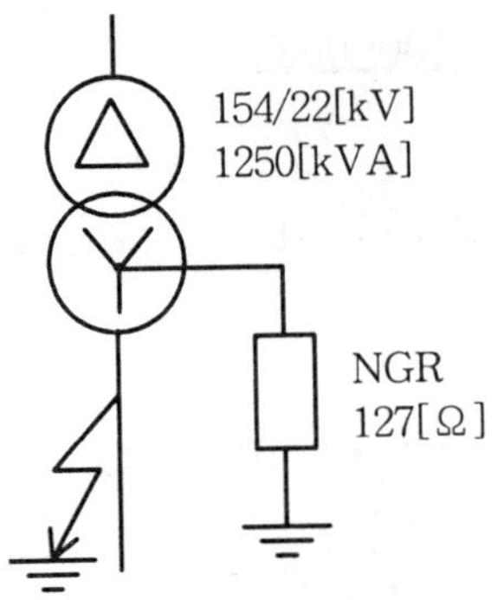

❖❖ 그림 2-22 ❖❖

그림 2-22와 같이 154/22[kV] 변압기 2차 Y 중성점을 직접 접지하지 않고, NGR을 통하여 접지하는 방식이다.

(나) NGR 설치시 고장전류 계산

1선 지락전류는

$$I_g = 3I_0 = \frac{3E}{Z_0 + Z_1 + Z_2 + 3R_f}$$

$Z_0 \gg Z_1$, Z_2이고, 고장점 저항(R_f)을 무시하면

$$Z_0 = 3 \times R_N = 3 \times 127$$

$$I_g \doteqdot \frac{3E}{Z_0} = \frac{3\times 22000/\sqrt{3}}{3\times 127} = 100[\mathrm{A}]$$

이며 저항 접지방식의 지락전류와 전위상승의 크기는 그림 2-23과 같다.

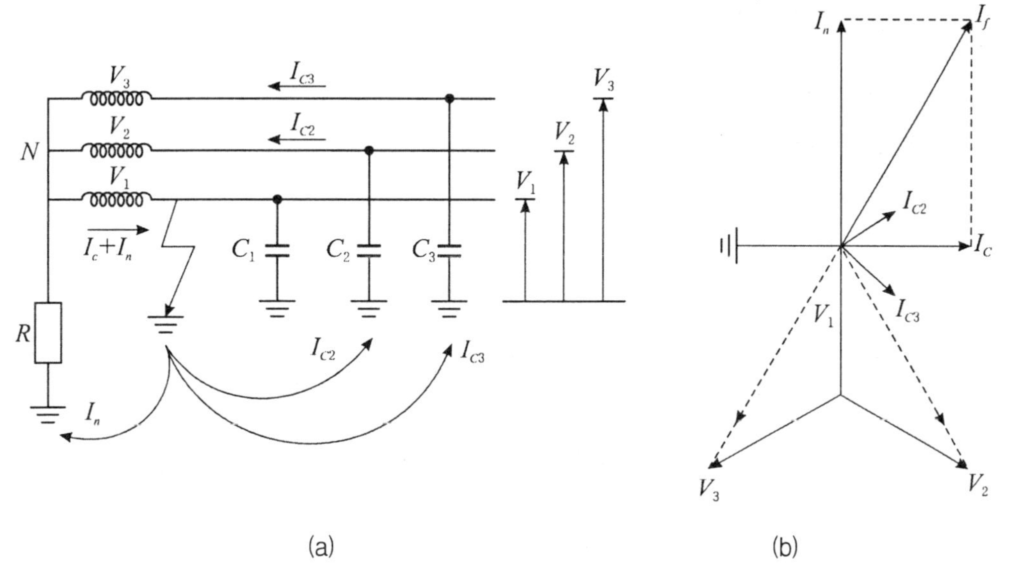

❖❖ 그림 2-23 레지스턴스도 ❖❖

(3) 비접지 계통의 지락전류 계산

(가) 정전용량만 존재하는 경우

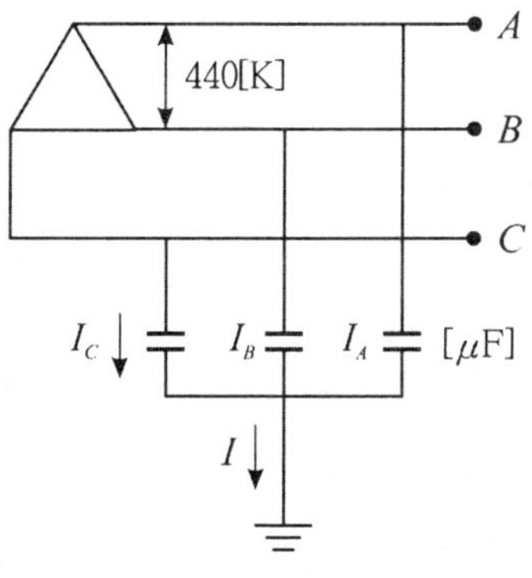

❖❖ 그림 2-24 ❖❖

예 6 그림 2-25와 같은 440[V] 계통에서 A상 지락시 지락전류, 크기는?(단, 1상당 대지 정전용량은 1[μF]이다.)

① 건전상태의 경우

$$I_A = I_B = I_C = 2\pi fCE = 2\pi \times 60 \times 1 \times 10^{-6} \times \frac{440}{\sqrt{3}} = 95.8[\text{mA}]$$

그러나, 3상 합성전류

$$I = I_A + I_B + I_C = 0$$

이므로 전류가 흐르지 않는다.

② A상 지락의 경우

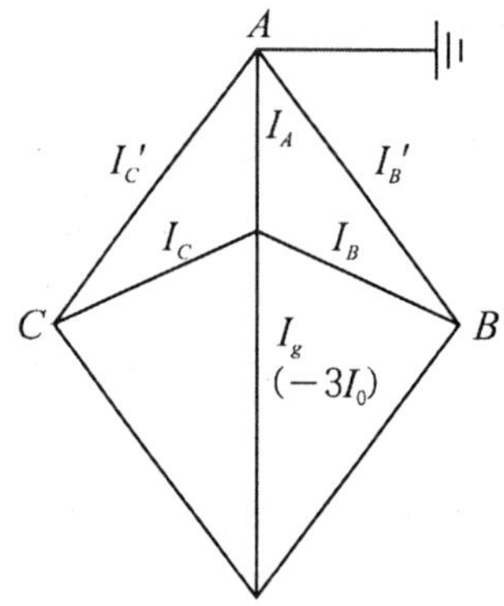

❖❖ 그림 2-25 ❖❖

A상이 지락되면 중성점이 그림 2-25와 같이 A점으로 이동하므로 건전상의 대지전위는 $\sqrt{3}$배가 된다.

따라서.

$$I_B' = I_C' = 2\pi fCE'$$

$$= 2\pi \times 60 \times 1 \times 10^{-6} \times 440$$

$$= 165.9[\text{mA}]$$

$|I_g| = |I_B' + I_C'|$이므로 $\sqrt{3} \times 165.9 = 287.3[\text{mA}]$

또한, $I_g = 3I_o$이므로 $3 \times 95.8 = 287.4[\text{mA}]$이다.

예 7 그림 2-26과 같은 지중 배전계통에서 No.1 Feeder는 Cable 100[mm^2], No.2 Feeder는 Cable 250[mm^2]가 포설되어 있다. No.1 Feeder의 a상이 지락 되었을

경우 지락전류의 크기는?

① 비접지계통의 각상 케이블에는 충전용량이 있기 때문에 당연히 충전전류가 흐른다.

그러나 3상이 평형되어 있는 경우에는 3상의 충전전류합은 0이 되기 때문에 충전전류는 외부로 나타나지 않는다.

② a상이 지락되면 a상의 대지전위는 완전지락의 경우 0[V]로 되기 때문에 a상의 충전전류는 흐르지 않고 그림 2-26에서와 같이 b, c상의 충전전류는 모선을 향하여 흐르게 되고, 변압기 △권선을 통하여 지락점 a상으로 흐르게 된다.

즉, 지락전류

$$\dot{I}_C = \dot{I}_{C2} + \dot{I}_{C3}$$

로 되며 케이블 정전용량은 표 2-9와 같다.

No.1 Feeder 0.30×2=0.6[μF]

No.2 Feeder 0.40×3=1.2[μF]

$$\dot{I}_C = \dot{I}_{C2} + \dot{I}_{C3} \, (I_C = I_g)$$

$$I_g = \sqrt{3} \times 2 \times 3.14 \times 60 \times 1.8 \times 10^{-6} \times 6600 = 7.76[\text{A}]$$

이며 비접지 방식의 지락전류와 전위상승 크기는 그림 2-27과 같다.

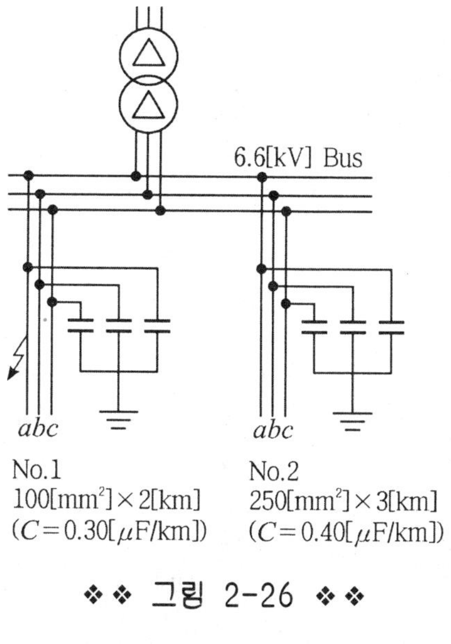

❖❖ 그림 2-26 ❖❖

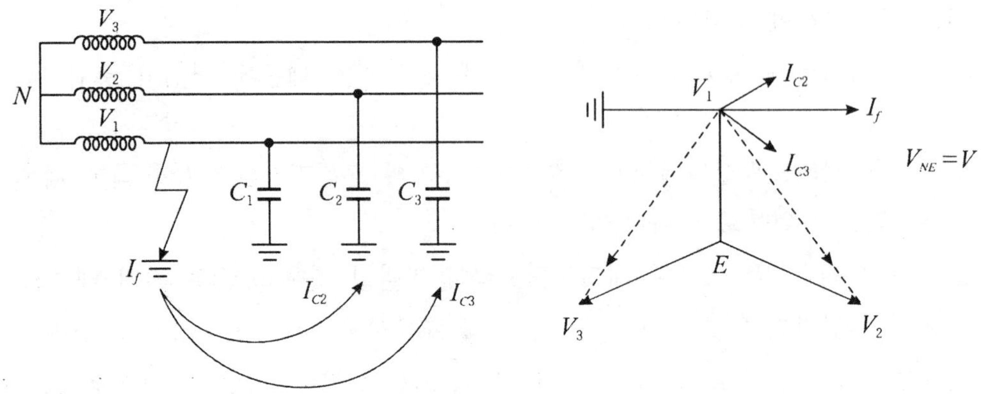

(a) (b)

❖❖ 그림 2-27 ISOLATED NEUTRAL SYSTEM ❖❖

표 2-9 케이블의 정전용량

공칭단면적 [mm²]	최대도체저항 (20[℃])[Ω/km]	표준정전용량(20[℃]) [μF/km]		
		3[kV]	6[kV]	10[kV]
500	0.0347	0.63	0.56	0.47
400	0.0459	0.55	0.51	0.42
325	0.0572	0.57	0.45	0.39
250	0.0722	0.52	0.40	0.35
200	0.0955	0.45	0.37	0.31
150	0.119	0.48	0.37	0.31
125	0.151	0.44	0.34	0.29
100	0.195	0.37	0.30	0.25
80	0.246	0.34	0.26	0.23
60	0.304	0.31	0.25	0.21
50	0.878	0.29	0.23	0.20
38	0.479	0.31	0.21	
30	0.626	0.28	0.19	
22	0.852	0.24	0.18	
14	1.30	0.20	0.14	
8	2.32	0.17	0.12	

제 3 장

계기용 변성기

3.1 개 요

통상 교류의 보호계전기는 변류기(Current Transformer : CT) 및 계기용 변압기(Voltage Transformer : VT)에서 공급되는 전류 및 전압에 의하여 동작하게 된다. 이러한 계기용 변성기(變成器)는 전력회로의 고전압으로부터 절연을 시키며, 계전기에 전력회로의 전류 또는 전압에 비례하는 전기량을 공급한다.

계기용 변성기를 올바르게 사용하려면 기계적 구조, 절연의 종류, 변류비·변압비, 연속정격과 단시간 정격, 절연계급, 오차계급, 접속 등을 고려하지 않으면 안된다. 여기서는 보호계전방식과 밀접한 관계를 갖는 오차계급, 접속을 중심으로 하여 계기용 변성기에 대하여 검토한다.

계기용 변성기에 요구되는 오차계급은 조합하는 계전기의 종류, 보호하는 전력계통의 조건에 따라서 변하게 된다. 기술적으로는 매우 정확한 계기용 변성기를 사용하는 것이 제일 안전한 방법이지만 그것이 언제나 경제적이라고는 할 수 없다. 따라서 어떠한 계기용 변성기를 사용하면 계전기가 올바르게 응동할 것인가를 추정하는 것이 필요하다. 그렇기 때문에 계전기용 변성기의 부정확이 계전장치의 응동에 미치는 영향을 알 필요가 있고 어느 정도까지는 계산으로 알아낼 수 있다.

계전용 변성기는 그 접속방법을 바꿈으로써 때때로 다른 전기량이 얻어진다. 소요의 전기량을 얻을 수 있도록 접속을 할 수 있는 것 또한 접속하기 쉬운 계기용 변성기를 선택하는 것은 계전장치를 올바르게 적용하기 위하여 먼저 검토하지 않으면 안되는 일이다.

변성기의 사용목적은 다음과 같다.

① 측정범위의 확장
② 절연 유지
③ 정밀도 유지
④ 원격 계측
⑤ 2차 회로의 표준화(5[A], 110[V]) 등이다.

3.2 변류기

3.2.1 개 요

보호계전기용으로는 권선형, 관통형, 부싱형(Bushing) 등의 변류기가 사용되고 있다. 권선형은 철심에 1차 및 2차 권선을 감은 것으로써 필요에 따라서 1차 권선의 권수를 2회 이상 할 수 있는 것으로 저전류 특성을 좋게 할 수 있다. 관통형, 부싱형은 모두 1차 도체를 변류기의 1차 권선으로 사용하는 것으로 1차 권수는 하나이다. 관통형의 경우에는 2차 권선이 감겨진 환상 철심의 중심부를 케이블이 통한다. 부싱형의 경우에는 2차 권선이 감겨진 환상철심이 변압기 또는 차단기 등 전력기기의 도체를 절연한 부싱을 1차 권선으로 하여 설치된다.

부싱형 변류기의 철심 내경은 크게 되므로 자로장이 다른 변류기보다 크게 된다. 이것을 보상하기 위하여 철심의 단면적을 크게 한다. 따라서 포화특성이 좋아 부싱형 변류기는 1차 전류가 큰 경우에도 오차가 적은 경향이 있다. 그러나 저전류 영역에서는 여자전류가 크므로 오차가 일반적으로 크다.

3.2.2 변류기의 종류

(1) 영상변류기

계전기에 필요한 영상전류를 얻는 방법으로서 변류기 3대를 사용한 人접속의 잔류회로 혹은 3차 영상분로 접속이 있으나 배전계통에 많은 비접지계의 미소지락전류를 대상으로 할 때는 변류기의 특성오차에 따른 잔류전류가 커서 사용이 곤란하며, 이런 계통의 지락전류를 검출하는데 영상변류기가 사용된다.

영상변류기의 형상에는 변류기와 마찬가지로 권선형과 관통형이 있다. 권선형은 그림 3-1과 같이 한 개의 철심에 3조의 1차 권선 및 1조의 2차 권선이 감겨 있다. 1차 권선에 3상 각상의 전류를 흐르게 했을 때 2차 권선에서 각상 영상전류의 3배인 영상전류에 대응한 전류를 얻을 수가 있다.

관통형은 공장배전계통등의 많은 케이블계통에 흔히 사용되며, 관통형변류기와 비슷한 구조인 2차 권선을 감은 철심에 1차 도체로서 3심케이블 또는 단심케이블 3줄을 관통시켜 사용한다. 또 이 형에는 이미 시공이 끝난 케이블에 나중에 영상변류기를 씌울 수 있는 분할관통형도 있으나 자로에 분할면이 포함될 뿐 아니라 2차 권선의 분포도 균일하게 되지 않으므로 잔류전류의 증가는 피할 수 없다.

ZCT는 비접지 배전선의 지락보호에 선택지락계전기(SGR ; Selective Ground Relay)와 함께 사용되며, 정격 1차 전류는 200[mA], 2차 전류는 1.5[mA] 및 3.0 [mA]가 표준이다.

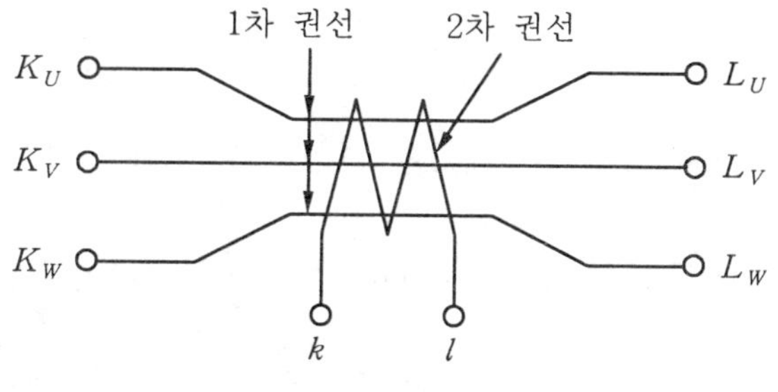

❖❖ 그림 3-1 영상변류기 ❖❖

(2) 3차 권선부 변류기

그림 3-2에서와 같이 같은 철심위에 2차 권선외에 3차 권선을 설치한 변류기도 자주 사용된다. 3차 권선은 뒤에 설명하는 3차 영상분로를 구성하는데에 쓰여지고 있다.

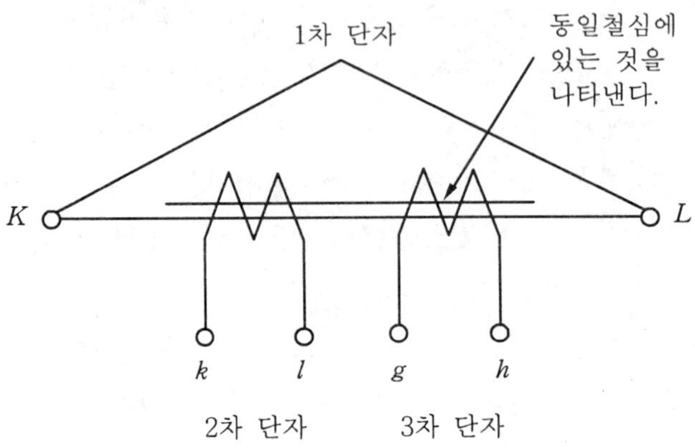

(a)

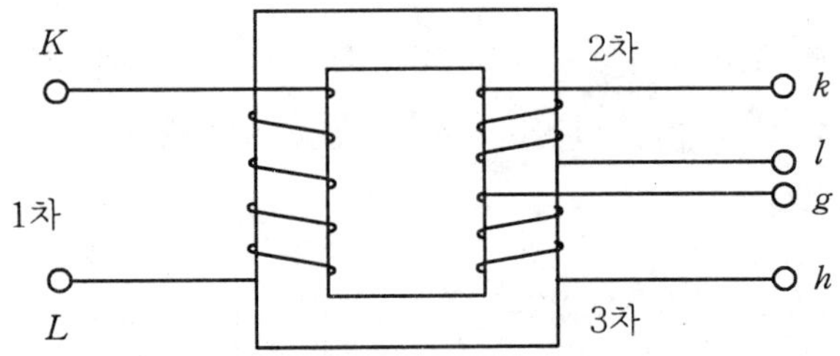

(b)

❖❖ 그림 3-2 3차 권선부 변류기 ❖❖

고저항접지계에서 정격 1차 전류가 400[A] 이상인 CT에는 3차 권선부로 하는 경우가 많다.

(3) 다중철심형 변류기

두 개 이상의 변류기가 하나의 몸체안에 들어 있는 것으로써 사용 목적별로 변류기를 나누어 사용하는 것으로 경제적인 면에서 이점이 있다. 그러나 보호범위의 중점을 얻지 못하는 경우가 있어 맹점이 생기기 쉽다.

3.2.3 변류기의 분류

(1) 절연 구조에 따른 분류

① 건식 CT : 절연재료로 종이, 면 등을 절연와니스에 진공함침한 것을 사용한 CT

② 몰드형 CT : 절연재료로 합성수지 또는 부틸고무 등을 사용하여 권선 또는 전체를 절연한 CT로 저전압 및 6.6[kV], 22.9[kV]에 사용한다.

③ 유입형 CT : 절연유를 절연재료로 사용한 것으로 애자형, 탱크형 등으로 고전압(22.9[kV]~345[kV]), 옥외용에 많이 사용한다.

④ 가스형 CT : 절연유 대신 SF_6 가스를 사용하여 탱크형으로 제작된다. 최근 GIS 설비용으로 많이 사용되고 있다.

(2) 권선 형태에 따른 분류

① 권선형 CT : 1, 2차 권선 모두 한 철심에 감겨 있는 구조

② 관통형 CT : 1차 권수가 1회인 도체가 철심 중심부를 통과, 철심에 2차 권선이 균일하게 감겨있는 구조

③ 부싱형 CT : 관통형 CT의 일종으로 부싱내의 도체를 CT의 1차 도체를 사용.

④ 단일비 CT : 한 개의 철심에 1차와 2차 권선이 있어 변류비가 한개뿐인 CT.

⑤ 다중비 CT : 변류비가 2개 이상인 CT로 1차 권선의 결선을 다르게 하거나, 2차 권선에 여러 개의 탭을 두어 변류비를 변경하는 방식 등이 있다.

⑥ 3차 권선부 CT : 고저항 접지계통에서 충분한 영상 전류를 얻기 위하여 사용하고, 2차 권선에서는 정상전류를, 3차 권선에서는 영상전류를 각각 얻을 수 있다.

(3) 검출 용도에 따른 분류

① 정상 CT : 정상분을 얻기 위해서는 보통 CT로 한상에 한 대의 CT가 필요하고, V결선에서는 2대로 3상전류를 얻을 수 있다.

② 영상 CT : 영상전류만을 간편하게 얻기 위한 CT로 1차 권선이 3상 일괄로 통과되고 그 주위에 환상철심을 두어 철심 둘레에 2차 권선을 균일하게 감아

영상전류를 얻는 방식이다.

③ 합성 CT : 여러 선로의 전력을 종합하여 계량할 목적으로 사용한다.

④ 보조 CT : 오차보상, 소폭의 전류 조정, 위상각 변경 등을 위해 사용한다.

(4) 특성에 따른 분류

① 계측용 CT : 평상시 정상부하 상태에서 사용하므로 정격 이내에서 정확해야 하며 사고시에는 포화되어 계측기 및 회로를 보호하는 특성을 구비해야 한다.

② 계전기용 CT : 사고시에 응동해야 하므로 대전류에서 포화되지 않아야 한다.

③ C형 CT : 미국 ANSI규격에서 정한 특성으로 정격의 20배 전류에 포화되지 않고 비오차가 −10[%] 이내로 유지토록 한 CT이다.

④ T형 CT : 미국 ANSI규격에서 정한 특성으로 철심의 누설자속이 커서 변류비 영향을 줄 수 있어 계산에 의해 특성을 구할 수 없고 시험에 의해서만 구할 수 있는 CT이다.

3.2.4 변류기 극성

변류기의 1차 및 2차 단자의 극성표시는 극성기호(極性記號)에 의하던가 1차 단자에 대하여 K, L, 2차 단자에 대하여 k, l의 기호에 의하던가 하여 나타낸다. 접속도상에서는 극성기호에 의하여 나타내는 경우가 많고 통상 그림 3-3에서와 같이 검은 점을 찍어 표시한다.

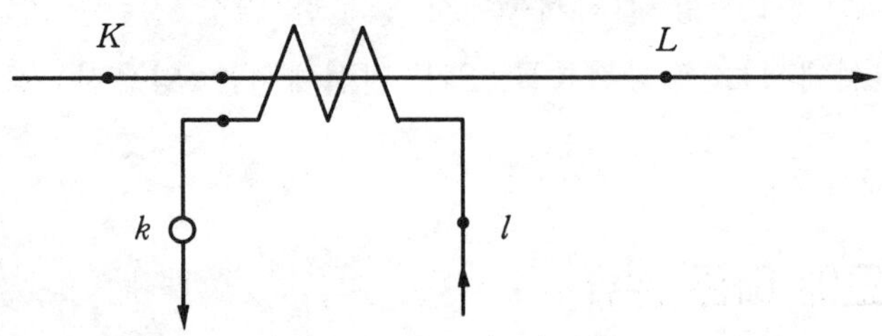

❖❖ 그림 3-3 변류기의 극성 ❖❖

극성의 규약은 1차 전류가 K단자(또는 극성기호를 부친 단자)로 그림 3-3에 표시한 화살표 방향으로 유입될 때, 2차 전류는 k단자(또는 극성기호를 부친 단자)에서 화살표 방향으로 유출된다. 역으로 1차 전류가 L단자로 유입하면 2차 전류는 l단자로 유출된다.

3차 권선의 극성은 2차 권선의 k단자에 해당되는 것을 g단자로 한다.

1차 전류의 방향에 대하여 2차 전류의 방향을 나타내는 특성으로 감극성과 가극성이 있으며, 우리나라에서는 감극성을 표준으로 하고 있다.

3.2.5 변류기의 등가회로와 오차도의 계산

보호계전기와 조합된 변류기의 위상오차를 문제로 하는 것은 아마도 없는 것으로써 여기에서는 주로 변류비 오차를 중심으로 한다.

위상오차가 문제되지 않는 이유의 하나는 변류기 2차 부담이 통상 지역률의 부하이므로 2차 전류와 여자전류와는 동상에 가깝게 되어 위상오차의 원인이 되는 여자전류의 영향을 무시할 수 있는 것이다.

오차의 계산은 3상단락, 1선지락에 대하여서 하면 대부분의 경우 충분하다. 그림 3-4는 변류기 회로의 등가회로이다. 이상변류기(理想變流器)는 위상오차, 비오차가 0으로써 1차 전류를 $\frac{\dot{I}_P}{N}$로 변성한다. 이 $\frac{\dot{I}_P}{N}$는 2차로 환산한 1차 전류로 불리운다.

이 전류의 일부분은 2차 여자전류 I_E로써 철심을 여자하는데 소비되고 나머지 전류 $\dot{I}_s$가 실제의 2차 전류가 된다. 2차 여자전류는 2차 유기전압과 관계가 있는 것으로 양자의 관계는 2차 여자곡선(Secondary excitation curve)이라고 불린다. 그림 3-5는 2차 여자곡선의 한 예이다.

그림 3-4의 1차 권선 임피던스는 비오차에는 영향을 주지 않는다.

이 임피던스는 전력계통이 특히 저압회로의 경우에는 1차 전류를 흘릴 때 영향을 줄 뿐이다.

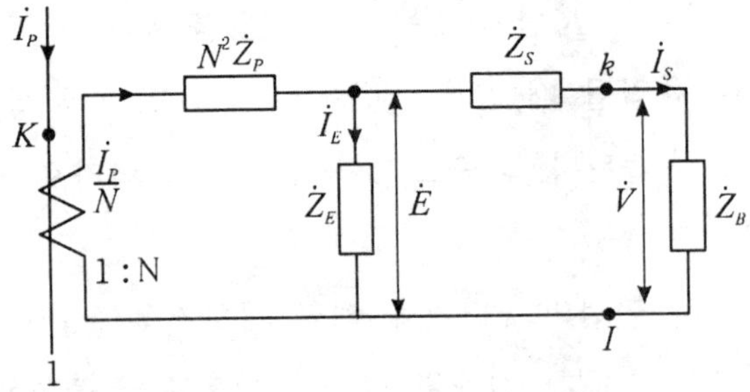

❖❖ 그림 3-4 변류기의 등가회로 ❖❖

그림 3-4에서, $\dot{I}_P$: 1차 전류[A], $\dot{E}$: 2차 유기전압[V], N : 2차 권수/1차 권수, $\dot{Z}_S$: 2차 권선 임피던스[Ω], $\dot{Z}_P$: 1차 권선 임피던스[Ω], $\dot{I}_S$: 2차 전류[A], $\dot{Z}_E$: 2차 여자 임피던스[Ω], $\dot{V}$: 2차 단자전압, $\dot{I}_E$: 2차 여자전류[A], $\dot{Z}_B$: 부하 임피던스를 나타낸다.

2차 전류는 2차 유기전압과 2차 회로 임피던스의 관계로서 주어진다. 2차 회로 임피던스는 2차 권선의 실효저항과 누설리액턴스 및 도체를 포함한 부담 임피던스로 이루어진다.

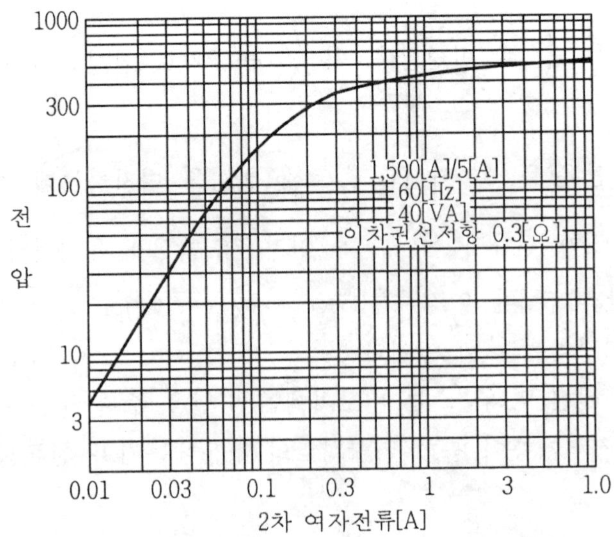

❖❖ 그림 3-5 2차 여자전류[A] ❖❖

만약 2차 여자곡선과 2차 권선의 임피던스를 알고 있으면 어떠한 부담에서도 비오차를 구할 수 있다. 그러기 위하여서는 먼저 2차 전류 I_s를 정하고 이 I_s에 의해 2차 권선과 부담 임피던스에 생기는 전전압강하(全電壓降下)를 구하면 이것은 2차 유기전압 E와 같다.

이 E에 대응하는 2차 여자전류 I_s를 2차 여자곡선에서 구하고 이것과 I_s와의 합을 N배 하면은 I_s을 생기게 하는데 필요한 1차 전류 I_P가 된다. 변류비 오차는 $(I_P - N \cdot I_s)/N \cdot I_s$로 주어진다. I_s를 여러 가지 값으로 하면 거기에 대응하는 오차가 얻어진다. 이 방법은 변류비 오차가 10[%] 정도까지에서 사용되고 그 이상에서는 2차 여자전류 파형이 변류기 철심의 포화 때문에 일그러짐으로 2차 전류도 일그러진다. 이 때문에 파형을 정현파로 가정하여 계산한 결과는 신뢰할 수 없는 것이 되고, 그 정도는 전류가 증가함에 따라 증대된다. 만약 파형 일그러짐을 고려하여 계산한다 하여도 그와 같은 전류에 대해서 계전기가 어떻게 응동하는가를 구하기는 어렵다. 이와 같은 경우에는 시험을 하여 보는 것이 가장 좋은 방법이다.

변류기의 2차 여자특성을 얻으려면 1차 권선을 개방하고 2차 권선에 정격주파수의 교류전압을 인가하여 거기에 흐르는 2차 전류를 측정하면 좋고 이것으로 대체로 목적에 도달한다.

3.2.6 변류기의 정격(CT Ratio)

(1) 변류비

1차 전류에 대한 2차 전류 크기의 비이다.

(2) 비오차

공칭변류비와 측정변류비 사이에서 얻어진 백분율 오차로서 아래 식에서 구한다.

$$\text{비오차} = \frac{\text{공칭변류비} - \text{측정변류비}}{\text{측정변류비}} \times 100[\%]$$

(3) 비보증 계수(Ratio Correction Factor)

ANSI 규격에서 정한 비오차 표시 방법이다.

$$\text{R.C.F} = \frac{\text{측정변류비}}{\text{공칭변류비}}$$

보호계전기용 변류기에 대한 오차계급(Accuracy Class)은 변류기의 능력을 규정하는 두 개의 기호(글자명칭 및 전압정격)로 표시된다.

글자명칭규정은 다음과 같다.

① C : 변류비를 계산할 수 있는 것

② T : 변류비를 시험에 의하여만 결정되어야 되는 것

C종류는 일정하게 배분되어 권선이 감겨진 부싱형 변류기와 철심 누설자속이 규정치 이내에서 변류비에 영향을 무시할 수 있는 변류기 등이 이에 속한다.

T종류는 대부분의 권선형(Wound Type) 변류기와 철심 누설자속이 변류비에 현저하게 영향을 주는 변류기가 이에 속한다.

2차 단자전압은 변류기가 10[%]의 비오차없이 정격부담에서 20배의 2차 정격전류를 흘릴 수 있는 전압을 말한다.

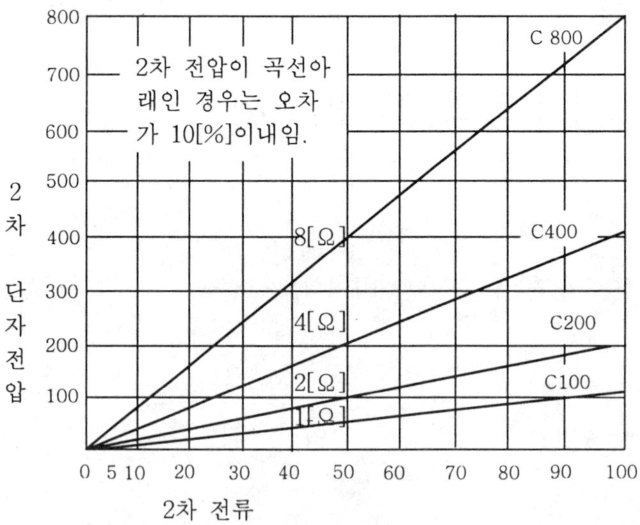

❖❖ 그림 3-6 C형 CT의 오차계급 표준 도표 ❖❖

그림 3-6에서 C100계급의 변류기로써 예를 들면 변류비를 계산할 수 있고 만일 부담이 1[Ohm](1.0[Ohm]×5[Amp]×20=100[Volt])를 초과하지 않으면 $(1 \sim 20) \times I_n$에서는 비오차가 0[%] 미만이 된다.

(4) 오차계급

변류비 오차 또는 위상각 오차 등에 대하여 계급별로 허용범위를 정한 규정으로 각 나라마다 조금씩 다르게 규정하고 있다.

표 3-1 CT의 오차계급 비교표

구분 / 국별	계전기용			계기용		
	계급	부담	허용오차	계급	부담	허용오차
한국 (ESB-145)	C100	B-1(25[VA])	±10[%](n)	1.2	B-0.5(12.5[VA])	±1.2[%]
	C200	B-2(50[VA])	〃	1.2	B-0.9(22.5[VA])	〃
	C400	B-4(100[VA])	〃	1.2	B-1.8(45[VA])	〃
	C800	B-8(200[VA])	〃	1.0	전력수급용	±1.0[%]
				0.5	〃	±0.5[%]
				0.3	〃	±0.3[%]
미국 (ANSI)	C10	B-0.1	±10[%](n)	1.2	-	±1.2[%]
	C20	B-0.2	〃	0.6	-	±0.6[%]
	C50	B-0.5	〃	0.3	-	±0.3[%]
	C90	B-0.9	〃			
	C180	B-1.8	〃			
	C100	B-1	〃			
	C200	B-2	〃			
	C400	B-4	〃			
	C800	B-8	〃			
영국 (BS)	5P	-	±5[%](n)	0.1	-	±0.1[%]
	10P	-	±10[%]	0.2	-	±0.2[%]
	X	Bus DCR용	-	0.5	-	±0.5[%]
				1	-	±1[%]
				3	-	±3[%]
				5	-	±5[%]
일본 (JEC)	2차용			3차용		
	1.0	-	±10[%](n)	3G	-	±3[%]
	3.0	-	〃	5G	-	±5[%]
				10G	-	±10[%]

※ ① C100은 계전기의 오차계급으로서 2차 단자에 100[A] 전류를 흘렸을 때 단자전압이 100[V]이고 오차는 ±10[%] 미만이어야 한다. 즉 100은 2차의 단자 전압을 의미한다.

② B-1은 부담(Burden)을 나타내며 $VA = I^2 \cdot Z$=25×임피던스이므로 B-1은 25×1=25[VA]이다. 여기서 1은 임피던스를 의미한다.

□□ B−0.5=25×0.5=12.5[V]

(5) 영상변류기의 정격

영상변류기의 정격은 JEC 190 변류기에 준해서 정해져 있다. 다음에 그 주요한 것을 해설한다.

① **정격전류** : 영상변류기에서는 보통의 주회로전류에 상당하는 정격 1차 전류 이외에 정격영상 1차 전류(표준값 200[mA]) 및 이것에 대응하는 정격영상 2차 전류(표준값 1.5[mA])가 정해져 있다. 이것들의 값은 비접지계통의 지락전류 및 지락계전기의 감도를 참고로 해서 정해진 것이다.

② **영상 2차 전류의 허용치** : 주회로전류에 비해 극히 작은 영상전류를 변성하는 영상변류기에는 영상 2차 전류의 오차를 작게 하기 위해 여자 임피던스가 큰 것이 바람직하다. 한편 여자 임피던스를 크게 하자면 철심을 크게 해야 하므로 비싸게 먹힌다. JEC에서는 이것을 감안해서 사용목적에 따라 합리적으로 적용할 수 있도록 표 3-2와 같이 정격 여자 임피던스와 영상 2차 전류의 허용치를 정하고 있다. 또한 이 표의 영상 2차 전류의 허용값은 정격영상 1차 전류 1.5[mA] 정격부담(역율 0.5지연)에서의 값이다. 보통 과전류배수가 큰 것을 필요로 할 때는 철심에 G급 규소강판을 사용한 L급이 적합하고 과전류 배수보다도 정밀도를 요구할 때는 퍼어멀로이를 사용한 H급이 적합하다.

표 3-2 영상변류기의 정격 여자 임피던스

계 급	정격 여자 임피던스		영상 2차 전류
H급	$Z_0 > 40[\Omega]$	$Z_0 > 20[\Omega]$	1.2[mA] 이상 1.8[mA] 이하
L급	$Z_0 > 10[\Omega]$	$Z_0 > 5[\Omega]$	1.0[mA] 이상 2.0[mA] 이하

3.2.7 변류기의 부담

변류기의 오차를 계산하기 위해서는 반드시 변류기의 부담을 알지 않으면 안된다.

변류기의 2차측 혹은 3차측에 가해지는 외부 부하 임피던스를 부담(Burden)이라 한다. 영상 변류기를 제외하고 이 부담은 변류기의 2차 정격전류를 흘릴 때 부하 임피던스에서 소비되는 볼트·암페어(VA), 즉 정격 2차 전류의 제곱과 부하 임피던스의 곱으로 표시된다. 영상변류기의 경우에는 부하 임피던스를 옴(Ohm)치로 표시한다.

계전기의 정격전류가 변류기의 2차 정격전류와 같으면 계전기의 정격치 소비 VA는 변류기가 허용하는 부담이내인가 아닌가를 검토한 것 그대로 사용할 수 있다. 만약 다르면 한 쪽의 정격전류를 기준으로 하여 부담을 표현하여 검토하여야 한다.

계전기 자기회로 등의 포화현상은 전류가 커짐에 따라서 부담 임피던스를 감소시키는 역할을 한다. 따라서 부담을 표현할 때에는 측정조건을 명시하는 것이 필요하다.

(1) 2차 부담 선정방법

(가) 2차 부담(Secondary Burden)

① 2차 회로 : CT 2차 회로는 항상 정격부담 이하로 폐로 되어야 한다.

② 오차 발생 : CT 2차 부하는 직렬로 접속하기 때문에 부하가 증가하면 임피던스가 증가하여 정격부담 이상이 될 경우 오차가 발생한다.

③ 2차 개방 : 정격부담을 많이 초과하거나 개방상태가 되면 1차 전류는 모두가 여자전류가 되어 자기포화와 철손이 증가하여 소손되는 경우가 있다.

④ 정격 부담 : 오차범위를 유지할 수 있는 부하 임피던스를 VA로 표시한다.

$$VA = I_2^{\,2} \times Z_b$$

여기서, VA : 부담[VA], I_2 : 정격 2차 전류[A], Z_b : 계전기, 계측기 및 2차 케이블을 포함한 총부하[Ω]를 나타낸다.

표 3-3 보호계전기 부담

계전기명 \ Maker	ALSTOM (Digital)		경보(유도원판형)	
	Type	Burden	Type	Burden
50/51	KCGG 62	0.03	GCO-C1 II D3	3.7×3(11.1)
51N	KCGG 22	0.03	GCO-C1 II D5	16.1×1(16.1)
87T	KBCH 12	0.24	GCR-CD5	5.8×3(17.4)

(나) CT 부담 선정방법

일반적으로 154[kV] 보호계전 구성은 50/51, 51N과 87T를 각각의 CT에 연결 사용하므로 경보 계전기의 50/51, 51N의 총부담은 27.2[VA](11.1+16.1)로서 C200 이상의 CT면 충분하다.(C200의 부담은 50[VA]이므로 3상 사용시 50×3=150[VA])

3.2.8 변류기의 특성

(1) 포화 특성

① 포화 특성 : CT는 1차 전류가 증가하면 2차 전류도 변류비에 비례하여 증가한다. 그러나, 어느 한계에 도달하면 1차 전류는 증가하여도 2차 전류는 포화하여 증가하지 않는다.

② 포화점(Knee Point) : CT의 1차 권선을 개방하고 2차 권선에 정격주파수의 교류전압을 서서히 증가시키면서 여자전류를 측정할 때 여자전압이 10[%] 증가할 때 여자전류가 50[%] 증가되는 점을 **포화점**이라 한다.

③ 포화 전압 : 포화점의 인가전압을 **포화 전압**이라 하고 이것이 충분히 높아야 대전류영역에서 확실한 보호가 가능하다. 보호방식 중 차동계전방식 또는 Pilot Wire 방식 등에서는 사용한 양단 CT의 포화 특성 일치가 매우 중요한 요소가 된다.

(2) 과전류 강도

① 과전류 강도 : CT에 정격부담, 정격주파수 상태로 열적, 기계적, 손상없이 1초간 흘릴 수 있는 최고 1차 전류를 정격 1차 전류로 나눈 값을 과전류 강도

라 한다.

② 표시 : 일반적으로 40, 75, 150, 300 등이 특성에 맞는 것을 선택 사용한다.

(3) 과전류 정수

정격주파수, 정격부담(PF 0.8lag)으로 정격전류 n에서 비오차가 $-10[\%]$를 초과하지 않는 n을 과전류 정수라 하며, 과전류특성을 향상시키기 위해서는 철심의 단면적을 크게 한다.

일본 JEC 규격에서 추천한 과전류 정수는 표 3-4와 같다.

표 3-4 과전류 정수 적용표

보호대상	보호방식	과전류 정수		비고
		표준	특수	
발전기		10	20	
변압기	차동방식 차동방식	10 20	20 40	2권선 3권선
송전선	차동방식 거리방식 과전류방식	10 20 10	20 40 20	
배전선	과전류방식	5	10	
전동기	과전류방식	10	20	

(4) 정격 과전류 배수

영상변류기가 포화하지 않는 영상 1차 전류의 범위를 나타내는 것이다. 전력계통의 확대, 케이블화 등으로 지락전류가 정격 영상 1차 전류를 크게 상회하는 경우, 또 이상지락시 처럼 영상과전류에 대해서 과전류보호를 고려하는 경우에는 이 값이 문제가 된다. JEC에서는 표준값으로서 $-n_0$, $n_0>100$ 및 $n_0>200$을 정하고 있다. $-n_0$는 계전기가 정격영상전류 이하에서 동작하는 등, 특히 과전류 영역의 특성을 문제삼지 않을 때에, $n_0>100$은 영상 1차 전류 20[A] 정도를 고려할 때에, $n_0>200$은 이상지락시에 과전류보호를 할 때에 채용된다.

(5) 잔류전류

잔류전류는 철심을 개재시킨 1차 도체와 2차 권선 사이의 전자적 결합의 불균일로 말미암아 생긴다.

잔류전류의 크기와 위상은 1차 도체, 철심, 2차 권선의 구조나 위치관계에 의해 변하고, 1차 전류가 클수록 커진다. 2차 회로에 접속된 계전기에는 영상 2차 전류와 잔류전류의 백터합이 흐르고 오동작, 오부동작의 원인이 된다.

JEC에서는 정격부담(10[Ω] 역율 0.5 지연전류) 밑에서 정격 1차 전류 이하의 영상분을 포함하지 않은 3상 평형전류 또는 불평형전류를 흐르게 했을 때 2차측에 흐르는 전류의 최대를 표 3-5에 표시하는 값 이하여야 한다고 규정하고 있다.

표 3-5 잔류전류의 한도

정격 1차 전류	잔류전류의 한도
400[A] 이상	영상 1차 전류 100[mA]에서의 영상 2차 전류치
400[A] 이하	영상 1차 전류 100[mA]에서의 영상 2차 전류치의 80[%]

잔류전류를 적게 하려면 1차 도체, 철심, 2차 권선의 상호관계를 되도록 기하학적으로 대칭이 되게 배치하고 정격 1차 전류가 큰 영상변류기를 사용하면 좋다. 또 케이블용 분할 관통형은 철심 및 2차 권선에 배치가 불균일하게 되므로 될수록 사용을 피한다. 부득이 사용할 때는 될수록 3상 케이블을 관통공의 중심에 배치하고, 부득이 단상케이블을 사용할 때는 케이블을 관통공의 중심에 정삼각형이 되게 배치한다.

3.2.9 변류기의 접속

변류기의 1차측은 주회로의 전류가 그대로 흐르도록 주회로에 직렬로 접속되고 2차측은 보호계전기의 동작에 필요한 전류를 얻기 위해 각종의 접속을 하고 있다.

(1) ⅄접속

이 접속은 단락전류나 지락전류를 검출하기 위한 접속으로서 V접속과 함께 가장 많이 사용된다. 그림 3-7과 같이 각상의 2차 단자, 보통 k단자에 단락계전기를 접속하고 반대측 단자, 1단자를 일괄한 소위 잔류회로에 지락계전기를 접속하고

변류비를 1 : 1이라 가정하면, 각상회로 및 잔류회로에 흐르는 전류는

$$i_R = I_{R1} + I_{R2} + I_{R0}$$

$$i_S = I_{S1} + I_{S2} + I_{S0} = a^2 I_{R1} + aI_{R2} + I_{R0}$$

$$3i_0 = i_R + i_S + i_T = I_{R1} + I_{R2} + I_{R0} + a^2 I_{R1} + aI_{R2} + I_{R0} + aI_{R1} + a^2 I_{R2} + I_{R0}$$

$$= 3I_{R0} = 3I_{S0} = 3I_{T0}$$

단, a, a^2 : 단위를 120°, 240° 진행시키는 백터 오퍼레이터

첨자 R, S, T : 제1상, 제2상, 제3상

첨자 1, 2, 0 : 정상분, 역상분, 영상분이다.

각상회로의 과전류계전기에는 영상전류를 포함한 각상의 대칭분전류가 잔류회로의 지락계전기에는 영상전류의 3배, $3I_0$가 흐르게 된다. 이 접속에서는 잔류회로에 지락계전기를 접속하지 않을 때도 영상 2차 회로의 개방을 방지하기 위해 잔류회로를 반드시 폐회로로 해 둬야 한다.

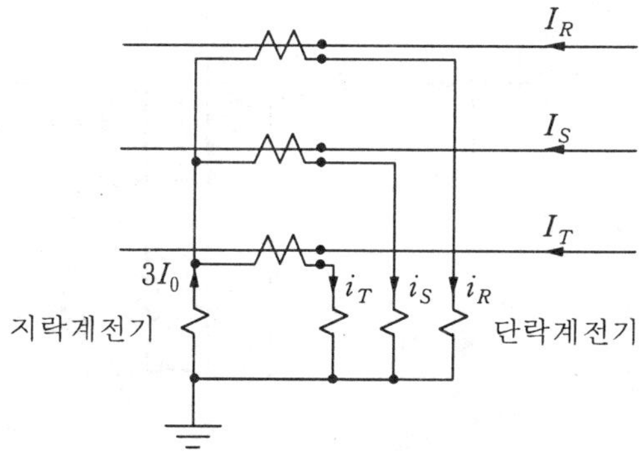

❖❖ 그림 3-7 人접속 ❖❖

그리고 人접속뿐 아니라, 1차측이 고압 또는 특고회로에 접속되는 변류기의 2차측은 전기설비기술기준 제29조에 따른 접지를 해야 한다. 이 때 1조의 변류기의 한 곳에서만 해야 한다. 두 곳 이상에서 접지를 하면 그 사이가 대지를 통해서 측로되어 계전기에 필요한 올바른 전류가 흐르지 않게 된다. 또 이 접지는 인체에 대한 안전, 계기, 계전기의 절연보호면에서 볼 때 배전반측에서 하는 것이 바람직하다.

(2) 3차 영상분로 접속

이 접속은 계통접지전류가 수백 [A] 이하인 고저항 접지계통에서의 영상전류 검출에 많이 사용된다. 보통 변류기의 변류비는 주회로의 부하전류로 결정된다. 변류비가 크면 人접속의 잔류회로에서는 계전기의 동작에 필요한 영상전류를 얻지 못할 때가 있다. 이런 경우에는 그림 3-8과 같이 변류기에 3차 권선을 만들고 이것을 영상분로 접속으로 함으로써 필요한 영상전류를 얻을 수가 있다. 이 접속에서는 2차 권선을 人접속으로 하고 각상에 단락계전기를 접속하지만 잔류회로는 구성하지 않는다. 한편 3차 권선을 각상을 직렬로 △접속하고 그 일각을 열어 지락계전기를 접속한다. 1차 : 2차 및 2차 : 3차의 변류비를 1 : 1이라 가정하면 각상의 2차 회로에는 각각 $i_R = I_R - I_0$, $i_S = I_S - I_0$, $i_T = I_T - I_0$가 흐르고 3차 회로에는 $i_0 = I_0$가 흐른다.

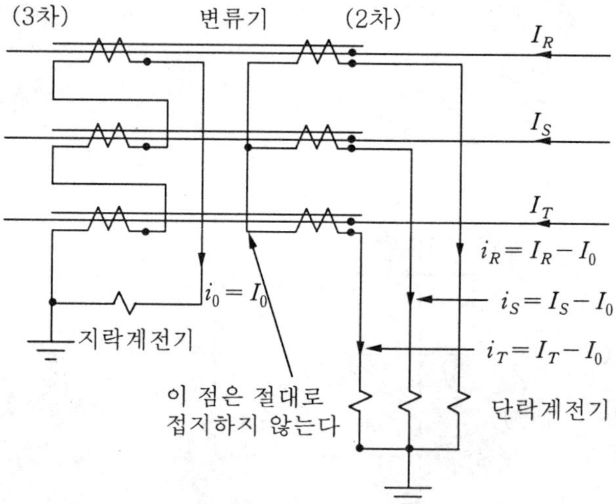

❖❖ 그림 3-8 3차 영상분로 접속 ❖❖

2차 잔류회로와 3차 영상분로의 차이는 영상전류에 대한 변류비에 있다. 일반적으로 1차 : 2차의 변류비는 정격 1차 전류 : 5[A]인데 대해 1차 : 3차의 변류비는 정격 1차 전류에 관계없이 100 : 5[A]이다. 따라서 정격 1차 전류가 300[A]인 경우에 2차 잔류회로에서 얻어지는 영상전류는

$$3I_0 \times \frac{5}{300} = \frac{5}{100} I_0$$

가 되어 100 : 5[A]인 3차 영상분로에서 얻어지는 영상전류 $\frac{5}{100}I_0$와 같다. 이 때문에 보통 정격 1차 전류가 300[A]를 초과하는 변류기에는 3차 권선을 만들어 영상분로접속에 의한 영상전류의 검출을 하게 된다.

영상분로 접속의 채용에서 주의할 것은 2차 회로에 2개소 접지에 의한 잔류회로를 절대로 만들지 않아야 한다. 2차 잔류회로가 생기면 영상전류가 2차 잔류회로와 3차 영상분로로 분류해서 계전기에 올바른 영상전류가 흐르지 않게 된다.

(3) △접속

변압기의 차동보호에서 변압기의 결선측의 변류기는 각 변위보정을 위해 그림 3-9와 같은 △접속이 채용된다. 이 때 단락계전기에 흐르는 전류는

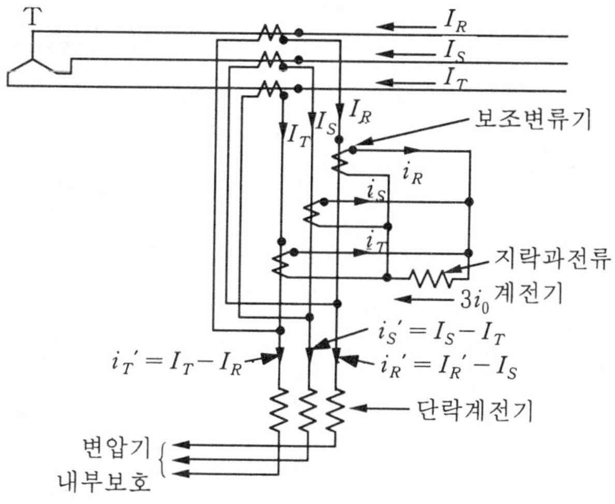

❖❖ 그림 3-9 △접속 ❖❖

$$i_R' = I_R - I_S = I_{R1} + I_{R2} + I_{R0} - a^2 I_{R1} - aI_{R2} - I_{R0}$$

$$= (1 - a^2) I_{R1} + (1 - a) I_{R2}$$

$$i_S' = I_S - I_T = a^2 I_{R1} + aI_{R2} + I_{R0} - aI_{R1} - a^2 I_{R2} - I_{R0}$$

$$= (a^2 - a) I_{R1} + (a - a^2) I_{R2}$$

$$i_R' = I_r - I_R = aI_{R1} + a^2 I_{R2} + I_{R0} - I_{R1} - I_{R2} - I_{R0}$$

$$= (a-1)I_{R1} + (a^2-1)I_{R2}$$

가 되고 모두 다 영상전류는 포함되지 않는다.

△접속에서 외부에 영상전류를 꺼내리면 그림 3-9와 같이 보조변류기를 상전류가 흐르고 있는 부분에 삽입해서 그 2차측 잔류회로에 의해 꺼낸다.

(4) V접속

V접속은 두 대의 변류기에 의해 3상 회로의 단락보호를 할 때 채용된다. 보통 그림 3-10과 같이 R상 및 T상에 변류기를 접속한다. 2차측의 전류는

$$i_R = I_{R1} + I_{R2} + I_{R0}$$

$$i_T = I_{T1} + I_{T2} + I_{Tc} = aI_{R1} + a^2 I_{R2} + I_{R0}$$

$$i_S = -(i_R + i_T) = -(I_{R1} + I_{R2} + I_{R0} + aI_{R1} + a^2 I_{R2} + I_{R0})$$

$$= -\{(1+a)I_{R1} + (1+a^2)I_{R2} + 2I_{R0}\} = a^2 I_{R1} + aI_{R2} - 2I_{R0}$$

$$= I_{S1} + I_{S2} - 2I_{S0} \simeq I_S$$

가 된다. 그러나 이 i_S는 겉보기의 전류이고 변류기 전원측의 R상 또는 T상과 부하측 S상의 이상지락에서는 i_S는 흐르지 않는다. 또 영상전류를 외부에 꺼낼 수 없으므로 영상변류기를 만드는 등 지락보호를 별도로 고려할 필요가 있다.

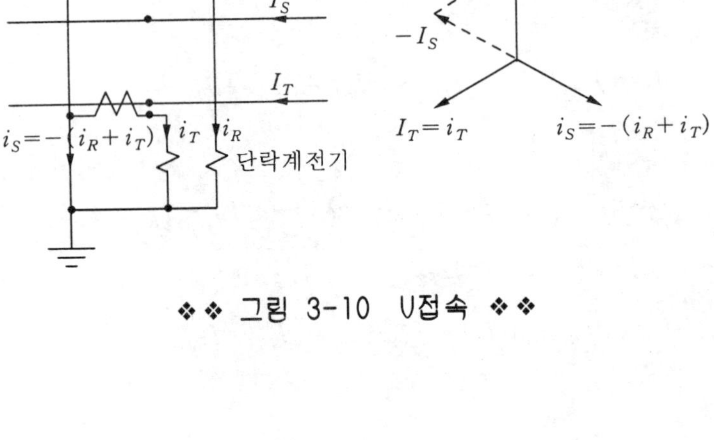

❖❖ 그림 3-10 V접속 ❖❖

(5) 교차접속

교차접속은 전압조정기에 보상전류를 도입하는 등 선간전압과 동상의 전류를 필요로 할때에 채용된다. 그림 3-11과 같이 총합 2차 전류

$$i_{R_v} = I_R - I_T$$

가 되고 선간전압 V_{R-T}와 동위상이 된다. 그 크기는 3상 평형부하일 때는 I_R 또는 I_T의 $\sqrt{3}$배가 된다.

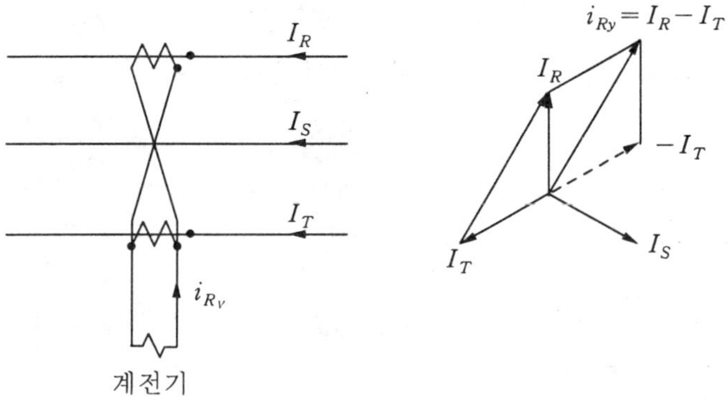

❖❖ 그림 3-11 교차접속 ❖❖

(6) 직렬접속

직렬접속은 부싱용 변류기등의 오차특성을 개선하는 목적에 자주 사용된다. 그림 3-12와 같이 동정격인 두 대의 변류기의 1차 권선 및 2차 권선을 모두 직렬로 접속하면 각각 한 대의 경우에 비해 변류비는 변하지 않고 2차 부담은 2대의 변류기가 분담하므로 약 1/2이 되어 오차특성은 크게 개선된다. 그러나 그림의 F점으로 표시하는 것처럼 두 대의 변류기간의 사고에서는 변류기의 전류방향이 반대가 되어 2차측에 높은 전압이 발생하므로 주의해야 한다.

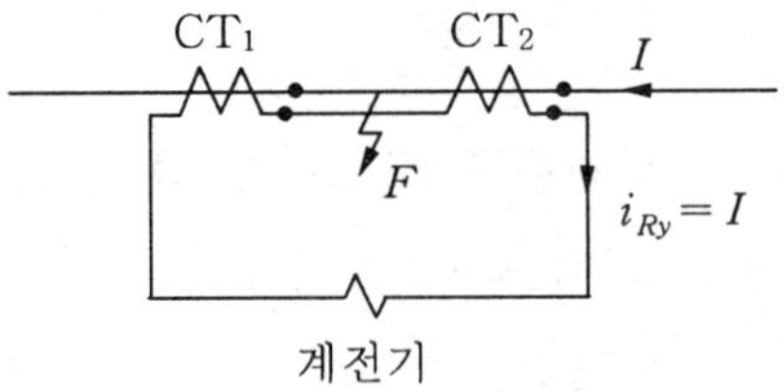

❖❖ 그림 3-12 직렬접속 ❖❖

(7) 병렬접속

병렬접속은 그림 3-13과 같이 몇 개의 회로의 합전류를 얻는 목적에 사용된다. 이 때의 변류기의 부담은 부담 임피던스와 합 전류의 적이 개개의 변류기에 그대로 가해지고 직렬접속처럼 부담을 각 변류기가 분담하게 되지 않는다.

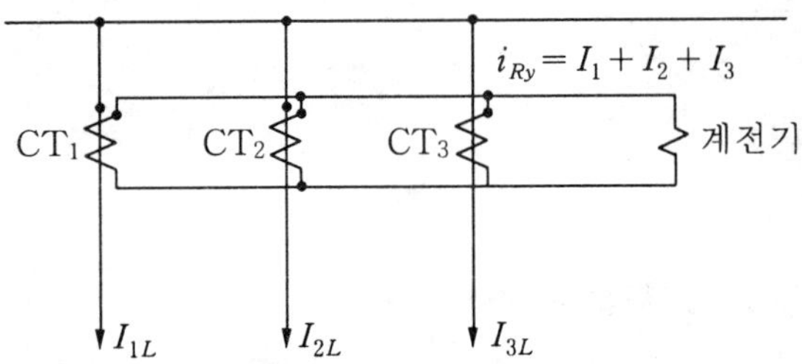

❖❖ 그림 3-13 병렬접속 ❖❖

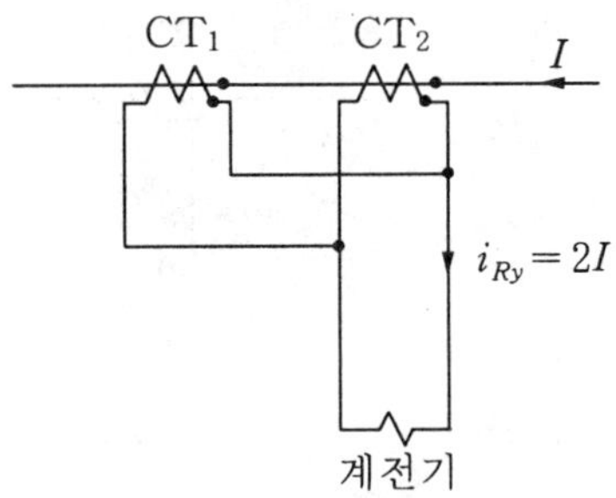

❖❖ 그림 3-14 직병렬접속 ❖❖

이 때문에 오차특성개선을 목적으로 그림 3-14와 같은 2대의 동일 정격인 변류기의 1차측을 직렬로, 2차측을 병렬로 접속하는 것은 무의미하다는 것을 알 수 있다. 이런 접속에서는 부담에 흐르는 2차 전류가 변류기 단독접속일 때의 2배가 되고 부담 임피던스 Z를 같게 하면 변류기의 전부담 I^2Z는 단독접속일 때의 4배로, 개개의 변류기에 걸리는 부담은 단독접속일 때의 2배가 되어 오히려 비오차특성은 나빠진다.

(8) 차동접속

차동접속은 병행 2회선의 보호나 변압기의 차동보호 등에 사용된다. 그림 3-15와 같이 2회로인 변류기의 2차측을 교차하게 접속하고 그것을 교로해서 계전기를

삽입한다. 계전기에 흐르는 전류 I_{Ry}는

$$i_{Ry} = I_{1L} - I_{2L}$$

가 되고, 상시의 $I_{1L} = I_{2L}$인 경우에는 2차 전류는 양변류기를 환류하고 계전기에는 오차분 밖에 흐르지 않는다. 사고전류가 한쪽 회선에 흐르거나 혹은 양회선의 전류방향이 반대가 되었을 때는 양회선 전류의 벡터차가 계전기에 흐른다. 이 접속에서는 양변류기의 오차가 그대로 계전기에 흐르므로 조합하는 변류기의 특성을 정상전류에서 사고전류의 범위까지 갖추어야 한다.

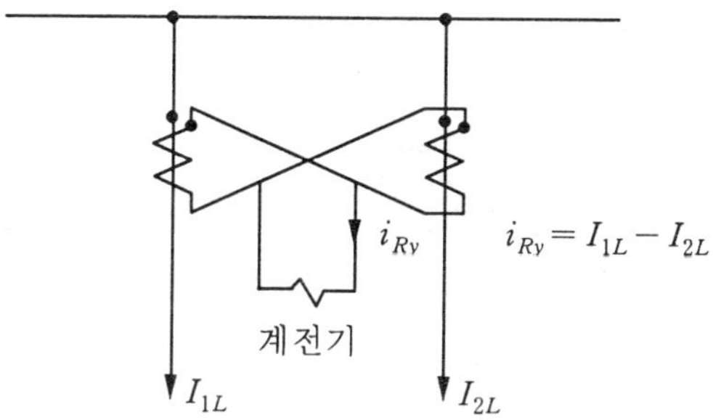

❖❖ 그림 3-15 차동접속 ❖❖

(9) 영상변류기의 접속

영상변류기는 3상 전류를 1차 전류로 하는 변류기이다. 그림 3-16과 같이 1차 전류를 I_R, I_S, I_T, 이것 때문에 철심에 생기는 자속을 Φ_R, Φ_S, Φ_T라 하고 이것들에 대응하는 2차 전류를 i_R, i_S, i_T라 하면, 1차 전류에 영상전류가 포함돼 있지 않을 때는

$$I_R + I_S + I_T = I_{R1} + I_{R2} + I_{S1} + I_{S2} + I_{T1} + I_{T2} = 0$$

따라서, $\Phi_R + \Phi_S + \Phi_T = 0$

$$i_R + i_S + i_T = 0$$

가 된다. 한편 지락사고시에는 1차 전류에 영상전류가 포함되므로

$$I_R + I_S + I_T = I_{R1} + I_{R2} + I_{R0} + I_{S1} + I_{S2} + I_{S0} + I_{T1} + I_{T2} + I_{T0}$$
$$= 3I_0$$

가 되어 철심에는 이것에 대응하는 자속 $3\Phi_0$가 생기고 2차측에는 $3i_0$가 흐른다. 이처럼 영상변류기는 원리적으로 각상의 정상 및 역상전류의 영향을 받지 않고 2차측에 영상전류를 얻을 수가 있다. 실제로는 철심의 불균일, 1차 권선 도체의 위치비대칭, 2차 권선분포의 불균일 등에 의해 철심과 1차 권선, 2차 권선간의 전자적 결합에 차이가 있으므로 권선에 정상, 역상전류에 의한 오차전류가 흐른다. 이것을 영상변류기의 **잔류전류**라 한다.

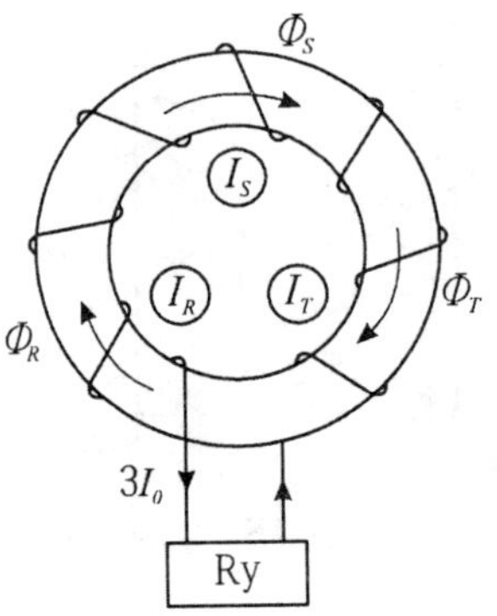

❖❖ 그림 3-16 영상변류기의 원리 ❖❖

영상변류기의 극성은 변류기와 마찬가지로 감극성이다. 그 단자부호도 변류기에 준하고 그림 3-17과 같이 정해져 있다.

영상변류기는 원칙적으로 1회로에 1대 사용되고 그 2차측을 서로 접속하지 않는다. 그러나 부하전류가 큰 회로에서 1회로에 복수의 회선이 병렬로 사용될 때는 영상변류기의 병렬접속을 하는 수도 있다. 이것은 그림 3-17 (a)와 같이 동일회로의 복수회선에 각각 따로따로 영상변류기와 계전기를 접속하면 주회로의 각상 임피던스의 차이 때문에 각회로의 3상 전류가 불평이 되고 거기에 기인하는 이른바 영상순환전류가 흐르므로 개개의 영상변류기의 2차측에도 영상순환전류 상당의 2차 전류가 흘러 계전기를 오동작 또는 오부동작시킬 염려가 있다. 이런 것을 방지하려면 그림 3-17 (b)와 같이 동일회선의 병렬회로는 모두 한 개의 영상변류기를 통과시켜야 한다. 그것이 불가능하면 그림 3-17 (c)와 같이 병렬로 설치한 영상변류기의 2차측을 병렬로 해서 한 개의 계전기에 접속한다. 이 때는 영상순환전류는 없앨 수 있으나 각 영상변류기에서 본 임피던스는 계전기와 다른 영상변류기의 임피던스가 병렬로 들어가게 돼 동작감도의 저하는 피할 수 없다.

영상변류기의 2차측 접지는 변류기와 동일하게 한곳만 배전반측에서 한다. 또 케이블 관통형을 적용할 때의 전원측 케이블시이스의 접지는 그림 3-18과 같이 접지선을 영상변류기를 통해서 접지한다. 만일 그림의 점선처럼 영상변류기를 통하지 않고 접지하면 지락사고시에 시이스를 흐르는 전류가 도체에 흐르는 전류를 상쇄하게 되어 오부동작의 원인이 된다.

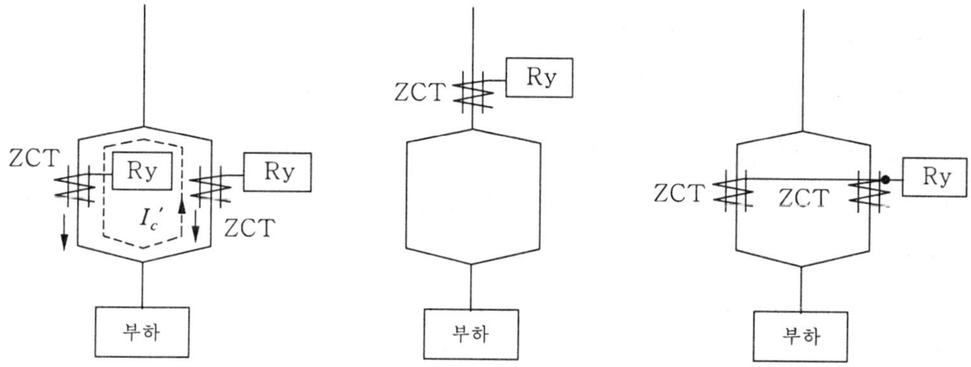

(a) (b) (c)

❖❖ 그림 3-17 영상순환전류 ❖❖

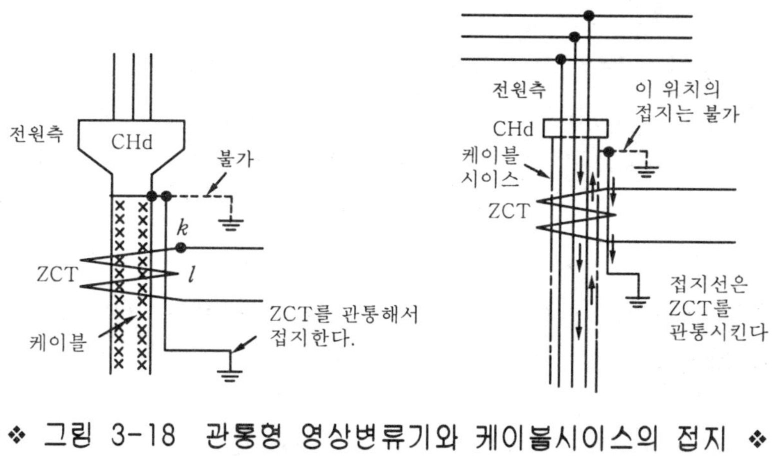

❖❖ 그림 3-18 관통형 영상변류기와 케이블시이스의 접지 ❖❖
(전원측에 설치하는 경우)

➽ 참고 : IPL과 FS

계측기용 CT에 대하여 IEC에서만 정의하였다.

① IPL(rated instrument limit primary current)란 CT 2차 부담이 정격부담인 때 계측기용 CT의 합성 오차(composite error)가 10[%] 또는 그 이상인 때의 1차 전류의 최소값을 말한다. 계통 고장으로 인한 높은 전류로부터 계측용 CT에 연결된 계측기 또는 이와 유사한 장치를 보호하기 위하여 합성 오차는 10[%]보다 커야 한다.

② FS(instrument security factor)란 정격 1차 전류와 IPL과의 비를 말한다. CT의 1차측에 계통 고장 전류가 흐를 경우 계측용 CT의 2차측에 연결된 계측기 또는 이와 유사한 장치는 FS값이 적을수록 안전하다. FS의 값은 특별히 정한 바 없으나, 계측기용일 경우 5 또는 10 이하가 좋다(IEC-185, 1987)

㊟ 정격 1차 전류와 변류비 선정시 고려할 점

일반적으로 계측기용 CT는 1차 정격 전류의 5~120[%]를 대상으로 한 반면 보호용 CT는 회로의 정상 상태를 대상으로 하지 않고 어떤 형태로든 회로의 고장상태 또는 비정상적인 과도 상태를 대상으로 하기 때문에 1차 정격 전류의 50[%] 이하는 그 대상으로 하지 않는다.

따라서, 정격 1차 전류는 회로의 최대 부하 전류를 계산하여 여유를 두어 선정한다. 일반적으로 수전 인입 회로와 변압기 보호는 최대 부하 전류의 125~150[%]로, 전동기 회로도 대체로 150[%]정도로 선정하면 큰 문제가 없다.

① 비접지 계통 : ZCT를 선정

② 고저항 접지 또는 저저항 접지 : 300/5[A] CT까지는 잔류 회로로, 300/5[A]를 초과시에는 100/5[A]인 3차 권선 CT를 선정하여 영상 분로 접속을 한다. 2차측 정격전류가 1[A]인 경우도 같다. CT 2차 및 3차 전류는 5[A]를 원칙으로 하되 CT와 계전기 사이가 멀거나 특별한 경우에는 1[A]로 할 수 있다. 단 보호 계전기에 따라서는 영상 전류를 자동적으로 계산하여 지락 보호하는 계전기가 있으므로 이런 계전기를 선택하는 경우에는 3권선 CT는 필요로 하지 않는다.

▶ 참고

① **정격 부담** : CT 2차에 연결된 계전기의 총 부담을 VA_1이라 할 때 CT의 정격 부담을 VA라면

$$VA > VA_1$$

$$VA_1 = \sum_{i=1}^{n} VA_i$$

여야 한다. 여기서 VA_1에 CT와 보호 계전기 사이의 전선로의 부담도 포함되어야 한다.

② **과전류 정수** : 원칙적으로 과전류 정수는 계통의 사고 최대 전류에서 CT가 포함되지 않도록

$$n \geq \frac{\text{최대사고전류}}{\text{1차 정격전류}}$$

가 되어야 하며, 과전류 정수는 CT 2차 부담에 따라 변한다.

또 과전류 정수는 보호계전기의 정격 내전류(1초간 흘릴 수 있는 최대 실효치 전류)에 의하여 수정되어야 한다. 계전기 내전류는 JEC에서는 $40I_n$이지만 제조사에 따라 다소 차이가 있으나 유럽에서는 $80I_n$이 통용되고 있다.

또한 보호계전기의 과부하 내량을 β라 할 때

$$\beta < \alpha$$

가 성립하여야 한다.

여기서 α는 CT의 과부담도로서

$$\alpha = \frac{\text{최대고장전류}}{\text{CT정격 1차 전류} \times \text{과전류정수}}$$

이다.

$\beta < \alpha$일 경우에는 CT의 1차 전류를 한 단계 올리든가 과전류 정수를 큰 쪽으로 수정하여야 한다.

③ **정격부담과 과전류 정수** : 과전류 정수×정격 부담≒일정

이므로 과전류 정수가 부족한 경우 비례로 정격 부담을 증가시키는 방향으로 CT의 부담을 수정한다.

3.3 계기용 변압기

3.3.1 개 요

보호계전기에 사용하는 계기용 변압기에는 전자형 계기용 변압기(Instrument voltage potential Device, CPD)가 있다. PT는 1차 권선과 2차 권선을 갖는 변압기로써 1차 권선은 전력회로에 직접 접속한다. 그 접속방법은 변압기의 정격 및 적용상의 요구에 따라 선간 또는 상-대지간 연결하는 두 가지가 있다. CPD는 콘덴서 분압기를 이용한 전압변성장치로써 1차 단자는 반드시 상-대지간에 접속한다.

3.3.2 계기용 변압기의 종류

(1) 절연 구조에 따른 분류

① 건식 PT : CT와 같이 비교적 저전압 옥내용으로 많이 사용된다.

② 몰드형 PT : 흡습에 의한 절연파괴를 방지하기 위하여 합성수지 또는 고무로 절연한 것으로 30[kV] 미만에서 많이 사용된다.

③ 유입형 PT : 절연유를 절연재료로 사용하기 때문에 외형은 탱크형으로 제작되고 비교적 고전압, 옥외용으로 많이 사용된다.

④ 가스형 PT : 절연유 대신 SF_6 Gas를 사용하여 탱크형으로 제작된다. 최근 GIS 설비에 사용되고 있다.

(2) 권선 형태에 따른 분류

① 권선형 PT : 1차 및 2차 모두가 권선으로 제작되어 권수비에 따라 변압비가 결정된다.

② C.C.P.D형(Coupling Capacitance Potential Device) : 고전압측을 권선 대신 커패시턴스를 이용하여 1차 전압을 분배시킨 후 사용하기 적당한 전압 탭을 만들어 이 전압을 권선형 PT로 필요한 전압을 얻는 방식이다.

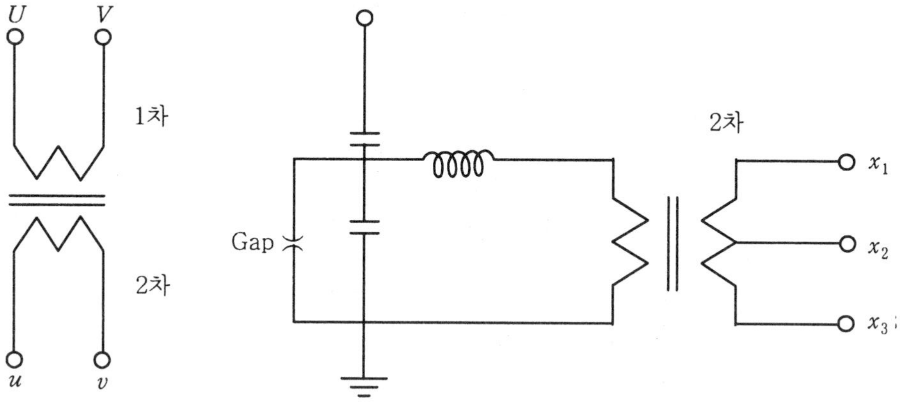

(a) C.C.P.D 형 (b) 권선형 PT

❖❖ 그림 3-19 권선 형태에 따른 분류 ❖❖

(3) 용도에 따른 분류

① 단상 PT : 한 상분의 PT가 한 대의 기기 속에 내장된 것으로 3상 측정을 위해서는 2대 E는 3대가 필요하다.

② 3상 PT : 한 대의 기기 속에 3상 모두를 측정할 수 있도록 제작된 PT이다. 정상분 또는 영상전압을 얻기 위해서는 3상 PT를 사용하는 것이 경제적이다.

③ 보조 PT : 단상 PT와 비슷하나 소폭의 전압조정, 위상조정, 절연 및 오차보상 등의 목적으로 사용된다.

3.3.3 계기용 변압기 극성

계기용 변압기의 단자에는 1차 권선과 2차 권선의 극성관계를 표시하는 기호가 있는데 그림 3-20과 같이 1차 단자의 U와 2차 단자의 u가 대응된다. 극성기초의 의미는 변류기의 경우와 같은 것으로써 전류가 U단자로 들어가면 u단자로 나온다. 3차 권선이 있는 경우에는 그 기호를 a, b로 표시하는데 a단자가 u단자에 해당된다.

1차 전압의 방향에 대하여 2차 전압의 방향을 나타내는 특성으로, 감극성은 1차 단자에 "+"측이 가할 경우 2차 u단자도 "+"측이 되며, 가극성은 이와 반대이다. 우리나라에서는 감극성을 표준으로 한다.

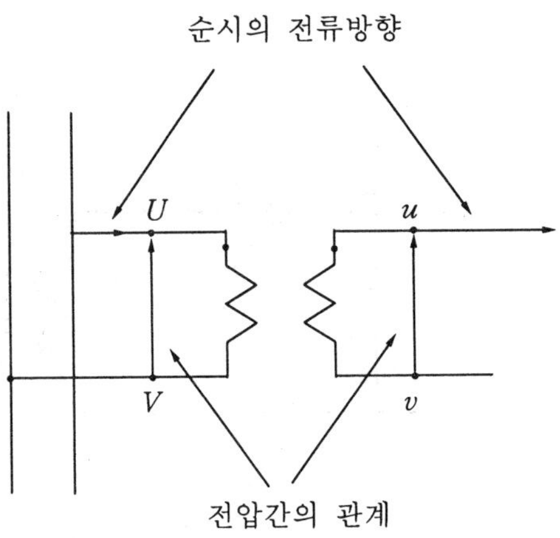

❖❖ 그림 3-20 극 성 ❖❖

3.3.4 계기용 변압기의 부담

부담이란 계기용 변압기의 2차 단자간에 연결된 외부 부하임피던스를 말하는 것으로 일반적으로 정격 2차 전압으로 하여 부하에 소비되는 볼트 · 암페어[VA]로 표시한다. 몇 개의 부하를 병렬로 연결하여 사용하는 경우에는 개개의 VA를 산술적으로 합산한 값을 연결하여 사용하는 경우에는 개개의 VA를 산술적으로 합산한 값을 전부담 VA로 보아도 좋다.

계기용 변압기에서는 전부담 VA가 정격부담이내에 있으면 비오차, 위상오차가 적어서 보호계전기의 목적에는 실제상 지장이 없다.

(1) 2차 부담

2차 회로에서 오차범위를 유지할 수 있는 부하 임피던스를 VA로 표시하며 아래와 같다.

$$VA = V_2^2 / Z_b$$

여기서, VA : 부담[VA], V_2 : 정격 2차 전압[V], Z_b : 계전기, 계측기 및 2차 케이블을 포함한 총부하[Ω]

① **2차 회로** : PT 회로의 1차 전류는 PT 2차 회로의 상태에 따라 결정된다. 즉

2차 회로가 개방되어 있으면 여자전류 뿐이고 부하가 연결되면 부하전류가 흐른다. 만약 단락되면 단락전류가 흘러 소손 될 우려가 있다.

② 오차 발생 : PT 2차 부하는 병렬로 접속되기 때문에 부하가 증가하면 부하임피던스는 감소하고 정격부담을 초과하여 감소하면 오차가 발생한다.

③ 2차 단락 : 정격부담을 많이 초과하거나 단락상태가 되면 1차에는 단락전류가 흘러 소손되는 경우가 있다. 따라서 단락되지 않도록 주의한다.

(2) 퓨즈 사용

① 1차측 : 66[kV] 이하에서는 퓨즈를 사용하고, 154[kV] 이상에는 사용하지 않는 것이 일반적이다.

② 2차측 : 2차측에는 퓨즈를 사용하는 것이 일반적이다. 그러나 계전기회로, Voltage Regulator 회로, 영상 전압 회로 등에는 퓨즈를 설치하지 않는 것을 원칙으로 한다.

③ 전압 강하 : 퓨즈 사용으로 인한 2차 회로의 전압강하는 0.1[%] 이하이어야 한다.

3.3.5 계기용 변압기의 특성

(1) PT Ratio

① 변압비 : 1차 전압에 대한 2차 전압 크기의 비이다.

② 비오차 : 공칭변압비와 측정변압비 사이에서 얻어진 백분율 오차이다.

$$\text{비오차} = \frac{\text{공칭변압비} - \text{측정변압비}}{\text{측정변압비}} \times 100[\%]$$

③ 비보정계수(Ratio Correction Factor) : 비오차 표시방법중 한가지로서 위상각 오차까지를 포함한 계수로서 아래와 같이 구한다.

$$\text{R.C.F} = \frac{\text{측정변압비}}{\text{공칭변압비}}$$

(2) 오차계급

표 3-6 PT의 오차계급 비교표

구분 / 국별	계전기용			계기용		
	계급	부담	허용오차	계급	부담	허용오차
한국 (ESB-143)	0.5	(일반용)	±0.5[%]			
	1.0	〃	±1.0[%]			
	3.0	〃	±3.0[%]	0.3[W]	(전력수급용)	
	0.1	(표준형)	±0.1[%]	0.5[W]	〃	
	0.2	〃	±0.2[%]	1.0[W]	〃	
미국 (ANSI)	W	12.5	-	1.2	-	±1.2[%]
	X	25	-	0.6	-	±0.6[%]
	Y	75	-	0.3	-	±0.3[%]
	Z	200	-			
	ZZ	400	-			
	M	35	-			
영국 (BS)	E	-	±3[%]	A	-	±0.5[%]
	F	-	±10[%]	B	-	±1.0[%]
				C	-	±2.0[%]
일본 (JEC)	2차용			3차용		
	1.0	-	±1.0[%]	3G	-	±3.0[%]
	3.0	-	±3.0[%]	5G	-	±5.0[%]

3.3.6 계기용 변압기의 접속

계기용 변압기 접속방법은 Y접속(그림 3-21), △접속(그림 3-22), V접속(그림 3-23) 및 오픈 델타(Open Delta)접속 등이 있다. 상전압 및 선간전압을 만들기 위해서는 Y접속을 한다. CPD를 사용할 때에만 사용한다.

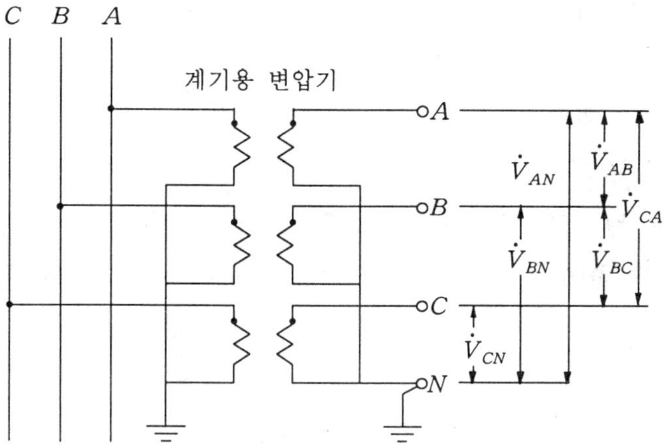

❖❖ 그림 3-21 Y접속 ❖❖

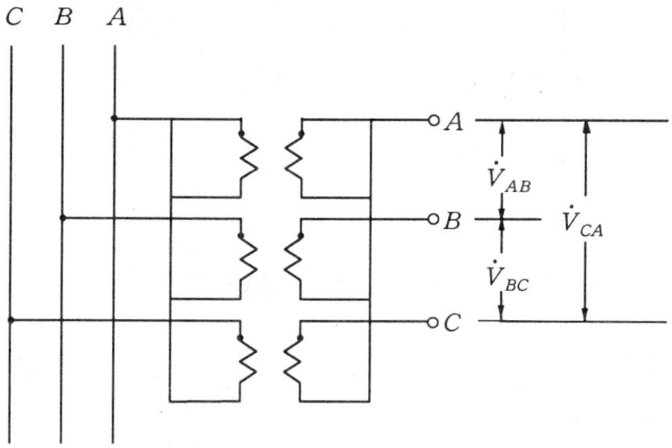

❖❖ 그림 3-22 △접속 ❖❖

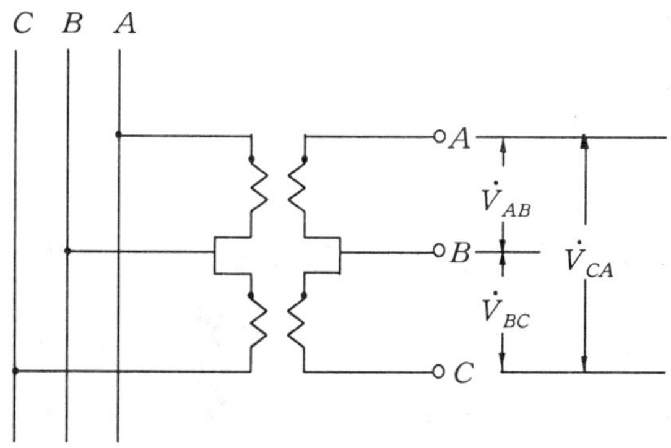

❖❖ 그림 3-23 V접속 ❖❖

계기용 변압기의 2차 회로는 변류기의 경우와 같으며 접지는 계전기측에서 잡는다. Y접속인 경우에는 그림 3-21과 같이 N상을 접지하는 것이 원칙이지만 B상을 접지하는 경우도 있다. B상 접지는 △접속 혹은 V접속한 PT와의 사이에 동기검정기 등을 접속하는 경우에 채용된다. △접속과 V접속에서는 그림에서와 같이 B상에서 접지를 잡는다. 계기용 변압기의 경우도 변류기의 경우와 같이 반드시 한점에서만 접지를 하여야 한다. 따라서 다중접지가 되지 않도록 주의하여야 한다.

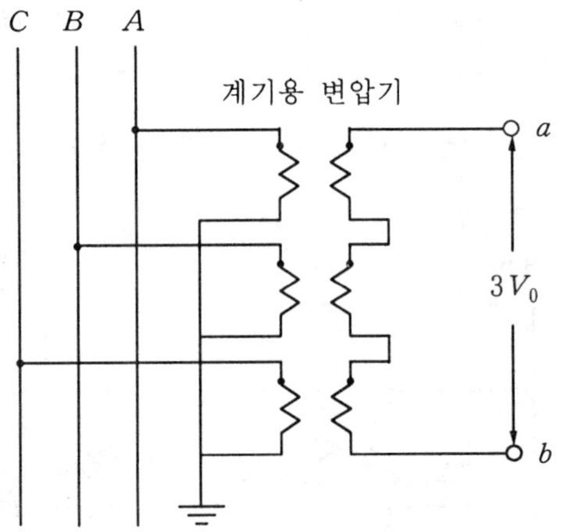

❖❖ 그림 3-24 오픈 델타 접속 ❖❖

지락방향계전기의 극성전압은 그림 3-24과 같이 오픈 델타접속으로 얻어진다. 단자 $a-b$간의 전압 V는

$$\begin{aligned} \dot{V} &= \dot{V}_A + \dot{V}_B + \dot{V}_C \\ &= \dot{V}_{A0} + \dot{V}_{B0} + \dot{V}_{C0} \\ &= 3\dot{V}_{A0} = 3\dot{V}_{B0} \\ &= 3\dot{V}_{C0} \end{aligned}$$

로 되어 3배의 영상전압이 극성전압으로 된다. 여기서 주의하여야 할 점은 일반으로 지락방향계전기의 극성전압으로는 $-3\dot{V}_0$을 사용하는 점이다.

이 때문에 단자 b를 계전기의 극성기준단자에 접속한다. 이때 접지는 a단자측이나 b단자측이나 간에 관계가 없다.

실제로 오픈 델타접속은 만약 계기용 변압기가 3차 권선이 있는 것이면 그림 3-25 (a)와 같이 1차 권선은 Y접속하고 3차 권선은 오픈 델타접속하면 된다. 2차 권선은 Y접속 또는 △접속으로 하여 단락계전기용에서 사용된다. 계기용 변압기가 2차 권선만 있다면 그림 3-25 (b)와 같이 1차 권선 및 2차 권선을 모두 Y접속하여 2차 권선에 단락계전기를 연결하고 또한 오픈 델타접속의 보조변압기를 추가 결선한다. 이 보조변압기의 출력을 지락방향계전기의 극성전압으로 사용한다.

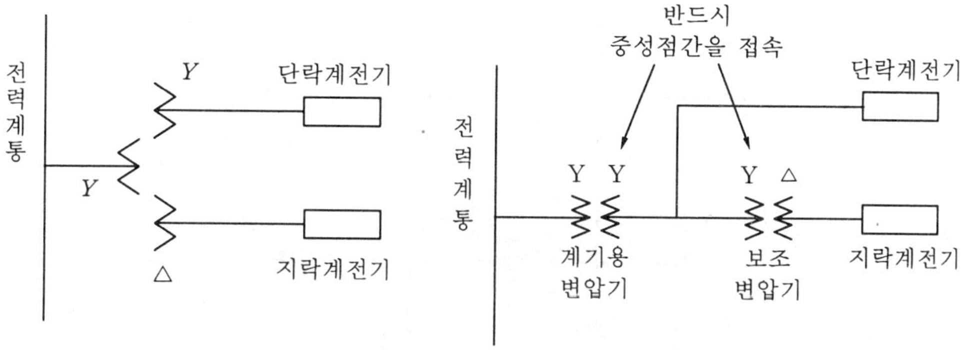

(a) 3차 권선부 계기용 변압기기의 경우 (b) 2차 권선부 계기용 변압기의 경우

❖❖ 그림 3-25 계기용 변압기의 접속 ❖❖

3.3.7 콘덴서형 계기용 변압기

콘덴서형 계기용 변압기에는 결합 콘덴서형 계기용 변압기(Coupling Capacitance Potential Device : CCPD) 및 부싱 콘덴서형 PD(Bushing capacitance PT : BCPD)가 있다. BCPD는 경제적이지만 2차 부담이 적다.

콘덴서형 PT는 그림 3-26과 같이 고전압을 일단 콘덴서를 사용하여 분압한 후 분압된 전압을 한번 더 변압기로 강압하여 2차 출력전압을 얻도록 되어 있다. 일반적으로 사용하고 있는 공진형에서는 부담과 직렬로 들어 있는 공진 리액터가 내장되어 있다.

이 공진리액터의 리액턴스 X_L는 등가회로에 표시된 콘덴서 리액턴스 X_{C1}, X_{C2}와

$$X_L = (X_{C1} \cdot X_{C2}) / (X_{C1} + X_{C2})$$

로 되도록 조정되어 있다. 따라서 $u-v$단자에서 본 CCPD의 내부 임피던스는 거의 영에 가깝다. 실제에는 X_{C2}는 X_{C1}에 비하여 매우 적은 것으로써 X_L는 X_{C2}와 같다고 보아도 좋다. 그러므로 만일 부담임피던스 Z_B가 0이면 X_L과 X_{C2}는 실제상 병렬공진회로를 구성한다.

3차 권선을 설치하는 경우에는 변압기에 권선을 추가로 설치한다.

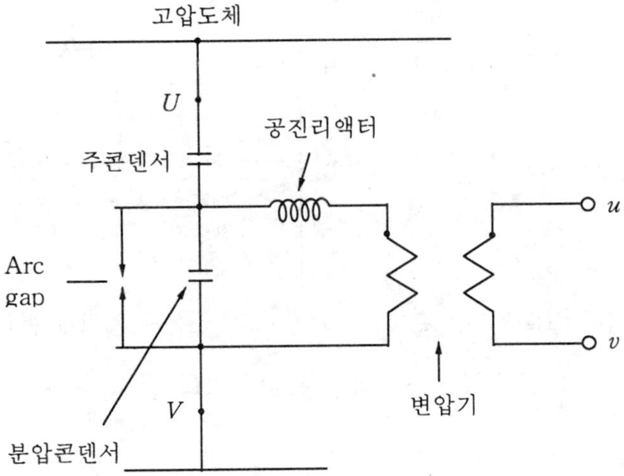

(a) 원리도

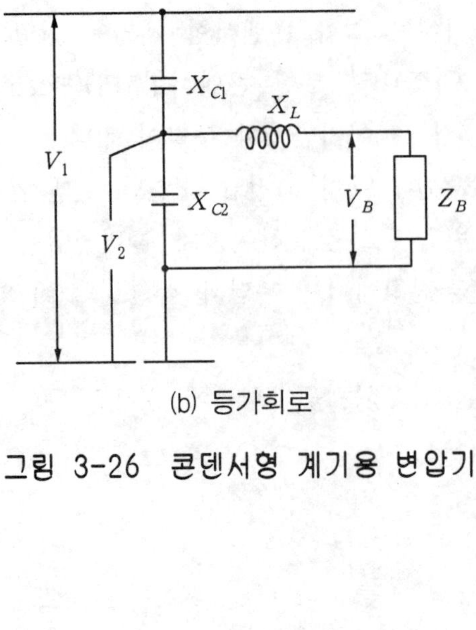

(b) 등가회로

❖❖ 그림 3-26 콘덴서형 계기용 변압기 ❖❖

제 4 장

보호계전기의 정정

4.1 보호계전기 정정의 기본사항

4.1.1 정정치 결정에 필요한 자료

보호계전기의 정정시 필요한 자료는 다음과 같다.

① 운전 상태 파악을 위한 계통자료(계통구성, 운전방식)
② 보호계전기를 설치한 회로자료(설비용량, 변류비, 부하 용량, 회로 임피던스, 모터의 기동전류 등)
③ 보호계전기 자료(시퀀스, 보호계전기 특성자료)
④ 고장전류 산출을 위한 자료 또는 고장 용량(단락, 지락)
⑤ 부하특성

4.1.2 계전기 동작치 결정

보호계전기의 정정은 보호대상 기기의 보호뿐만 아니라 계통 전체의 보호계전기와의 협조가 이루어져야 하므로 상위 계통의 보호계전기의 정정치 및 동작특성을 고려하여 정정하여야 하며, 계통운전 상태가 정상적인 경우와 비정상적인 경우에도 보호협조가 이루어지도록 동작치 결정을 하여야 한다. 예로써 주변압기가 2뱅크 병렬 운전중에 어느 하나가 사고로 계통 분리되는 경우 부하변동 및 변압기 중성점 접지의 변화 등에도 안정한 보호가 이루어지도록 할 필요가 있다.

보호계전기의 동작치 결정은 보호대상 최대 부하전류의 100[%] 이상으로 하여 각각의 보호방식에 맞도록 상시 최대 부하전류에 오동작하지 않는 범위로 한다.

4.1.3 협조곡선 작성

부하 및 보호대상 특성 및 전후단 보호계전기간의 동작 협조가 이루어지는가를 검토하기 위하여 협조곡선을 작성한다. 협조곡선은 Log-Log지에 작성하는데 횡축에는 전류눈금을 종축에는 동작시간을 표시하고 횡축의 전류는 정정해야 할 보호계전기가 설치되어 있는 계통의 전압을 기준으로 하는 것이 보통이다.

수용가 구내 보호계통의 협조곡선을 작성하는 경우는 보호계전기의 대부분이 고압(3.3[kV] 또는 6.6[kV]) 계통에 설치되어 있으므로 횡축 전류는 3.3[kV] 또는 6.6[kV] 기준으로 하고 수전 계통이나 저압 계통의 전류는 횡축 전류의 기준전압으로 환산하여 표기한다.

협조곡선의 작성은 다음과 같은 순서로 한다.

① 횡축전류의 눈금과 동작시간 눈금을 기입한다.

② 보호대상 범위를 정하고 협조 검토 용지의 우측상단에 보호계전기 관련 자료(계통의 구성, 계전기의 TYPE, 변성비, 고장용량 등)를 기입하여 계전기 동작치 결정 및 협조시에 참고토록 한다.

③ 보호대상 설비의 자료(변압기 정격전류, 여자 돌입전류, 단시간 허용전류 곡선, 케이블의 허용전류, 기동전류 특성 등)를 기입한다.

④ 각 지점에 대한 3상 단락 및 선간 단락사고 전류를 협조 검토 용지의 하부에 표시한다.

⑤ 수전점 보호계전기의 동작특성 또는 상위계통의 보호계전기 · 동작 특성을 기입한다.

⑥ 각 보호계전기 동작특성에 맞추어 최대 고장전류에 상위 보호계전기와의 동작 시간차가 0.4~0.5초 이상이 되도록 동작시간을 정한다.

⑦ 보호계전기에 순시요소가 있는 경우에는 보호구간의 최소 단락고장전류에 동

작이 가능하고 돌입전류나 2차측 단락고장전류에 동작하지 않도록 순시동작 전류치를 기입한다.

4.1.4 협조곡선 작성상 유의사항

협조곡선 작성시에 유의하여야 할 사항은 다음과 같은 조건을 고려하여야 한다.

① 순시 동작계전기는 전동기측에서 유입되는 고장전류를 고려하여야 하며, 한시요소의 동작은 고려하지 않는다.

② 선간 단락이나 1선 지락고장에서는 변압기 결선 방식에 따라 변압기 1차측에서 본 2차측 고장전류의 크기에 그림 4-1과 같이 차이가 있으므로 주의하여야 한다.

(1, 2차 전압비를 1로 한 전류비)

변압기 1차, 2차	상	전류	
		1차	2차
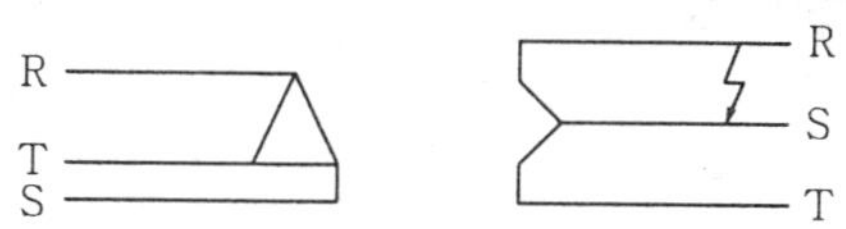	R	0.5	0.87
	S	1.0	0.87
	T	0.5	-
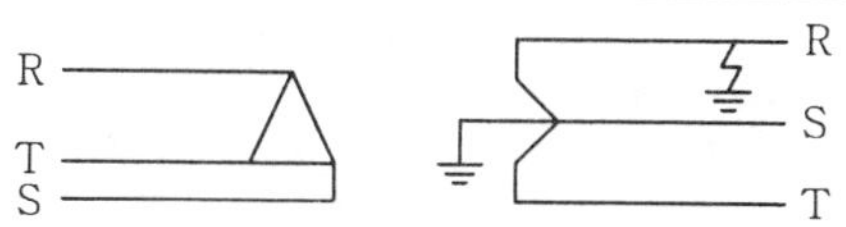	R	0.58	1.0
	S	0.58	-
	T	-	-
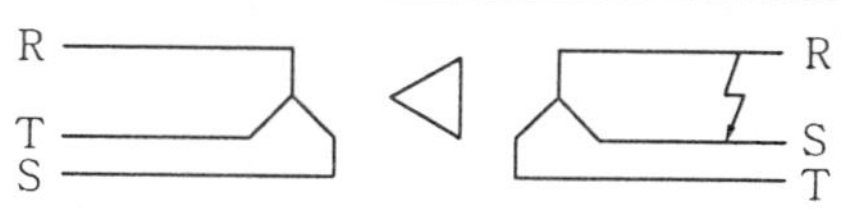	R	0.87	0.87
	S	0.87	0.87
	T	-	-
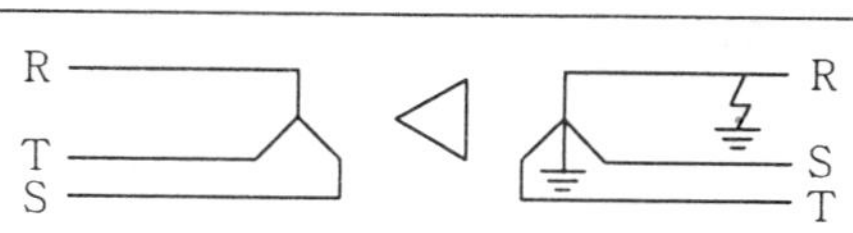	R	0.67	1.0
	S	0.33	-
	T	0.33	-
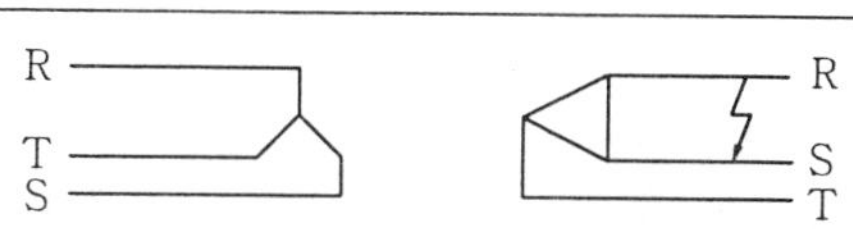	R	1.16	
	S	0.58	1.0
	T	0.58	1.0

❖❖ 그림 4-1 변압기 2차 사고에 따른 1차측 전류 ❖❖

③ 저압회로의 아크 사고에 의한 고장전류의 감소에도 확실한 보호가 되도록 한다.

④ 변압기 또는 콘덴서 등의 돌입전류에 오동작하지 않도록 순시동작계전기를 정정한다.

⑤ 기기의 단락 강도 한계 이전에 보호가 가능하도록 하여야 한다.

⑥ 여러 개의 부하에 전원을 공급하는 회로에 설치된 계전기는 대부분 부하가 운전중에도 새로운 부하의 기동시에도 안정하도록 한다.

⑦ 전동기의 기동전류와 같이 시간을 가지고 감소하는 전류에 동작하는 반한시성 계전기는 기동전류에 동작하지 않도록 동작시간을 결정한다.

4.2 보호협조곡선의 예

① 저압회로 부하용량이 커서 분기 부하선로에 기중차단기(ACB)를 설치한 계통은 분기부하선로의 ACB는 그림 4-2와 같이 장한시 특성과 순시동작 특성을 적용하고 상위계통의 ACB는 장한시 특성과 단한시 특성을 적용하여 적절한 보호 협조가 이루어지도록 한다.

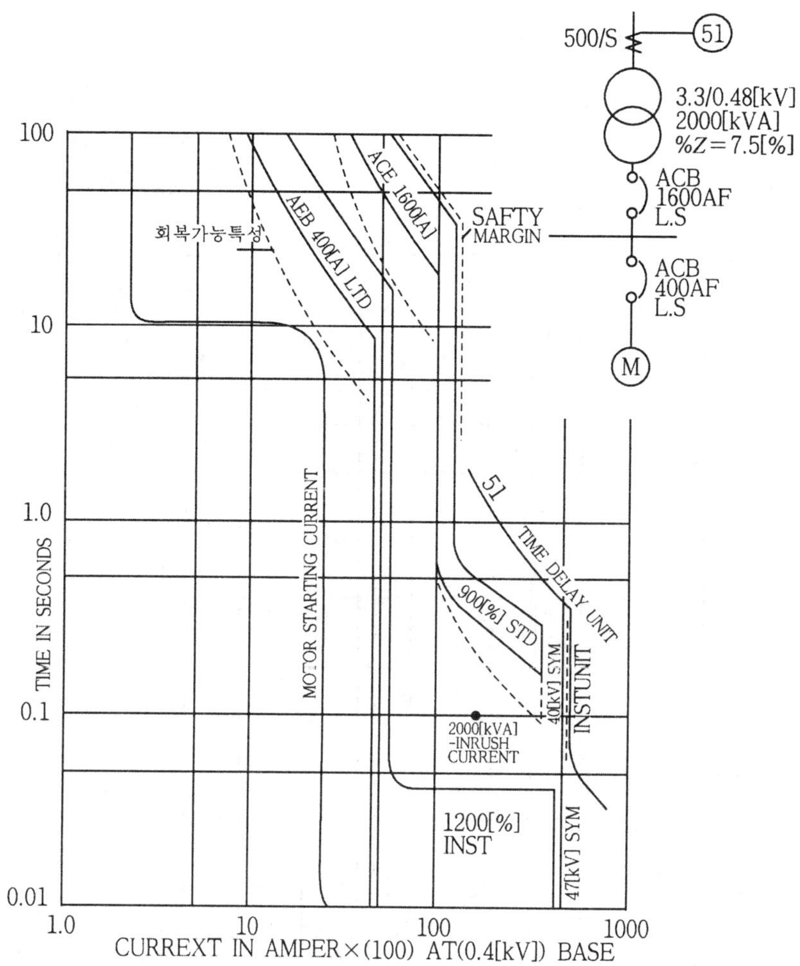

❖❖ 그림 4-2 ACB의 선택보호 협조 예 ❖❖

② 부하용량이 적은 계통에는 주간선 계통과 부하계통에 모두 NFB를 설치하는 것이 일반적인데 이런 경우에는 주간선 NFB의 차단용량보다 부하측 NFB 차단용량이 낮게 된다.

그림 4-2에 표시한 F지점의 단락사고에는 부하측과 간선에 설치된 NFB가 동시에 동작하여 정전범위가 확대되는 결점이 있으나 간선 NFB 순시동작 특성이 부하측 NFB 차단용량의 80[%] 이하로 되도록 선정하면 부하단 차단기의 차단용량을 어느 정도 낮은 제품을 적용할 수가 있어 경제적이 된다.

한편 부하단에 고장이 계속되고 있는 상태에서의 부하측 NFB를 수동 투입하는 경우에는 아크 에너지가 크게 되어 부하측 NFB가 파손될 수가 있어 위험

하므로 주의하여야 한다.

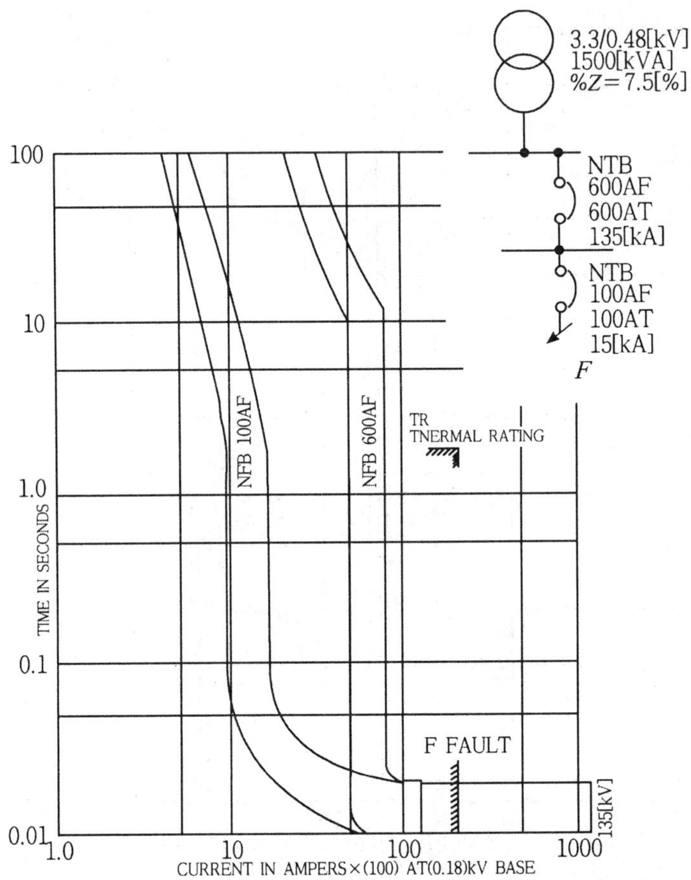

❖❖ 그림 4-3 NFB의 동작 협조 예 ❖❖

③ 변압기 1차측에 퓨즈를 사용하는 경우는 변압기의 1차측 단락전류에 고속 동작이 가능하여야 하며 퓨즈의 단시간 허용전류 특성 이하에 변압기 돌입전류 및 2차 계통 돌입전류가 있도록 정격선정에 유의하여야 한다.

만약 2차측 주차단기가 충분한 차단용량을 가지고 있는 NFB의 경우는 2차 단락사고시는 2차 NFB가 동작을 하도록 하고 퓨즈는 변압기 및 1차측 사고시에 주보호를 수행하고 2차측 사고시에는 약간의 시간이 지연 동작하도록 후비보호를 하도록 한다.(그림 4-4 참조)

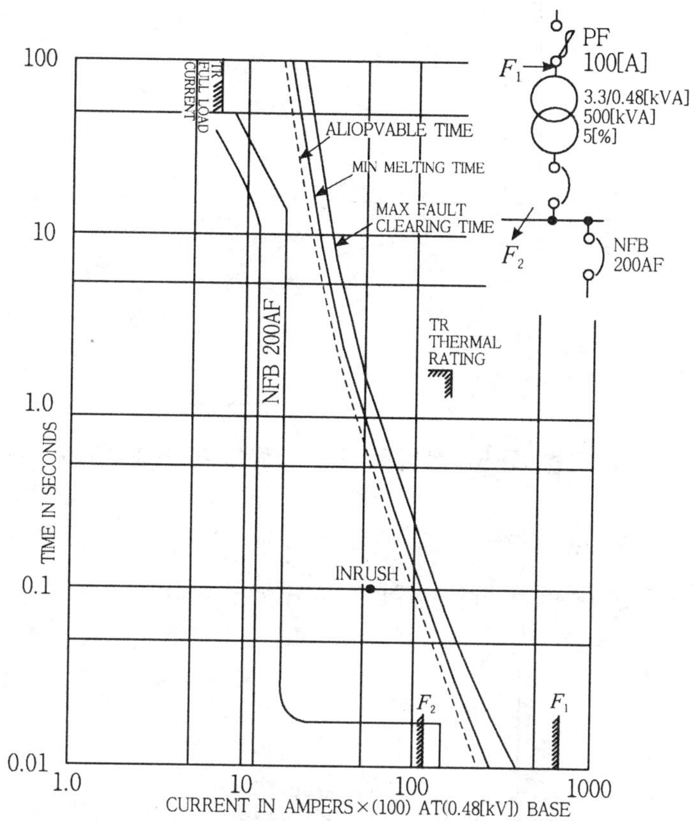

❖❖ 그림 4-4 변압기 1차측 퓨즈사용시의 협조 예 ❖❖

④ 전동기의 기동전류 및 소요량 발전기에서 유출되는 고장전류와 같이 시간에 따라 전류값이 변화하는 경우의 계전기 동작시간 결정은 협조곡선상의 협조시간차 T_o만으로는 판단하기가 곤란하다.

그림 4-5와 같은 협조곡선상에 전동기 기동전류보다 계전기 동작곡선이 상부에 위치하였으나 기동이 완료되기까지는 계전기 동작은 계속될 것이므로 시간이 점차 누적되어 T_t시간에 차단기를 차단하게 된다.

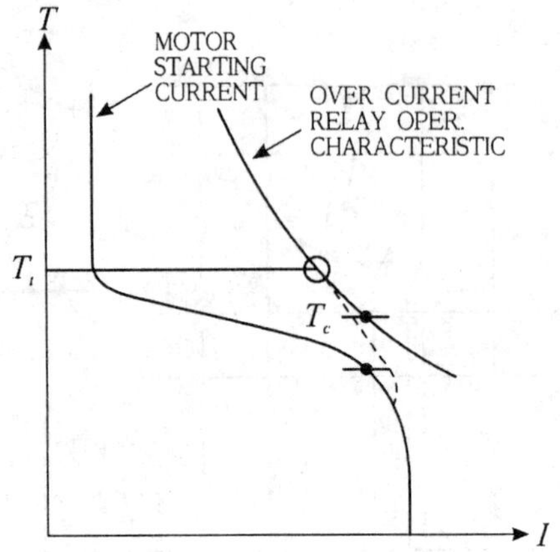

❖❖ 그림 4-5 전동기 기동전류와의 협조 ❖❖

그림 4-6의 면적 A가 B보다 클 때에는 계전기는 동작하게 되며 동작되는 시간 T_t는 면적 A가 면적 B와 같아지는 시간이 된다.

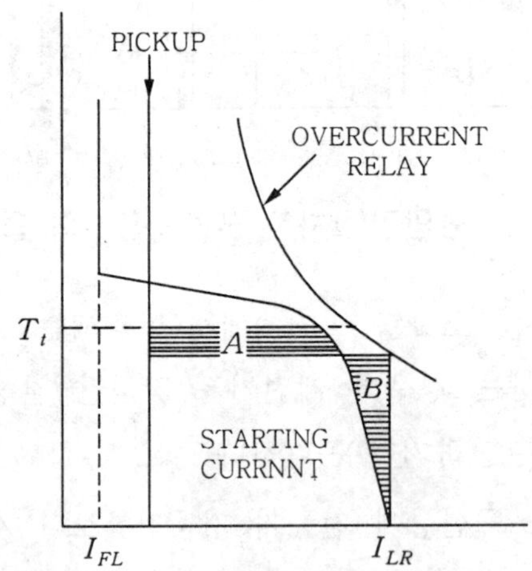

❖❖ 그림 4-6 전동기 기동전류에 의한 계전기 동작 ❖❖

⑤ 변압기 결선방식에 따른 계전기간의 협조유지는 그림 4-1에 나타난 바와 같이 1, 2차 전류는 서로 차이가 발생하게 된다.

그림 4-7과 같은 2차측 단락사고시에 1, 2차 계전기간의 협조시간 T_o는 협조곡선상의 원래 협조시간 T_o보다 적어지게 된다.

즉 $\Delta - Y$ 변압기의 1, 2차 계전기간 협조는 1차측 계전기는 2차 3상 단락전류에 동작하는 시간과 2차측 계전기는 2차 선간 단락전류에 동작하는 시간의 차이로써 구하여야 한다.

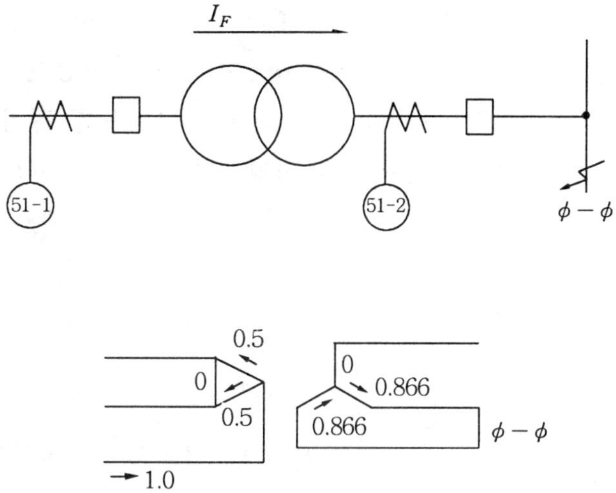

(a) 변압기 회로

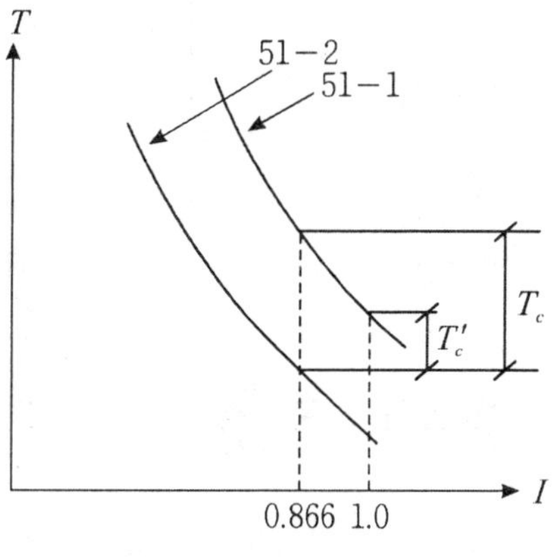

(b) 협조곡선

❖❖ 그림 4-7 변압기 1, 2차 계전기의 협조 ❖❖

⑥ 고압 전동기 회로에는 경제적인 이유로 차단기 대신 한류퓨즈와 진공접촉기 (VCS)를 직렬로 사용하는 경우가 있다.

이 경우 전동기 회로의 단락고장시는 퓨즈가 동작하여 보호하고 저항접지 계통에서 전동기 회로의 지락사고와 전동기 과부하와 같은 사고는 별도 보호계전기가 동작하여 진공접촉기를 동작시켜 보호를 수행하게 된다. 전동기 회로의 단락고장시에 퓨즈가 동작하기 이전에 전동기 보호용 계전기가 동작하여 진공접촉기를 동작시키면 진공접촉기는 고장전류를 차단하게 되므로 진공접촉기의 차단용량에 문제가 생기게 된다. 따라서 그림 4-8과 같이 진공접촉기의 차단용량(고압 진공접촉기는 통상 4[kA])에 해당하는 고장전류에 전동기 보호용 계전기의 한시 동작요소는 퓨즈보다 늦게 동작하도록 정정할 필요가 있으며 통상 안전을 위하여 진공접촉기의 차단용량의 80[%] 이하의 전류에서 동작시간 곡선이 겹치도록 정정한다.

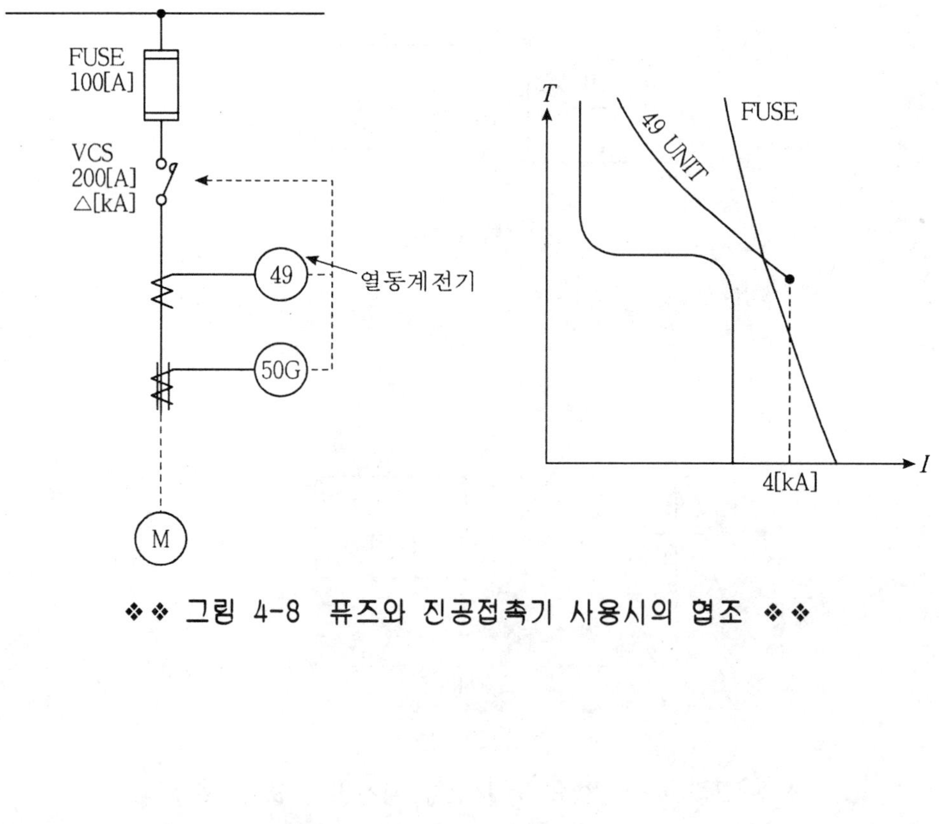

❖❖ 그림 4-8 퓨즈와 진공접촉기 사용시의 협조 ❖❖

▶ 참고

표 4-1 수용가 수전설비의 보호계전기 정정지침

계전기명	용도	동작치정정	한시정정
과전류계전기 (OCR)	단락보호	① 한시요소 : 계약최대전력의 150[%] ~170[%] ② 순시요소 : 수전변압기 2차 3상단락 전류의 150[%]	수전변압기 2차 3상 단락시 0.6초 이하 순시
지락 과전류계전기 (OCGR)	지락보호	① 한시요소 : 최대 계약전력 수전시 부하전류의 30[%] 이하로서 3상수전 불평형전류의 1.5배 이상 ② 순시요소 : 최소치에 정정	수전 보호구간 최대 1선지락 고장전류에서 0.2초 이하 순시
방향지락 계전기 (SGR)	지락보호	표준규격의 경우 별도의 정정을 요하지 않음	표준규격의 경우 별도의 정정을 요하지 않음
지락과전압 계전기 (OVGR)	지락보호	수용가 수전모선 1선 완전지락 사고시 계전기에 인가되는 최대영상 전압의 30[%]이하(단, 평상시 최대 잔류전압 150[%]이상)	
과전압계전기 (OVR)	과전압 운전방지	정격전압의 130[%]	정정치의 150[%] 전압에서 2초 정도로 정정
저전압계전기 (UVR)	무전압 또는 저전압시 분리용	정격전압의 70[%]	정정치의 70[%] 전압에서 2초

예 제 4-1 다음 수변전설비의 단선도에서 보호계전기를 정정하고 협조곡선을 그려라.

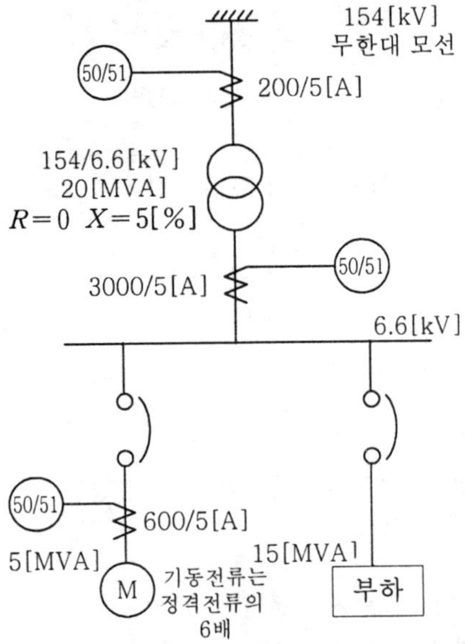

❖❖ 그림 4-9 ❖❖

해설

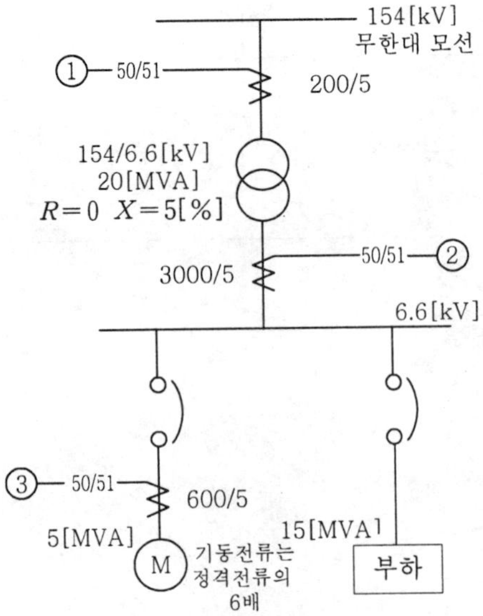

❖❖ 그림 4-10 ❖❖

※ 계전기의 정정

① 변압기 1차측 계전기(50/51)

정격 전류 $I_n = \dfrac{20\times10^3}{\sqrt{3}\times154} = 75[A]$

· 한시 전류 정정 Tap : 최대부하전류의 150[%] 적용(한전기준)

명판전류의 200~300[%] 정정

$75\times1.5\times\dfrac{5}{200} = 2.8[A]$

한시 Tap : 3[A] 선정

· 순시 전류 정정 : 2차측 3상단락전류의 130[%] 정정 (추천값 : 3상 단락전류의 125~200[%] 정정)

2차측 3상 단락전류

$$I_S = \frac{I_n}{Z_{pu}} = \frac{\frac{20\times10^3}{\sqrt{3}\times6.6}}{0.05} = \frac{1750}{0.05} = 34992[A]$$

$34992\times\dfrac{6.6}{154}\times\dfrac{5}{200}\times1.3 = 48[A]$

순시정정은 48[A]보다 큰 정정가능한 첫 번째 Tap

② 변압기 2차측 계전기(50/51)

· 한시 전류 정정 : 최대부하 전류의 130[%] 적용

$I = \dfrac{20\times10^3}{\sqrt{3}\times6.6}\times1.3 = 2275[A]$

$2275\times\dfrac{5}{3000} = 3.8[A]$

한시 Tap : 4[A]

· 순시전류 Tap : 정전 범위 확대를 고려하여 제거함

③ 모터 회로 보호용 계전기(50/51) : Long time inverse type 계전기 사용

기동시간은 15[sec] 이내로 본다. 한시정정 115[%]로 한다.

모터정격전류

$I_n = \dfrac{5\times10^3}{\sqrt{3}\times6.6} = 437[A]$

· 한시 전류 정정 : 한시는 정격전류의 115[%]로 정정한다.

$437\times1.15\times\dfrac{5}{600} \fallingdotseq 4[A]$

한시 Tap : 4[A]

· 순시 전류 정정 : 모터의 돌입전류(정격전류의 12배 정도)로 동작하지 말아야 하고

2상단락전류에 동작하여야 한다.

정격전류의 1200[%] 정정

$$437 \times 12 \times \frac{5}{600} = 44[A]$$

44[A]보다 큰 사용가능 첫 번째 Tap

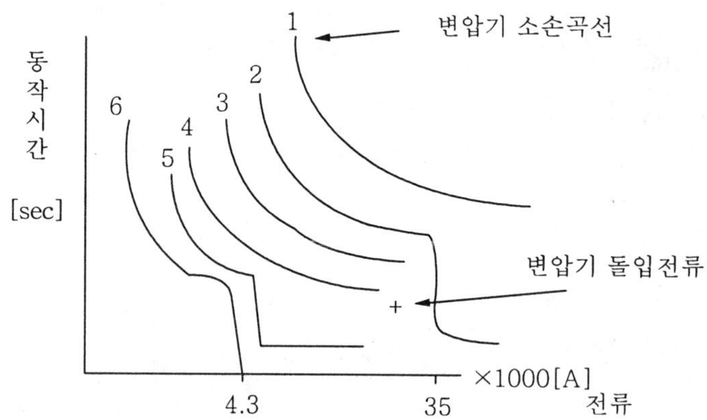

❖❖ 그림 4-11 ❖❖

▣ 보호협조 곡선

① 1번 곡선 : 변압기 소손 곡선

② 2번 곡선 : 변압기 1차측 계전기 동작곡선(계전기 ①) 변압기가 소손하기전에 동작되고 변압기의 돌입전류에 동작하지 말아야 한다.

③ 3번 곡선 : 모터 소손 곡선

④ 4번 곡선 : 변압기 2차측 계전기 동작곡선(계전기 ②) 분기 Feeder의 후비보호로 동작되어야 하므로 ①번 계전기 보다 빨리, ③번 계전기보다 늦게 동작되어야 한다.

⑤ 5번 곡선 : 모터 보호용 계전기 동작 곡선(계전기 ③) 모터가 소손하기전에 동작되고 기동전류에 동작되지 말아야 한다.

⑥ 6번 곡선 : 모터의 기동전류 곡선

예 제 4-2 다음 변압기의 154[kV] OCR, 22.9[kV] 종합 OCR 및 OCGR 정정을 하여라.

① 변압기 사양 : 3상, 154[kV]/22.9[kV], 45/60[MVA](OA/FA), $\%Z=$ 4.5(45 MVA 기준)

② CT Ratio 및 결선

- 154[kV] 측 : 400/5(Y), 22.9[kV]측(OCR용) : 2,000/5(Y)
- 22.9[kV] 중성점 CT(OCGR용) : 1,000/5

③ 보호계전기 사양

- 51P : Type=GCO-CIⅡD4(경보), 한시요소=4~12[A]
- 순시요소=20~80[A]
- 51S : 51P와 동일
- 51SN : Type=GCO-CIⅡD5(경보), 한시요소=0.5~2.0[A]
- 순시요소 : 10~40[A]

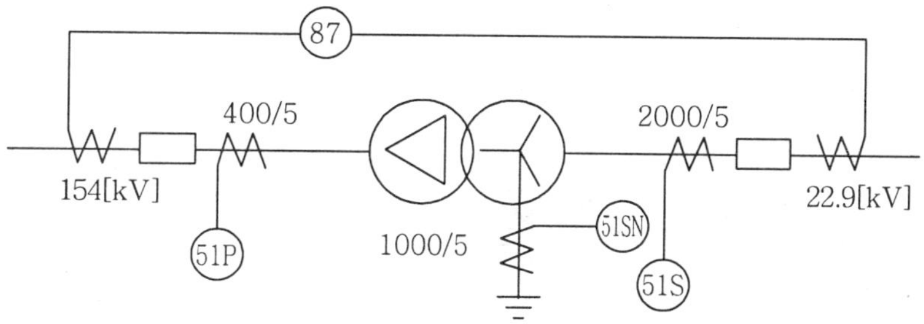

❖❖ 그림 4-12 ❖❖

해설 ① 정정에 필요한 자료 및 고려할 사항

- 수전점의 단락용량(100[MVA] 기준 $\%Z$) : 본 계전기 정정시 5[%]로 놓고 계산함.
- 변압기의 정격전압, 정격용량, % 임피던스
- 설치된 CT의 변류비
- 인접 계전기(전원측에서 보아 상위 또는 하위 보호계전기를 말함)의 정정치 및 특성.

② 154[kV]측 OCR(51P) : 51P는 수전회로 및 권선의 단락사고와 변압기 과부하 보호를 목적으로 하며 2차 또는 3차측 사고에 대한 후비보호 역할도 하고 있다.

㉠ 한시요소 동작전류 탭 : 최대정격전류의 150[%](CT의 2차)

$$\frac{60,000}{\sqrt{5}\times 154}\times 1.5\times\frac{5}{400}=4.21$$

∴ 탭 = 4.0

㉡ 순시요소 동작전류 : 22,9[kV] 모선 3상 단락전류의 250[%] 사고시의 전류는 초기 과도의 직류분이 포함된 비대칭분 전류로 대칭분보다 커지게 되어 이점을 고려해야 하며 특히 변압기 2차 모선 부근의 사고시에는 직류분 발생이 다른 어느 곳 보다 크며 이것은 고장점에서 전원단까지의 Imp. 중 X/R치에 관계되어 보통 변압기 2차(또는 3차)에서는 그 값이 20을 넘게 되며 이때 초기의 비대칭분은 대칭분의 200 [%] 이상에 달하게 된다. 따라서 통상 순시동작전류는 변압기 2차(또는 3차) 최대고장전류의 250[%] 정도의 전류에 정정한다.

· 100[MVA] 기준 M.Tr $\%Z=14.5\times 100/45=32.22[\%]$

∴ 22,9[kV] 모선의 3상 단락 전류의 250[%](CT 2차)는

$$100\times\frac{100}{5+32.32}\times 3.75(154\,[\text{kV}]\text{측 } 1[\text{MVA}]\text{당 전류})\times 2.5\times\frac{5}{400}=31.5[\text{A}]$$

한편 154[kV]측 2상 단락전류는 $100\times(100/5)\times 3.75\times(\sqrt{3}/2)\times(5/400)=81.24[\text{A}]$로서 순시요소를 31[A]에 정정시 충분히 동작한다.

㉢ 한시요소 동작시간 : 상위 및 하위계전기와 협조하여 동작하도록 하며 상대단 모선 2상단락시 70[N] 이하에 정정함.

· 22.9[kV] 2상 단락전류(CT 2차)

$$100\times\frac{100}{5+32.33}\times 3.75\times\frac{5}{400}\times\frac{\sqrt{3}}{2}=10.91[\text{A}]$$

· $10.91\div 4$(Relay의 Tap) $=2.73$

· GCO-CIⅡD4 계전기 TC Curve에서 Time Lever를 결정한다. 그 방법은 Curve의 273[%] 전류에서 70N(1.17초)와 만나는 점의 Lever는 1.6임. Lever를 정하였으면 그 Lever(1.6)에서의 200, 300, 500, 700, 1000[%] 전류가 흐를 때의 동작시간을 구한다.

③ 22.9[kV] 종합 OCR(51S) : 51S의 한시요소 동작전류와 시간공정은 51P와 동일하므로 생략함, 단 51S의 순시요소는 배전고장시 순시동작을 방지하기 위하여 사용치 않음(순시요소 접점은 Trip에서 분리함)

④ 22.9[kV] OCGR(51SN)

TIME & CURRENT CHARACTERISTICS

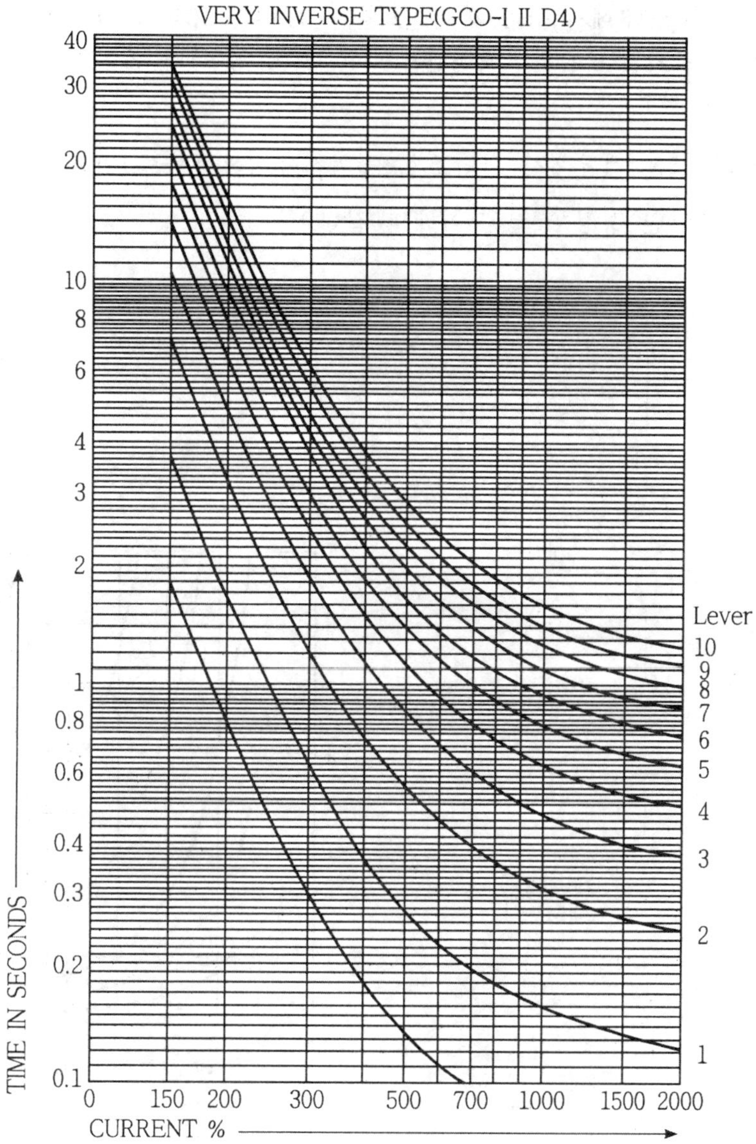

❖❖ 그림 4-13 ❖❖

㉠ 한시요소 : M.Tr정격전류의 30[%] 이하이면(CT 2차 전류)

$(60,000/\sqrt{3}\times22.9)\times0.3\times(5/1,000)=2.269$

∴ 한시 탭=2.0

㉡ 순시요소 : 사용하지 않음(Trip 분리)

㉢ 한시요소 동작시간 : 배전선 지락고장시 배전선의 OCR, OCGR과 0.4~0.5초의 보호협조 시간을 둔다. 배전선 인출 지락고장시 배전선 보호계전기가 30N에 동작될

경우 그 고장전류에서 51SN의 동작시간은 30+(0.4~0.5초)=54~60N이나 배전선에 재폐로를 사용할 경우는 복귀시간을 고려하여 70N까지 정정할 수 있다.

예제 4-3 그림과 같은 계통에서 단락보호용 과전류계전기 R_1, R_2, R_4, R_5를 정정하여라.(단 정정 조건은 아래와 같다.)

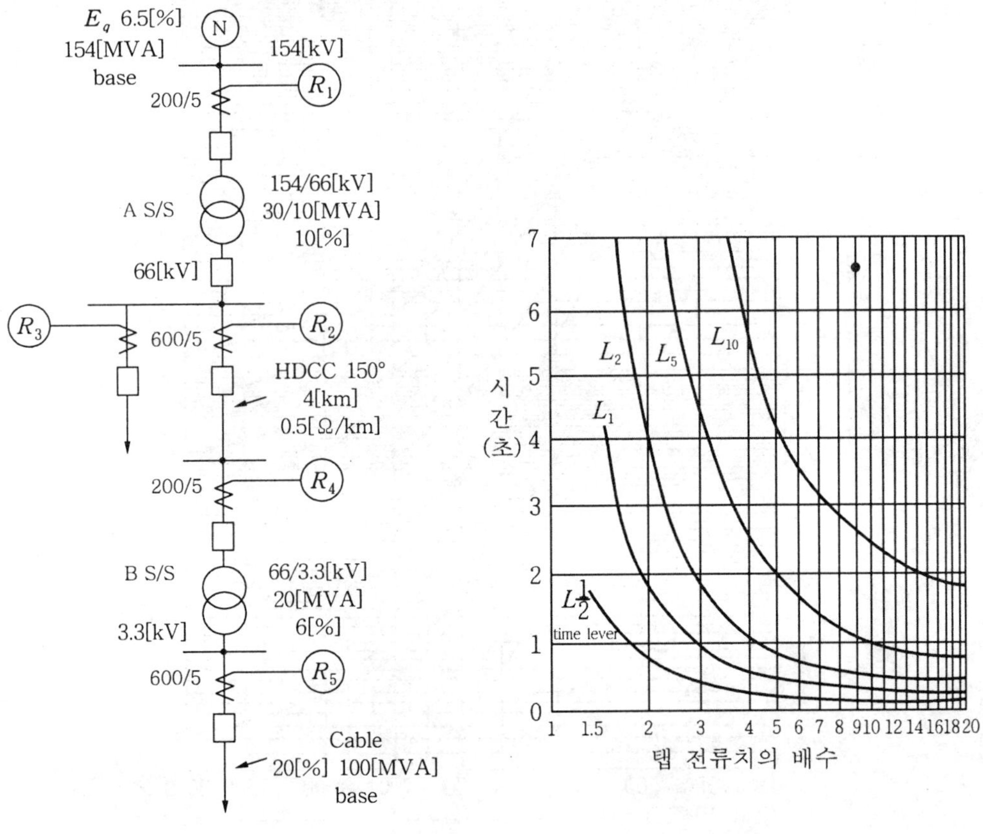

(a) 계통도 (b) WH Co-8 OCR(반한시의 I-t 곡선)

❖❖ 그림 4-14 계통도와 OCR 한시특성 ❖❖

해설

① A 변전소의 154[kV] 모선에서 본 전원 등가 임피던스는 6.5[%](100[MVA Base])이고, R_I OCR에 의한 고장제거 시간은 154[kV]측과의 협조상 1.25초 이하가 되어야 한다.

② CB 차단시간은 66[kV]급 이상은 0.1초, 3.3[kV]급은 0.2초이다.

③ 66[kV] 송전선은 HDCC 150[mm²]로서 안전전류는 550[A]이고 3.3[kV] Cable의 안전전류는 500[A]이다.

④ 회로의 임피던스는 리액턴스분만이라 보고, 66[kV] 송전선은 길이 4[km], 선로 리액턴스는 0.5[Ω/km] 3.3[kV] 케이블은 말단까지의 리액턴스가 20[%](100[MVA Base])라 한다.

⑤ 모든 OCR은 Tap 4, 5, 6, 7, 8, 10, 12[A]이고, 한시 특성은 그림 4-14 (b)와 같은 WH CO-8이라 한다.

우선 모든 회로 임피던스를 100[MVA]의 %Z값으로 환산하고 임피던스도를 작성한다.

· A S/S : Tr 임피던스는 30[MVA base]로 10[%]이므로 환산하면,

$$X_{T1}[\%]=10\times\frac{100}{30}=33.3[\%]$$

· 송전선 : $0.5[\Omega]\times 4[\text{km}]=2[\Omega]$, $\%X_1=\dfrac{PZ}{10V^2}[\%]=\dfrac{100000\times 2}{10\times 66^2}=4.6[\%]$

· B S/S : Tr 임피던스는 20[MVA] 기준 6[%]이므로, $X_{T2}=6\times\dfrac{100}{20}=30[\%]$

임피던스도는 그림과 같다.

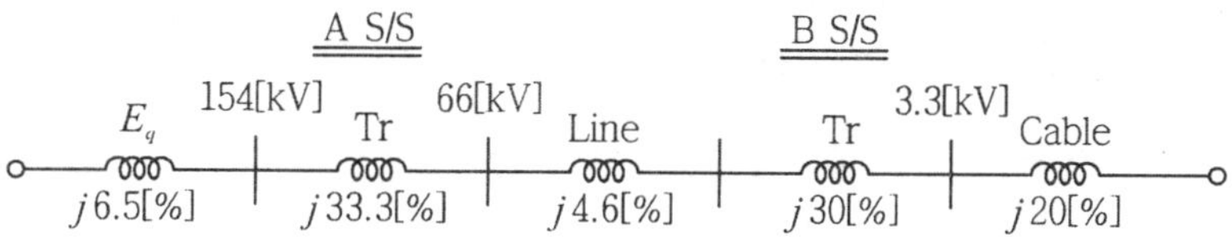

❖❖ 그림 4-15 임피던스도 ❖❖

다음에 각 지점의 3상 단락 전류를 구한다. 3상 단락전류가 2상 단락 전류보다 크므로, 큰 전류에서 OCR의 시간 협조를 시키면 적은 전류에서의 협조는 더 용이한 것이 일반이므로, 3상 단락 전류를 기준으로 시간협조를 하게 된다.

① 고장계산

㉠ B S/S 3.3[kV] Feeder 말단의 3상 단락

고장 MVA $P_s=\dfrac{100}{6.5+33.3+4.6+30+20}\times 100=105.9[\text{MVA}]$

3.3[kV]측 환산전류 $I_s=\dfrac{105900}{\sqrt{3}\times 3.3}=18.528[\text{A}]$

6.6[kV]측 환산전류 $I_s=\dfrac{105900}{\sqrt{3}\times 66}=926.4[\text{A}]$

㉡ B S/S 3.3[kV] 모선의 3상 단락

고장 MVA $P_s = \frac{100}{6.5+33.3+4.6+30} \times 100 = 133.4[\text{MVA}]$

3.3[kV]측 전류 $I_s = \frac{133,400}{\sqrt{3} \times 3.3} = 23,340[\text{A}]$

66[kV]측 전류 $I_s = \frac{133,400}{\sqrt{3} \times 66} = 1,167[\text{A}]$

㉢ B S/S 66[kV] 모선의 3상 단락

고장 MVA $P_s = \frac{100}{6.5+33.3+4.6} \times 100 = 255.2[\text{MVA}]$

66[kV]측 전류 $I_s = \frac{225,200}{\sqrt{3} \times 66} = 1,970[\text{A}]$

154[kV]측 전류 $I_s = \frac{225,200}{\sqrt{3} \times 154} = 844.3[\text{A}]$

㉣ A S/S 66[kV] 모선의 3상 단락

고장 MVA $P_s = \frac{100}{6.5+33.3} \times 100 = 251.3[\text{MVA}]$

66[kV]측 전류 $I_s = \frac{251,300}{\sqrt{3} \times 66} = 2,198.3[\text{A}]$

154[kV]측 전류 $I_s = \frac{251,300}{\sqrt{3} \times 154} = 942.2[\text{A}]$

㉤ A S/S 154[kV] 모선의 3상 단락

고장 MVA $P_s = \frac{100}{6.5} \times 100 = 1,538.5[\text{MVA}]$

154[kV]측 전류 $I_s = \frac{1,538,500}{\sqrt{3} \times 154} = 5,767.9[\text{A}]$

② 계전기 정정

㉠ R5 OCR

(Tap) : 선로허용전류의 150[%]로 하면

$500[\text{A}] \times 1.5 \times \frac{5}{600} = 6.25 \rightarrow \text{Tap } 6$

(Time Lever) : OCR pick up 전류는 $6 \times \frac{600}{5} = 720[\text{A}]$

케이블 말단 고장전류는 18,528[A]로 Tap치의 $\frac{18,528}{720} = 25.7$배 이므로 충분히 동작된다. Lever는 최소인 0.5로 하면 OCR 동작시간은 그림 (b)에서 0.15초이고, 차단기 차단시간 0.2초와 합하여 0.35초에 고장이 제거된다.

㉡ R4 OCR

(Tap) : 변압기 1차 정격전류(175[A])의 160[%]로 하면

$175 \times 1.6 \times \frac{5}{200} = 6.998 \rightarrow$ Tap 7

(Lever) : OCR pick up 전류는 $7 \times \frac{200}{5} = 280[A]$

3.3[kV] 모선고장(=Feeder 인출단 고장)시 R_4, R_5 OCR은 시간협조 되어야 한다. (단, 단일 Feeder인 경우에는 시간협조가 반드시 필요치 않음)

3.3[kV] 모선 고장전류는 23,340[A]로 R_5 OCR Tap치의 32.4배, 동작시간은 0.14초이므로 고장제거 시간은 0.34초이다.

R_5 OCR가 R_5 OCR와 협조하기 위한 정정시간은 Relay시간, CB차단시간, 관성동작 시간을 0.1초, 안전시간을 0.2초로 보면 0.64초가 되어야 한다.

3.3[kV] 모선고장(Feeder 인출단 고장)시 66[kV]측 전류는 1.167[A]로서 R_4 OCR의 p.u치의 $\frac{1.167}{280} = 4.2$배이므로, 4.2p.u 전류에서 0.64초인 Lever를 그림 (b)의 한시특성곡선에서 구하면 Lever 1.5이다.

R_4 OCR가 만일 순시요소부(20~80[A]) OCR이라면 순시요소는 3.3[kV] 모선사고전류의 2배 즉, $1.167 \times 2 \times \frac{5}{200} = 58.35[A] \rightarrow 60[A]$로 정정하면 된다.

㉢ R_2 OCR

(Tap) : 선로허용전류가 550[A]이지만 부하는 20[MVA] 변압기뿐이므로, 그 정격전류 175[A]의 160[%]에 정정한다.

즉 $175 \times 1.6 \times \frac{5}{600} = 2.3 \rightarrow 4[A]$

이 경우에 B S/S에 변압기가 증설되면, Tap은 재 정정해야 한다.

(Lever) : OCR pick up전류는 $4 \times \frac{600}{5} = 480[A]$

B S/S 66[kV] 모선고장시 R_2는 R_4 OCR와 협조되어야 한다. B S/S 66[kV] 모선고장전류는 1,970[A]이며 R_4 OCR는 $\frac{1,970}{280} = 7.03$배로서 동작시간은 0.28초, 따라서 R_2 OCR는 $0.28 + 0.1 + 0.1 + 0.2 = 0.68$초 이상이어야 하므로, $\frac{1970}{480} = $ $= 4.1[p.u]$에서 0.68초인 것은 Lever 1.6이다. A S/S 66[kV] 모선 고장시 R_2 OCR 동작시간은 $\frac{2198.3}{480} = 4.6$배에서 0.65초이다.

㉣ R_1 OCR

(Tap) : 변압기(40[MVA]) 정격전류 150[A]의 1.6배로 하면

$$150 \times 1.6 \times \frac{5}{200} = 6.0 \rightarrow \text{Tap } 6$$

(Lever) : OCR pick up전류는 $6 \times \frac{200}{5} = 240[A]$

A S/S 66[kV] 모선고장시 R_1은 R_2 OCR와 협조되어야 한다. A S/S 66[kV] 모선 고장전류는 2,198.3[A], R_2 OCR는 $\frac{2,198.3}{480} = 4.6$배로, 동작시간은 0.65초이므로 R_1 OCR은 $\frac{942.2}{240} = 3.93$배에서 $0.65 + 0.1 + 0.1 + 0.2 = 1.05$초 이상이어야 한다. 따라서 Lever 2로 정정한다. 154[kV] 모선사고 전류 5,767.9[A]에서는 $\frac{5,767.9}{240} = 24$배이며 동작시간은 0.2초 정도이다. 따라서, 고장제거 시간은 0.3초이며 제한조건인 1.25초 이하이므로 문제가 없다.

이상의 정정과정을 Relay setting sheet에 정리하면 다음과 같다.

표 4-2 Relay setting sheet

Feeder명	Relay Setting			Fault level		C.T Ratio	pick up amp	p.u 배수	Relay 동작시간(초)	비 고
	Type	Tap	Lever	MVA	A					
㉠ 3.3[kV] Feeder 말단 3 ϕ fault(B S/S)										
	OCR									
3.3[kV] Fdr R_5	CO-8	6	0.5	105.9	18,528	600/5	720	25.7	0.15	말단 고장이므로
66[kV] Tr 1차 R_4	〃	7	1.5	〃	926.4	200/5	280	3.3	1.25	Min으로 Setting
㉡ B S/S 3.3[kV] Bus 3 ϕ fault										
3.3[kV] Fdr R_5	CO-8	6	0.5	133.4	23,340	600/5	720	32.4	0.14	
66[kV] Tr 1차 R_4	〃	7	1.5	〃	1,167	200/5	280	4.2	0.64	
A S/S 66[kV]용 R_2	〃	4	1.6	〃	1.167	600/5	480	2.4	1.7	

Feeder명	Relay Setting			Fault level		C.T Ratio	pick up amp	p.u 배수	Relay 동작 시간 (초)	비 고
	Type	Tap	Lever	MVA	A					
ㄷ B S/S 66[kV] Bus 3 ϕ fault										
B S/S 66[kV] Tr 1차 R_4	CO-8	7	1.5	225.2	1,970	200/5	280	7.0	0.28	
A S/S 66[kV] Fdr R_2	〃	4	1.6	〃	1,970	600/5	480	4.1	0.68	
A S/S 154[kV]측 R_1	〃	6	2.0	〃	844.3	200/5	240	3.5	1.2	
ㄹ A S/S 66[kV] Bus 3 ϕ fault										
A S/S 66[kV] Fdr R_2	CO-8	4	1.6	251.3	2,198.3	600/5	480	4.6	0.6	
(A S/S 154[kV]측 R_1	〃	6	2.0	〃	942.2	200/5	240	3.93	1.05	
ㅁ A S/S 154[kV] Bus 3 ϕ fault										
154[kV]측 R_1	CO-8	6	2.0	1,538.5	5,767.9	200/5	240	24	0.2	<1.25 S

4.3 보호계전기의 정정과 보호협조(예)

전력설비사고에 대한 이상적인 보호를 위해서는 각각의 용도에 적합한 보호계전장치를 선택하여 서로 보호협조가 이루어지도록 동작치와 동작시간을 결정해줌으로서 사고시는 최소구간만을 최단 시간내에 계통으로부터 분리시켜야 한다.

여기서는 그림 4-16과 같은 수전설비계통에 대하여 각종 보호계전 장치를 선정하고 정정하기로 한다.

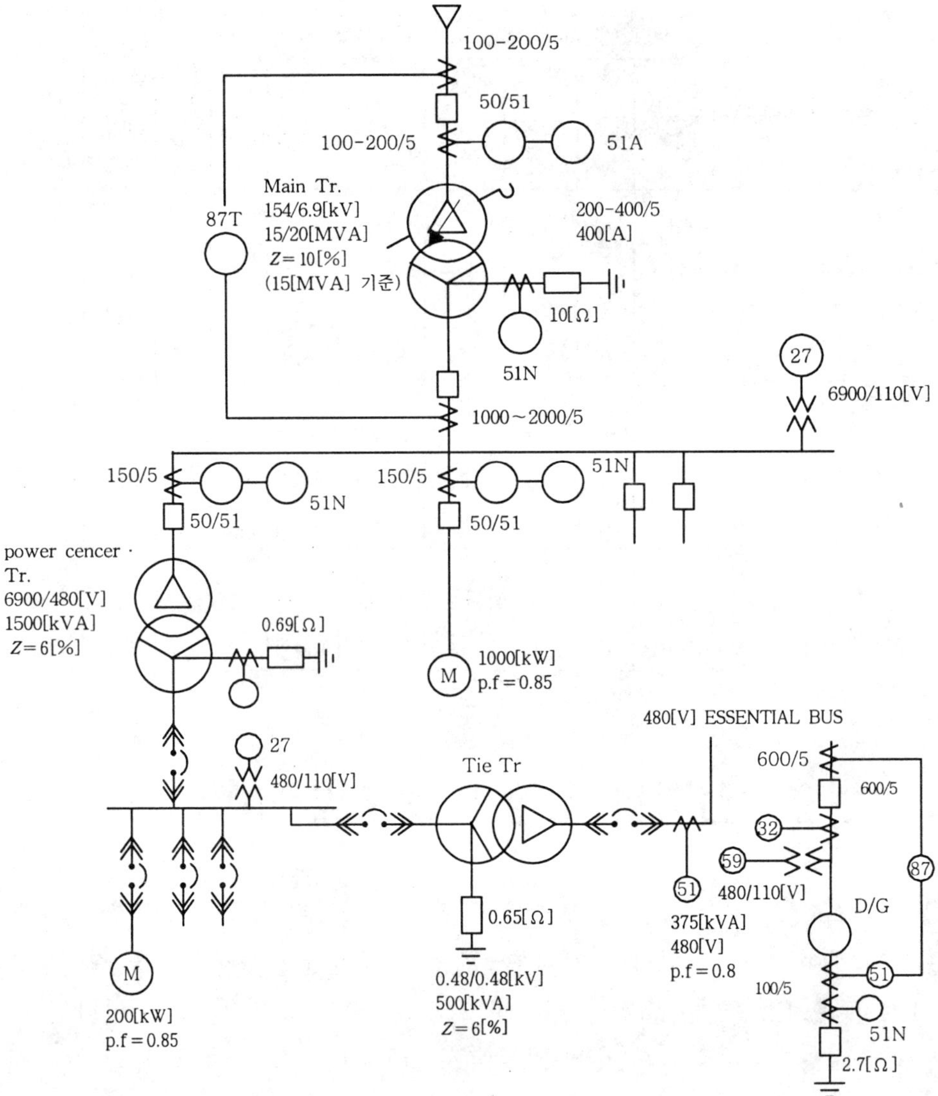
100-200/5
50/51
100-200/5
51A
Main Tr.
154/6.9[kV]
15/20[MVA]
Z=10[%]
(15[MVA] 기준)
87T
200-400/5
400[A]
10[Ω]
51N
27
6900/110[V]
1000~2000/5
150/5
51N
50/51
150/5
51N
50/51
power cencer ·
Tr.
6900/480[V]
1500[kVA]
Z=6[%]
0.69[Ω]
M
1000[kW]
p.f=0.85
480[V] ESSENTIAL BUS
27
480/110[V]
Tie Tr
600/5
600/5
32
59
480/110[V]
87
51
D/G
0.65[Ω]
375[kVA]
480[V]
p.f=0.8
M
0.48/0.48[kV]
500[kVA]
Z=6[%]
100/5
51
51N
200[kW]
p.f=0.85
2.7[Ω]

❖❖ 그림 4-16 ❖❖

4.3.1 주변압기 보호계전기

(1) 차동계전기(87T)

(가) 계전기사양

① type : SYT-2E1(Hitachi 제품)

② 정정범위

· 전류tap : 2.9-3.2-3.5-3.8-4.2-4.6-5.0-8.7

· 동작비율 : 20-40-70[%]

③ 특징

· 변압기 여자시 돌입전류에 의한 오동작방지를 위하여 제2고조파 억제요소 내장

· 순시요소 : tap전류의 1,000~1,500[%]에 동작

(나) 정정계산

① 전류 tap결정 : 전류 tap결정은 표 4-3과 같이 계산하여 결정하고 동작비율 결정을 위한 mismatching율을 계산한다.

표 4-3

구 분	154[kV]측	6.9[kV]측
정격전류	$I_N = \frac{20000}{\sqrt{3} \times 154} = 75.0[A]$	$I_N = \frac{20000}{\sqrt{3} \times 6.9} = 1673^A$
사용 C.T ratio	100/5	2000/5
M.Tr 정격운전시 C.T 2차 전류	$75^A \times \frac{5}{100} = 3.75[A]$	$1673^A \times \frac{5}{2000} = 4.18[A]$
C.T 2차회로 결선	Y	△
Ry유입전류	3.75[A] (I_p)	$4.18 \times \sqrt{3} = 7.24[A]$ (I_s)
전류 Tap 선정	ideal tap $= 8.7 \times \frac{3.75}{7.24} = 4.503[A]$ ∴ Tap = 4.6[A] (T_p)	Tap = 8.7[A] (T_s)

mismatch율 계산

$$\varepsilon = \frac{\frac{I_S}{I_P} - \frac{T_S}{T_P}}{\frac{I_S}{I_P} \text{와 } \frac{T_S}{T_P} \text{ 중 작은 값}} \times 100 = \frac{\frac{7.24}{3.75} - \frac{8.7}{4.6}}{\frac{8.7}{4.6}} \times 100 = 2.10[\%]$$

② 동작비율정정

- ULTC조정에 의한 오차 : ±10[%]
- Tap 선정시 mismatch : 2.1[%]
- C.T오차(±5×2) : ±10[%]
- 계전기 오차 : ±5[%]
- C.T Cable의 차이 및 부담의 차이 또는 기타 : ±5[%]
- 여유오차 : ±5[%]

합계는 −32.9∼+37.1[%]

∴ slop tap=40[%]에 결정

(2) 154[kV]측 과전류계전기(50/51)

(가) 계전기사양

① type : GCO-CI IID4(경보전기 제품)

② 정정범위

- 한시요소 : 전류 Tap : 4-5-6-7-8-10-12[A]
  Lever(time dial) : 0.5∼10
- 순시요소 : 20∼80[A]

(나) 정정계산

① 한시요소 전류 Tap : 주변압기 최대용량의 150[%]로 하면

$$I = \frac{20000}{\sqrt{3} \times 154} \times 1.5 \times \frac{5}{100} = 5.6[A]$$

∴ Tap = 5[A]

② time dial(Lever) : 부하측 과전류계전기들과의 시간협조를 고려하여 변압기 2차측 3상 단락고장시 동작시간이 1[sec]정도가 되도록 우선 정하고 그림 4-24 및 그림 4-25에서 시간협조를 검토한다. 변압기 2차측 3상 단락고장시 1[sec]

정도가 되도록 Time lever를 결정하려면

· 변압기 2차측 3상 단락고장전류 계산 : 154[kV] 수전점의 정상분등가 Imp.를 5[%](100[MVA]기준)이라 할 때

$$P_{3\phi}=100[\mathrm{MVA}]\times\frac{100\%}{5\%+10\%\times\frac{100}{15}}=139.5[\mathrm{MVA}]$$

이때 계전기에 흐르는 전류는

$$I=\frac{139.5\times1000[\mathrm{kVA}]}{\sqrt{3}\times154[\mathrm{kV}]}\times\frac{5}{100}=26[\mathrm{A}]$$

· 계전기에 흐르는 고장전류의 계전기에 대한 비율은

$$\frac{26[\mathrm{A}]}{5[\mathrm{A}]}=5.2\text{배}(520[\%])$$

· 계전기의 전류-시간특성곡선 : 그림 4-17에서 Time lever는 4.0임을 알 수 있다.

③ **순시요소 tap 정정** : 순시요소의 정정은 특히 다음사항을 고려하여 정정한다.

· 첫째 변압기 2차 모선근처 고장시(3ϕ단락) 계전기에 흐르는 전류의 200~250[%]에 정정하여 변압기 2차고장시 절대로 동작하지 않도록 6.9[kV] Feeder와 협조되도록 하여야 한다.

여기서 3상 단락전류의 200~250[%]에 정정하는 이유는 계전기의 순시요소가 대체로 2[Hz] 이내의 빠른시간에 응동됨으로 고장시 직류분을 포함한 비대칭전류를 고려하지 않을 수 없다.

비대칭분을 포함한 고장전류의 크기는 고장점으로 부터의 계통 임피던스 ($\frac{X}{R}$: 계통 레지스턴스에 대한 계통 레지스턴스와의 비)에 크게 좌우되는데 변압기 2차 근처 고장시는 대체로 변압기의 레지스턴스분이 대부분으로 $\frac{X}{R}$ 비는 15이상이다. 보통 $\frac{X}{R}>15$일때의 고장전류는 대칭분 전류의 1.55~2.0배이며 여유를 두어 250[%]까지 고려하는 것이다.

· 둘째 변압기 charging시 여자 돌입전류에 동작치 말아야 한다. 여자 돌입전류의 크기 및 감쇄시간은 표 4-4와 같다.

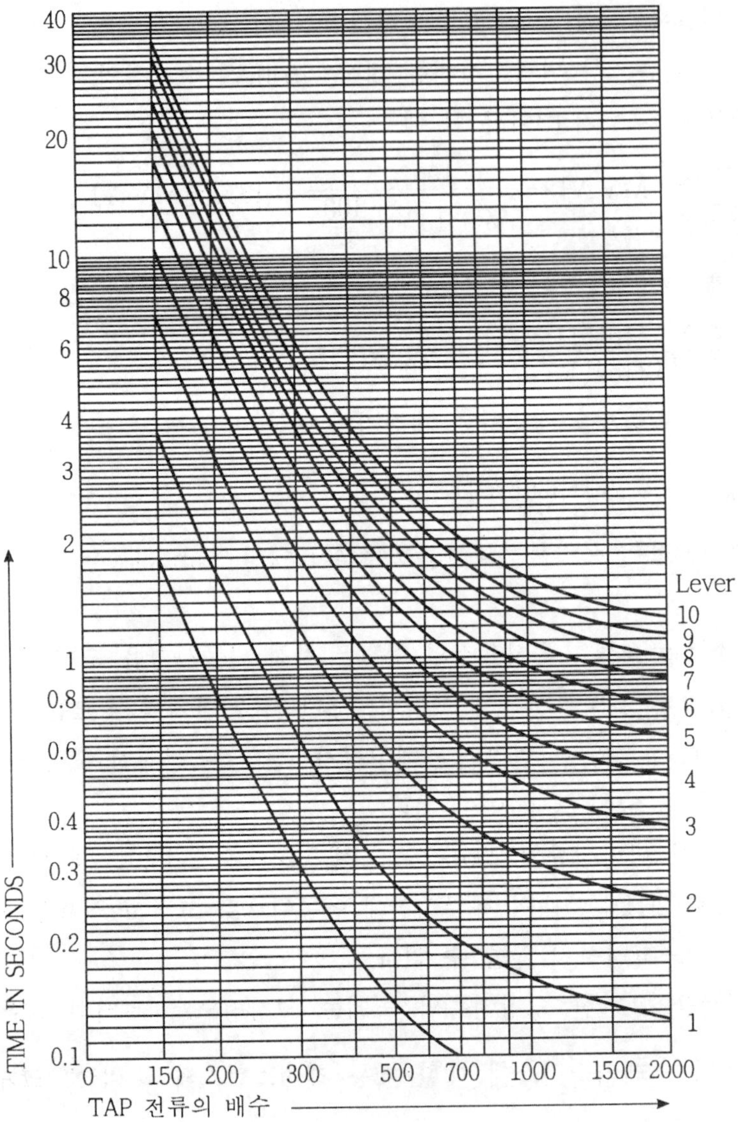

❖❖ 그림 4-17 TIME AND CURRENT CHARACTERISTICS(O.C.R, O.C.G.R)❖❖

표 4-4 여자 돌입전류의 실예

(a) 단상 및 3상 변압기의 대표적인 여자 돌입전류 평균치

kVA	(여자 돌입전류 최대치/전부하전류 최대치) 배수			
	냉간압연강판		열간압연강판	
	HV	LV	HV	LV
500	11	16	6.0	9.4
1,000	8.4	14	4.8	7.0
5,000	6.0	10	3.9	5.7
10,000	5.0	10	3.0	3.2
50,000	4.5	9	2.5	2.5

· HV : 고압측을 여자하는 경우
· LV : 저압측을 여자하는 경우

(b)

[kVA]	최초의 여자 돌입전류 최대치의 50[%]에 달하는 시간
500～1,000	최대 8～10[C/S](변압기 설계에 따라 다름)
1,667～10,000	최대 10～60[C/S](변압기 설계에 따라 다름)
10,000 이상	최대 60～3,600[C/S](변압기 설계에 따라 다름)

이와같은 2가지의 조건을 충족시키면서 보호구간(여기서는 차단기로부터 변압기 154[kV] 전선고장)내의 모든 단락고장에 충분히 동작되도록 정정하면

· ②항에서 변압기 2차측 고장전력이 139.5[MVA]이므로, 이때 계전기에 흐르는 전류는

$$i_{3\phi} = 139.5[\mathrm{MVA}] \times \frac{1000[\mathrm{kVA}]}{\sqrt{3} \times 154[\mathrm{kV}]} \times \frac{5}{100} = 26[\mathrm{A}]\text{이며}$$

순시요소 tap $= 26[\mathrm{A}] \times 2.5 = 65.37[\mathrm{A}]$

$\therefore$ Tap $= 65[\mathrm{A}]$

· 변압기 charging시 inrush current에 의한 순시요소 오동작 가능성을 검토하면 주변압기 정격전류 I_N는(154[kV]측)

$$I_N = \frac{20[MVA] \times 10^3}{\sqrt{3} \times 154[kV]} = 75.0[A]$$이며

inrush current의 크기는 표 4-4에서

$75.0[A] \times 5.0 = 375[A]$이고

relay에 흐르는 전류는 $375[A] \times \frac{5}{100} = 18.75[A] < 65[A]$이므로 변압기 charging시 여자 돌입전류에 의한 오동작 가능성은 없다.

· 또한 154[kV]측 단락고장시 계전기의 순시요소가 확실히 동작하여야 하므로 이를 검토하면 154[kV]측 2상 단락고장 전류는

$$I_{2\phi} = \frac{100[MVA] \times 100[\%]}{5[\%]} \times \frac{\sqrt{3}}{2} \times \frac{1000[kVA]}{\sqrt{3} \times 154[kV]} = 6493.5[A]$$

이며 계전기에 흐르는 전류는 $I_{2\phi} = 6493.5[A] \times \frac{5}{100} = 374.7[A] > 65[A]$이므로 계전기는 충분히 동작된다.

(3) 154[kV]측 지락과전류 계전기(51N)

(가) 계전기사양

① type : GCO-C I II D5(경보전기 제품)

② 정정범위

· 한시요소 : 전류 tap=0.5-0.7-1.0-1.5-2.0

Time dial=0.5~10

· 순시요소 : 10~40[A]

(나) 정정계산

① 한시tap 정정 : 지락 과전류계전기의 한시tap 정정은 부하불평형에 의한 오동작을 고려해야 한다. 부하 불평형은 대체로 최대부하의 30[%] Unbalance를 고려해야 되는데 본 주변압기는 154[kV]측이 비접지(△결선)이므로 주변압기 정격전류의 약 10[%]만 고려하여도 문제는 없다.

MTr.정격전류의 10%만 고려한 부하 불평형전류는

$$\frac{20000}{\sqrt{3} \times 154} \times 0.1 \times \frac{5}{100} = 0.375[A]$$

∴ Tap = 0.5A(Relay 최소 tap)

이때 주의할 점은 보호구간내의 최소고장전류에 계전기가 충분히 동작할 수 있어야 한다. 특히 지락고장은 아크 등 고장점 저항을 수반하여 발생되는데 고장점 저항을 예측할 수 없으나 최소지락 고장전류는 대체로 완전지락시의 20[%] 정도만 고려하여도 큰 문제는 없다. 고장점저항 Zero인 때의 지락고장 전류의 20[%]를 고려하였을 때 154[kV]측 전원등가 Imp.를 100[MVA] 기준으로 $Z_1 = Z_2 = 5[\%]$, $Z_0 = 10[\%]$로 가정하면 계전기에 흐르는 전류는

$$i_{1g} = \left(\frac{3 \times 100[MVA] \times 100}{Z_1 + Z_2 + Z_0 + 3Rg}\right) \times \left(\frac{1000}{\sqrt{3} \times 154}\right) \times 0.2 \times \frac{5}{100}$$

$$= \frac{3 \times 100 \times 100}{2 \times 5 + 10 + 0} \times \frac{1000}{\sqrt{3} \times 154} \times 0.2 \times \frac{5}{100}$$

$$= (1500[MVA] \times 3.75[A]) \times 0.2 \times \frac{5}{100} = 56.25[A]$$

∴ $56.25 > 0.5[A]$이므로 Relay는 충분히 동작한다.

② **한시요소** Time lever **정정** : 이 계전기는 주변압기 2차측 지락고장시에는 동작하지 않으며 따라서 MTr. 2차 부하측 계전기와의 협조도 고려할 필요가 없다. 그러나 진동등 외부충격에 의한 오동작을 고려하여 time lever를 약간 상향조정할 필요가 있다.

∴ Time lever = 1.0

이때 보호구간내 지락고장시 계전기 동작시간을 검토하면

· 154[kV]측 완전지락시(고장점저항 0[Ω])

$$1\text{선지락전류} = \frac{3 \times 100[MVA] \times 100}{2 \times 5 + 10 + 0} \times \frac{1,000}{\sqrt{3} \times 154} = 5,625[A]$$

$$\text{tap 전류에 대한 배수} = \frac{5625}{0.5 \times \frac{100}{5}} = 562.5\text{배}$$

계전기의 특성곡선에서 계전기 동작시간은 0.1[sec]정도이다.

· 고장점저항을 고려한 최소지락고장전류(최대고장전류의 20[%])는 1125[A]이므로

$$\text{tap 전류에 대한 배수} = \frac{1125}{0.5 \times \frac{100}{5}} = 112.5\text{배}$$

계전기 특성곡선(그림 4-17)에서 Relay동작시간은 약 0.12[sec] 정도이다.

③ **순시요소** tap**정정** : 순시 tap정정도 한시 tap정정과 마찬가지로 MTr. 2차측

지락고장시 154[kV]측 지락 과전류계전기가 응동하지 않으므로 MTr. 2차측 계전기와 협조시킬 필요가 없다. 따라서 계전기의 최소 tap에 정정하면

순시 tap=10A[min]

참고로 지락과전류계전기의 순시요소가 동작할 수 있는 지락고장점 저항을 계산하면

$$i_{1g} = \frac{3\times100\times100\,[\mathrm{MVA}]}{Z_1 + Z_2 + Z_0 + 3Rg} \times \frac{1000\,[\mathrm{kVA}]}{\sqrt{3}\times15\,[\mathrm{kV}]} \times \frac{5}{100} \text{ 에서}$$

$i_{1g} = 10[\mathrm{A}]$이고

$Z_1 = Z_2 = 5[\%]$, $Z_0 = 10[\%]$이므로

$$10 = \frac{3\times100\times100}{5+5+10+3Rg} \times \frac{1000}{\sqrt{3}\times154} \times \frac{5}{100} \text{ 에서}$$

$Rg = 180.83[\%]$(100[MVA] 기준)

이 값을 ohm으로 환산하면

$$\%Z = \frac{Z[\Omega]\times \text{기준}[\mathrm{kVA}]}{(\text{기준}\,[\mathrm{kV}])^2\times10} \text{ 에서}$$

$$180.83[\%] = \frac{Z[\Omega]\times100\times10^3}{(154)^2\times10}$$

$\therefore Z[\Omega] = 428.85[\Omega]$

즉 이 계전기의 순시요소(10[A] tap) 는 고장점 저항 428.85[Ω] 이하인 모든 지락고장에 대하여 동작할 수 있다.

(4) MTr. 2차 6.9[kV]측 중성선 지락과전류 계전기(51N)

(가) 계전기사양

① tape : GCO-C II D5(경보전기 제품)

② 정정범위(순시요소부)

- 전원 tap=0.5-0.7-1.0-1.5-2.0[A]
- time lever=0.5~10

(나) 정정계산

① 전류tap 결정

· 부하불평형 30[%] $\left(\frac{20000}{\sqrt{3}\times 6.9}\times 0.3 = 502[\text{A}]\right)$를 고려하여 전류 tap을 결정하고 이때 최소지락고장전류에 충분히 Relay가 동작된다면 최상의 방법이겠으나 MTr.중성점저항 10[Ω]를 삽입한 저항접지 방식으로서 상전압을 이용하는 부하구성이 될 수 없으므로 실제로 불평형은 거의 없다. 따라서 부하불평형에 의한 전류는 고려하지 않고 최소지락전류에 충분히 동작되도록 Relay tap을 결정하면

· 최대지락전류의 20[%]를 고려하면

$$I_l g = \frac{3\times 100[\text{MVA}]\times 100}{Z_1 + Z_2 + Z_0 + 3Rg}\times\frac{1000}{\sqrt{3}\times 6.9}\times 0.2\text{에서}$$

$$Z_1 = Z_2 = 5[\%] + 10[\%]\times\frac{100[\text{MVA}]}{15[\text{MVA}]} = 71.67[\%]$$

$$Z_0 = 10[\%]\times\frac{100[\text{MVA}]}{15[\text{MVA}]} = 66.67[\%]$$

$Rg = 10[\Omega]$이므로(MTr. 2차 중성점 저항)

이를 100[MVA] 기준 임피던스로 환산하면

$$Rg = \frac{Z[\Omega]\times\text{기준 }[\text{kVA}]}{(\text{기준 }[\text{kV}])^2\times 10} = \frac{10\times 100\times 10^3}{(6.9)^2\times 10} = 2100.4[\%]$$

$$I_l g = \frac{3\times 100\times 100}{2\times 71.67 + 66.67 + 3\times 2100.4}\times\frac{1000}{\sqrt{3}\times 6.9}\times 0.2 = 77.1[\text{A}]$$

계전기에 흐르는 전류는 $77.1\times\frac{5}{200} = 1.93$

$\therefore$ Tap $= 2.0[\text{A}]$

② Time lever **결정** : 6.9[kV] 계통 완전지락 고장시 6.9[kV] Feeder 지락계전기의 동작시간을 0.3[sec] 이하로 보고 이들 계전기와의 시간협조는

· 앞차단기의 동작시간(계전기동작시간 불포함) : 0.1[sec]

· 정정할 계전기의 관성동작시간 : 0.25[sec](OCR의 경우0.1[sec])

· 안정시간 : 0.1~0.2[sec]

을 고려해야 하므로 보통 0.4~0.5[sec] 동안 시간 margin을 두는 것이 일반적이다.

따라서 0.5[sec]의 시간협조를 갖도록 하면 6.9[kV]계통 완전지락시 0.8[sec] 정도면 되므로 6.9[kV]측 완전지락시의 고장전류는

$\frac{3\times100\times100}{2\times71.67+66.67+3\times2100.4}\times\frac{1000}{\sqrt{3}\times6.9}=385.5$[A]이며 계전기 tap전류에

대한 고장전류의 배수는 $\frac{385.5}{2.0\times\frac{200}{5}}=4.819$배 이므로

그림 4-17의 시간-전류 특성곡선에서 time lever는 3이다.

$\therefore$ Time lever = 3

4.3.2 Power center Tr 보호계전기

(1) 6.9(kV)측 과전류계전기(51)

(가) 계전기사양

① Relay type : GCO-C I II D4(경보전기)

② 정정범위

- 한시요소 전류 tap=4-5-6-7-8-10~12[A]
- 한시요소 lever=0.5~10
- 순시요소 전류 tap=20~80[A]

(나) 정정계산

① 한시요소 전류 tap : 변압기 용량의 150[%]로 정정하면 계전기에 흐르는 전류는

$$i=\frac{1500}{\sqrt{3}\times6.9}\times1.5\times\frac{5}{150}=6.27$$

$\therefore$ Tap = 6[A]

② Time lever 결정 : 이 계전기의 time lever결정은 후위계전기의 MTr. 1차(154[kV]측) OCR 및 전위계전기의 480[V] Feeder OCR과 충분히 협조되어야 한다.

우선 MTr. 1차측 OCR과의 협조를 검토하면 6.9[kV]측 3상 단락고장시 154[kV]측 OCR동작시간을 1[sec]로 결정한바 있으므로 이와의 0.5[sec] 협조 margin을 두면 Power center Tr, 1차측 OCR동작시간은 1−0.5=0.5[sec]로 조정하면 된다. 6.9[kV]측 3상단락 고장전력은 139.5[MVA]이므로 이때 Power center Tr. 1차 OCR에 흐르는 전류는 $i=139.5\times\frac{1000}{\sqrt{3}\times6.9}\times\frac{5}{150}=389.1[A]$

이며 tap전류에 대한 배수는 $\frac{389.1}{6}=64.85$배이므로

그림 4-17의 특성곡선에서 0.5[sec]에 상당하는 times lever는 4.5정도임을 알 수 있다.

∴ Time lever = 4.5

③ 순시 tap 결정 : Power center Tr. 2차(480[V])근처 3상 단락고장시 그 고장전류의 200~250[%]에 정정하여야 하므로

$$P_{3\phi}=\frac{100[MVA]\times100}{5+10\times\frac{100}{15}+6\times\frac{100}{1.5}}=21.2[MVA]$$

순시요소 $tap=21.2\times\frac{1000}{\sqrt{3}\times6.9}\times(2.0\sim2.5)\times\frac{5}{150}=118.3\sim147.8[A]$

그러나 OCR순시요소 maximum tap이 80[A]이므로 이에 정정하여 사용하면 Power center Tr. 2차측 3ϕ단락고장시 비대칭분 고장전류에 의하여 오동작을 면하기 어렵다. 그러므로 순시요소는 제거한다.

(2) 6.9[kV]측 지락과전류 계전기(51N)

(가) 계전기사양

① Relay type : GCO-C Ⅰ Ⅱ D5(경보전기)

② 정정범위

· 한시전류 tap=0.5-0.7-1.0-1.5-2.0

· 한시 time lever=0.5~10

· 순시요소전류 tap=무

(나) 정정계산

① 전류 tap 결정 : 최대 지락전류의 20[%] 정도에 동작되도록 하면 6.9[kV]측 지락최대 고장전류는 385.5[A]이므로 Relay에 흐르는 전류는

$$i = 385.5 \times 0.2 \times \frac{5}{150} = 1.285$$

$$\therefore \ \text{Tap} = 1.5[\text{A}]$$

② Time lever 결정 : MTr. 2차 중성선 OCGR과 협조를 고려하여야 한다.
6.9[kV]측 완전지락 고장시 MTr. 2차 중성선 OCGR의 동작시간은 0.8[sec]이므로 이와의 0.5[sec] 협조 margin을 고려하면 0.8−0.5=0.3[sec]로 하면 된다.
6.9[kV]측 완전지락시 고장전류는 385.5[A]이므로 이의 Relay tap전류에 대한 배수는 $\dfrac{385.5}{1.5 \times \dfrac{150}{5}} \fallingdotseq 8.5$배이다.

그림 4-17의 특성곡선에서 0.3[sec]에 상당하는 lever는 1.8배 정도이나 480[V]측 Relay와 협조가 불필요하므로 하향 조정하여 1.0으로 한다.

$$\therefore \ \text{Time lever} = 1.0$$

(3) Power center Tr. 2차(480〔V〕측) 중성선 지락과전류 계전기 (51N)

(가) 계전기사양

① Relay type : GCO-C Ⅱ D5(경보전기)

② 정정범위

- 한시요소전류 tap=0.5-0.7-1.0-1.5-2.0[A]
- 한시 time lever=0.5-10
- 순시전류 tap=무

(나) 정정계산

① 한시전류 tap 정정 : 480[V] 계통의 최소지락 고장전류에 동작하도록 정정한

다. 최소지락 전류를 최대지락고장 전류의 20[%]로 보면

$$I_{1g}=\frac{3\times100\times100}{2\times471.67+400+3\times29948}\times\frac{1000}{\sqrt{3}\times0.48}\times0.2=79.14[A]$$

여기서

$$Z_1=Z_2=5[\%]+10[\%]\times\frac{100}{15}+6[\%]\times\frac{100}{1.5}=471.67[\%]$$

$$Z_0=6[\%]\times\frac{100}{1.5}=400[\%]$$

$$Rg=0.69[\Omega]\times\frac{100\times10^3}{(0.48)^2\times10}=29948[\%]$$

계전기에 흐르는 전류는

$$i_{1g}=79.14\times\frac{5}{200}=1.9785[A]$$

$$\therefore\ \mathrm{Tap}=2.0[A]$$

② Time lever **정정** : 480계통 Feeder인 저압 Induction motor의 지락계전기와 협조되어야 되므로 480[V] 계통 최대지락 고장시 유도전동기의 지락계전기 동작시간을 0.35[sec]로 보고 이와 0.5[sec] margine을 생각하면 0.85[sec] 정도면 충분하다.

480[V] 계통 최대지락 전류에 대한 Relay tap전류 배수는

$\dfrac{395.7}{2.0A\times\dfrac{200}{5}}=4.95$배이며 그림 4-17의 시간-전류 특성곡선에서 0.85[sec]에 대한 time lever는 3이다.

$$\therefore\ \mathrm{Time\ lever}=3.0$$

4.3.3 저압 유도전동기의 보호계전기

(1) 과전류 보호장치

(가) 사 양

① type : DS-208(기중차단기)

② 과전류 Trip장치의 정정범위

· CT정격 : 100-150-200-300-400-600-800[A]

· 장한시 trip 흡인전류

조정범위 : 0.5~1.0배

표준눈금 : 0.5, 0.6, 0.7, 0.8, 0.9, 10배

※ 흡인전류는 C.T정격전류에 대한 배수임.

· 장한시 trip시간(C.T정격의 6배에서)

조정범위 : 5~30[sec]

표준눈금 : 5, 10, 15, 20, 25, 30[sec]

· 단한시 trip 흡인전류

조정범위 : 4~10배

표준눈금 : 4, 5, 6, 7, 8, 9, 10배

· 단한시 trip 시간대

조정범위 : 0.18~0.5[sec]

표준눈금 : 0.18초대(최소시간대)

0.33초대(중시간대)

0.5초대(최대시간대)

· 순시 Trip 흡인전류

조정범위 : 4~12배

표준눈금 : 4, 5, 6, 7, 8, 9, 10, 12배

· 접지 Trip 흡인전류

조정범위 : 0.2배(고정)

· 접지 Trip 시간대

조정범위 : 0.18~0.5[sec]

표준눈금 : 0.18[sec](최소시간대)

0.33초대(중시간대)

0.5초대(최대시간대)

* 모든 흡인전류는 C.T정격전류에 대한 배수로 나타냈다.

(나) 정정계산

피보호설비인 저압 유도전동기의 정격 및 특성을 아래와 같다고 보면

· 정격전압 : 0.48[kV]
· 정격용량 : 200[kW](역율0.85)
· 시동방식 : 직접기동
· 기동특성 : 그림 4-25 참조

① **CT정격전류 선정** : 기중차단기 정격전류 선정기준인 콘덴서 등에 의한 고조파전류와 전압변동 등을 고려하여 유도전동기 정격전류의 135[%] 정도로 선정하면 다음과 같다.

$$\frac{200}{\sqrt{3}\times 0.48\times 0.85}\times 1.35 = 382[A]$$

$$\therefore \text{ CT정격전류} = 400[A]$$

② **동작전류 및 시간조정** : 그림 4-25와 같이 저압 유도전동기의 기동전류 특성과 협조되고 전원측 계전기와 협조되도록 각 요소들을 정정한다.
그림 4-25에 의한 정정결과를 표시하면 표 4-5와 같다.

표 4-5 과전류 Trip장치 정정표

A, B, C Type	C.T 정격	정정치 / 요소	흡 인 전 류 (C.T정격의 배수)	Trip 시간
DS-208	400A	장 한 시	0.9	10[sec](6배)
		단 한 시	6	0.33[sec] 대
		순 시	10	0.05[sec]
		접 지 보 호	0.2(고정)	0.33[sec]

표 4-5와 같이 정정할시 그림 4-25에서 유도전동기의 시동전류특성 및 전원측 OCR, OCGR과 잘 협조됨을 알 수 있다.

(2) 저전압 계전기(27)

(가) 계전기 사양

① 계전기 Type : CVU-CDI(경보전기)

② 정정범위

· 전압 tap : 60-65-70-75-80[V]

· time lever : 0.5～10

(나) 정정계산

① 전압 tap : 정격전압의 75[%]에 정정하면 P.T Radio 480/110[V] 일때

$$V = 100[\mathrm{V}] \times 0.75 = 82.5[\mathrm{V}]$$

$$\therefore\ \mathrm{Tap} = 80[\mathrm{V}](\mathrm{max.\ tap})$$

② Time lever : 전원계통의 사고 등으로 인한 순간적인 전압강하에 동작하지 않아야 하며 일반적으로 무전압이 될 경우 1～2[sec] 정도되게 정정하면 협조는 무난하다.

그림 4-18의 특성곡선에서 정격전압의 0[%]일 때 1.6[sec] 정도되는 lever는 2이다.

$$\therefore\ \mathrm{time\ lever} = 2.0$$

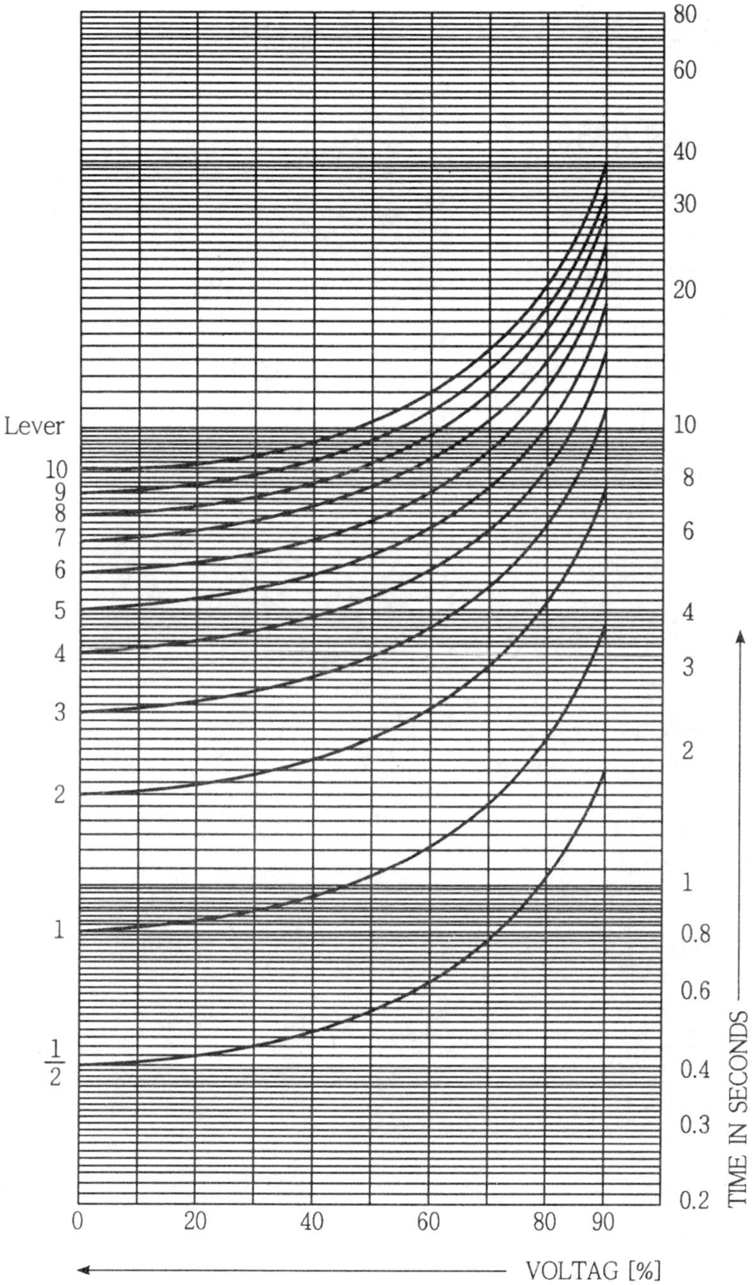

❖❖ 그림 4-18 Under Voltage Relay ❖❖

4.3.4 고압 유도전동기의 보호계전기

(1) 과전류계전기(50/51)

(가) 계전기 사양

① Type : IOM-CB1(Hitachi)

② 정정범위

- 한시요소 전류 tap : 2.5-2.8-3.1-3.5-4-4.5-5.0[A]
- Time lever : 1～10
- 제1순시요소 : 20～80[A]
- 제2순시요소 : 4～16[A]

(나) 정정계산

피보호설비인 6.9[kV] 고압 유도전동기의 정격 및 특성을 다음과 같다고 할 때

- 정격전압 : 6.9[kV]
- 정격용량 : 1,000[kW](역률 0.85)
- 기동방식 : 직접기동
- 기동특성 : 그림 4-24 참조

① 한시전류 tap : 고압 Motor 정격전류의 115[%]에 정정하면

$$i = \frac{1000}{\sqrt{3}\times 6.9\times 0.85}\times 1.15\times \frac{5}{150} = 3.77[\mathrm{A}]$$

$$\therefore \ \mathrm{tap} = 4[\mathrm{A}]$$

② 한시 time lever : 그림 4-24의 고압 유도전동기 기동특성과 협조시켜야 되므로 그림 4-19 및 4-24에서 time lever는 2.5 정도가 적당하다.

$$\therefore \ \text{Time lever} = 2.5$$

③ 제2순시요소 : Motor 정격전류의 250[%]에 정정하면

$$i = \frac{1000}{\sqrt{3}\times 6.9\times 8.5}\times 2.5\times \frac{5}{150} = 8.20[\mathrm{A}]$$

∴ 제2순시요소 = 8[A]

④ 제1순시요소 : 이 Motor의 시동전류는 정격전류의 5.5배, 돌입전류는 시동전류의 1.5배 정도이므로 (그림 4-24)참조

$$\text{제1순시요소} > \frac{100}{\sqrt{3}\times 6.9\times 0.85}\times 5.5\times 1.5\times \frac{5}{150} = 27.06$$

를 만족하면 된다. 따라서 제1순시요소는 27.06[A]보다 크고 Motor근처 단락 고장에 충분히 동작하도록 한다.

6.9[kV]측 2상 단락 고장 전류는 3ϕ 단락 고장전력이 139.5[MVA]이므로

$$I_{2\phi} = 139.5\times\frac{1000}{\sqrt{3}\times 6.9}\times\frac{\sqrt{3}}{2}\times\frac{5}{150} = 336.9[A]$$

∴ 제1순시요소 = 40[A]

(2) 지락과전류 계전기(51N)

(가) 계전기 사양

① type : GCO0C Ⅱ D5(경보전기)

② 정정범위

- 전류 tap : 0.5-0.7-1.0-1.5-2.0[A]
- Time lever : 0.5~10
- 순시 tap : 없음

(나) 정정계산

앞의 Power center Tr. 1차 6.9[kV]측 OCGR과 같게 정정한다.(그림 4-24 참조)

∴ Tap = 1.5[A]

Time lever = 1.0

(3) 저전압계전기(27)

(가) 계전기 사양

① Relay type : GVU-CD1(경보전기)

② 정정범위

· 전압 Tap : 60-65-70-75-80[V]

· Time lever : 0.5~10

(나) 정정계산

앞의 저압 유도전동기 UVR과 같게 정정한다.

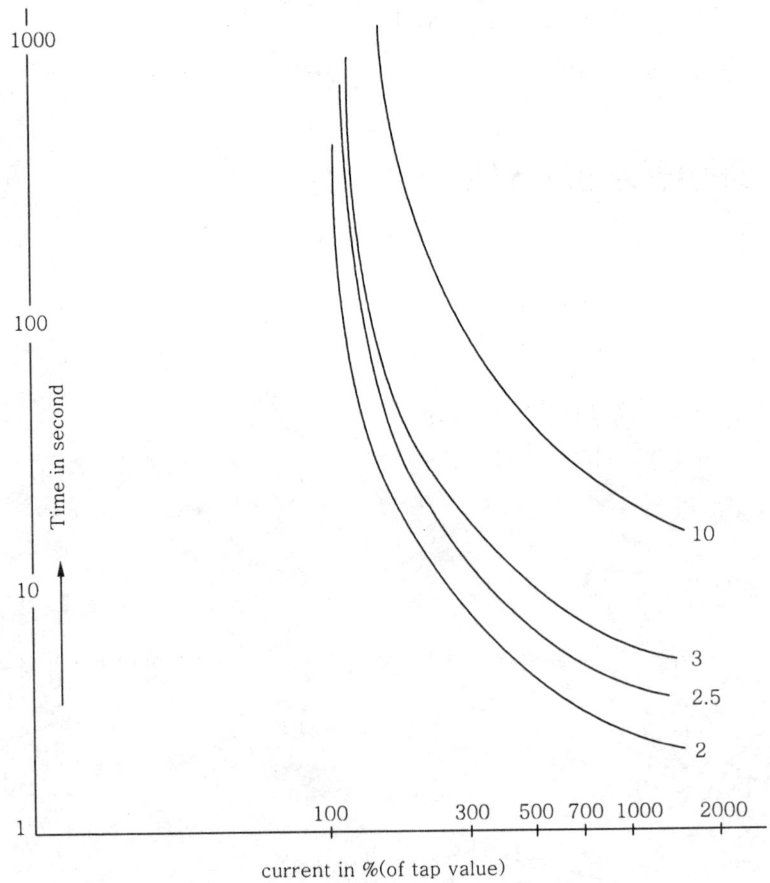

❖❖ 그림 4-19 IOM-CBI Type OCR 특성곡선 ❖❖

4.3.5 비상발전기의 보호계전기

(1) 보호단선도

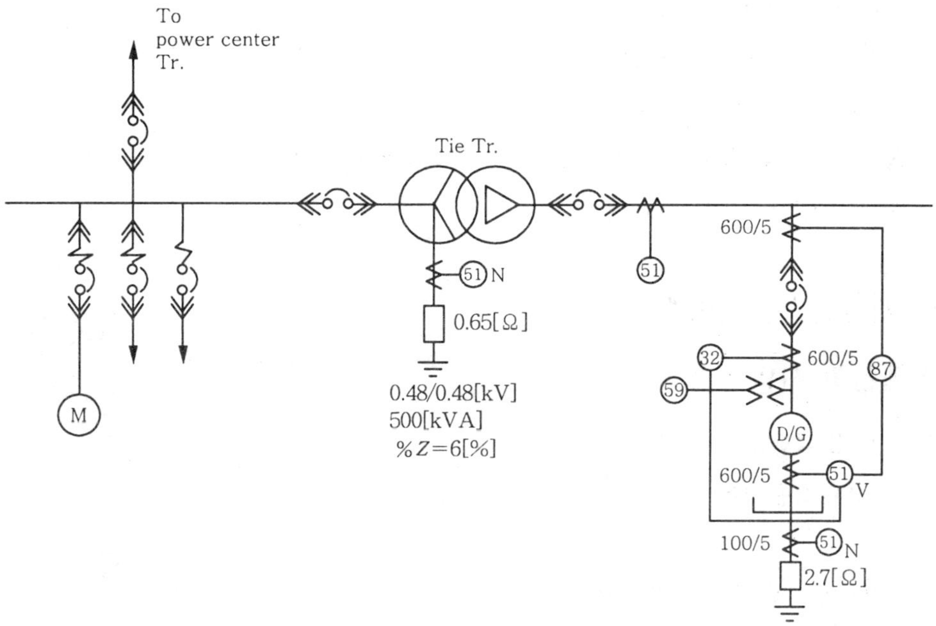

❖❖ 그림 4-20 보호단선도 ❖❖

(가) 운전조건

발전기는 계통과 병렬 운전되지 않으며 계통정전시 비상용 중요부하만 공급된다.

① Tie Tr.의 **적용목적** : 발전기 단자전압과 공급전압이 같으므로 원칙적으로 Tie Tr은 생략하여도 되나 480[V]측 지락보호장치의 원활한 동작을 위하여 지락고장전류를 증가시켜줄 필요가 있다. 즉 1선 단전지락시 약 400[A] 정도의 고장전류를 보장하기 위해서는 Tie Tr을 설치하고 2차 결선을 Y결선하여 그 중성점에 0.65[Ω]의 저항을 삽입하여 접지한다.

참고로 제너레이터 단자전압으로 직접 공급시 Gen. 중성점 전류를 100[A]로 제한하였으므로 480[V]측 지락계전기의 동작이 불확실하다.

(나) Generator Data

① 원동기장치 : Diesel engine

② 발전기형식 : 동기 발전기

③ 정격전압 : 480[V]

- 정격전류 : 451[A]
- 정격용량 : 300[kW](p.f=0.8)

④ Impedance(all self base)

- Xd : 50[%], Xd' : 16.1[%], Xd'' : 10.5[%]
- X_2 : 10.5[%], X_0 : 6[%]

(2) 차동계전기 정정

(가) 계전기 사양

① Type : CA(Westing House)

② 정정범위 : 동작치 고정

③ 특 성

- 동작시간 : 6~8[Hz](60[Hz] 기준)
- 동작감도 : 동작비율 10[%]
- 최소동작전류 : 0.18[A] for 10[%] relay

(나) 정정계산

발전기 1, 2차측 C.T의 특성 및 전류비를 모두 같게 적용하여야 하며 따라서 정상운전 또는 외부고장시 계전기 유입·유출전류 동일함으로 따로 정정할 필요가 없다.

단, 동작비율이 10[%]인 계전기이므로 C.T Error가 10[%] 이내인 C.T를 적용하여야 한다.

(3) 전압제어부 과전류계전기(51V)

(가) 계전기 사양

① Type : COV-8(Westing House)

② 정정범위

· Drop out전압 : 80~100[%]

· 전류 tap : 2~6[A]

· time lever : 0.5~11

(나) 정정계산

이 계전기는 발전기의 과부하와 단락고장에 대한 후비보호를 겸하게 됨으로 모두 만족하여야 한다.

① 전압요소 Setting : Voltage Unit의 Operating Voltage조정은 계전기에 내장된 레지스터를 가감하여 조정한다. 이 계전기는 발전기 과부하를 겸하게 됨으로 정격전압의 100[%]에 놓는다.

$$\therefore \text{ Operating Voltage} = 110[\text{V}]$$

* 참고로 이 계전기가 단락후비보호만을 목적으로 설치된다면 동작전압 정정은 부하변동등에 의한 전압강하에 오동작하지 않도록 정격전압의 80[%]정도에 정정하는 것이 보통이다.

② 전류 tap 정정 : 발전기 정격전류의 150[%]에 정정하면 계전기에 흐르는 전류는 다음과 같다.

$$\frac{375}{\sqrt{3}\times0.48}\times1.5\times\frac{5}{600} = 5.638[\text{A}]$$

$$\therefore \text{ tap} = 5[\text{A}]$$

③ 한시 lever 정정 : Time lever 정정은 발전기 과부하 시간특성과 협조되고 Tie Tr 1차 및 480[V] 부하의 단락보호계전기와 협조되어야 한다.

480[V] 부하(저압Motor)근처 3ϕ 단락 고장전류는

$$I_{3\phi} = \frac{100\times100}{5493.3}\times\frac{1000}{\sqrt{3}\times0.48} = 2190[\text{A}]$$

이며 단, $Z_1 = Z_{G1} + Z_r = 16.1\times\frac{100}{0.375} + 6\times\frac{100}{0.5} = 5493.3[\%]$

이때 저압 모터보호용 단락보호장치의 순시요소 동작시간은 0.33[sec]이며 협

조 margin은 Tie Tr. 1차 OCR을 고려하여 $0.33+0.5+0.5=1.33$[sec] 이상이면 충분하다.

고장전류의 계전기 tap 전류에 대한 배수는 $\dfrac{2190[A]}{5\times\dfrac{600}{5}}=3.65$배 이므로 3.65배에서 1.33[sec] 이상(1.8[sec])되는 Time lever는 그림 4-21의 특성곡선에서 3이면 충분하다.

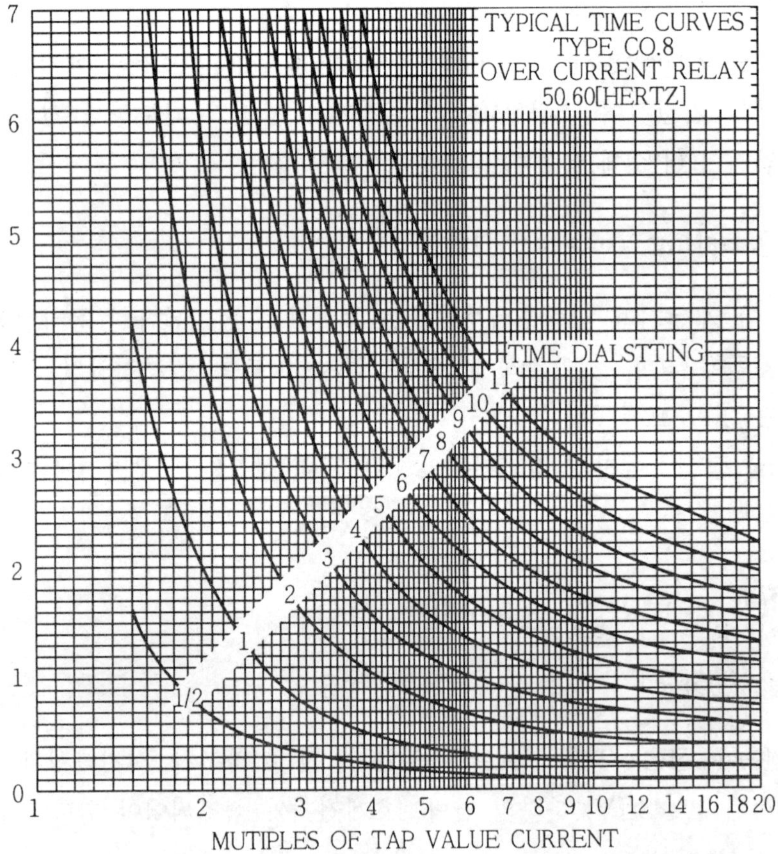

❖❖ 그림 4-21 COV-8 Type RY 특성곡선 ❖❖

∴ Time lever = 3

참고로 발전기 모선근처 3ϕ 단락고장시 발전기 부하특성과의 협조를 검토하면

$$I_{3\phi} = \frac{100[\text{MVA}]\times 100}{4293.3} \times \frac{1000}{\sqrt{3}\times 0.48} = 2802[\text{A}]$$

단, $Z_1 = 16.1[\%] \times \frac{100}{0.375} = 4293.3[\%](100[\text{MVA}_{\text{base}}])$

이 고장전류에 대한 계전기 동작시간은 그림 4-21에서 1.3[sec] 정도이다.

발전기 과부하특성은 일반적으로 소용량인 경우 표 4-6과 같으며 고장전류의 발전기 정격전류에 대한 배수는 $\frac{2802[\text{A}]}{451[\text{A}]} = 6.21$배로서 표 4-6에서 발전기가 견딜 수 있는 과부하시간은 5~6[sec] 정도로 충분하다.

표 4-6 발전기 과부하 특성

정격전류의 배수	시간(초)	정격전류의 배수	시간(초)
110[%]	연속	300[%]	10[S]
150[%]	60[S]	500[%]	6[S]
200[%]	25[S]	1000[%]	5[S]

(4) 발전기 지락과전류 계전기(51N)

(가) 계전기 사양

① Relay type : GCO-C II D5(경보전기)

② 정정범위

- 전류 tap : 0.5-0.7-1.0-1.5-2.0[A]
- time lever : 0.5~10

(나) 정정계산

① 전류 tap 정정 : 보호구간내 최소 고장전류를 검출하여야 하므로 최대 고장전류의 20[%]로 보면

$$I_{1g} = \frac{3\times 100\times 100}{4293.3 + 2800 + 1600 + (3\times 117187.5)} \times \frac{1000}{\sqrt{3}+0.48} \times 0.2 = 20[\text{A}]$$

이며 단, $Z_{G1} = 16.1\times \frac{100}{0.375} = 4293.3\%[\%]$

$$Z_{G2} = 10.5\times\frac{100}{0.375} = 2800[\%]$$

$$Z_{G0} = 6\times\frac{100}{0.375} = 1600[\%]$$

$$R_N = 2.7\times\frac{100\times10^3}{10\times(0.48)^2} = 117187.5[\%]$$

계전기에 흐르는 전류는 $20\times\frac{5}{100} = 1.0[A]$

$\therefore$ tap = 1.0[A]

② Time lever 정정 : 이 계전기는 타 계전기와 협조가 불필요함으로 진동 등에 의한 오동작이 되지 않는 범위에서 최소로 정정한다.

최대 고장전류의 계전기 tap 전류에 대한 배수는 $\frac{100[A]}{\frac{100}{5}} = 5.0$배

500[%]에서 0.3[sec] 정도 되게 하려면 그림 4-17에서 1.0정도이다.

$\therefore$ Time lever = 1.0

(5) 역전력계전기(32)

(가) 계전기 사양

① Relay Type : CW(Westing House)

② 정정범위

- Watt tap : 20-30-40-60-80-100-120[Watt]

  (Watt = $I_L \cdot V_L \rightarrow \sqrt{3}$ × Single phase watt)

- Time Dial : 0.5~11

(나) 정정계산

① Watt tap 정정 : Diesel generator가 motoring되는데 요하는 전력을 정격의 25[%](기준치)로 보고 이 값의 50[%] 정도에 동작하도록 하면

$$W_{3\phi} = 300[kW]\times10^3\times0.25\times0.5\times\frac{5}{600}\times\frac{110}{480} = 71.6[W]$$

그러나 이 계전기는 $W=I_L \cdot V_{LL}(=\sqrt{3}\times$ single phase watt)로 정정되므로

$$W=\frac{71.6}{\sqrt{3}}=41.3[\text{Watt}]$$

$\therefore$ Watt tap $=40[\text{W}]$

② Time dial setting : 계통 병입을 위해 기동중 또는 병렬운전시 계통동요에 의한 오동작을 방지하기 위해 원동기 입력 완전차단시 5[sec] 정도에 동작하도록 하면 원동기 입력 완전차단시의 전력은

$$W=300[\text{kW}]\times 10^3\times 0.25\times\frac{5}{600}\times\frac{110}{480}\times\frac{1}{\sqrt{3}}=80[\text{W}]$$

이 계전기 tap전력에 대한 배수는 $\frac{80[\text{W}]}{40[\text{W}]}=2.0$배 이며 그림 4-22의 특성곡선에서 dial은 4이다.

$\therefore$ Time dial $=4$

(6) 과전압계전기(59)

(가) 계전기 사양

① 계전기 Type : GVO-CD1(경보전기)

② 정정범위

· 전압 tap : 110-120-130-140-150[V]

· Time lever : 0.5~10

(나) 정정계산

① **전압 tap 정정** : 보통 제너레이터의 continuous over voltage는 정격의 105~110[%]정도이나 안전을 위하여 120[%]로 놓는다.

$$V=110[\text{V}]\times 1.2=132[\text{V}]$$

$\therefore$ 전압 tap=130[V]

② Time lever **정정** : 외부사고 또는 계통 동요시 요동치 않도록 동작시간을 정

한다. 보통 tap 전압의 120[%] 전압에서 2[sec] 정도면 협조가능하다. 그림 4-22에서 time lever는 0.8이다.

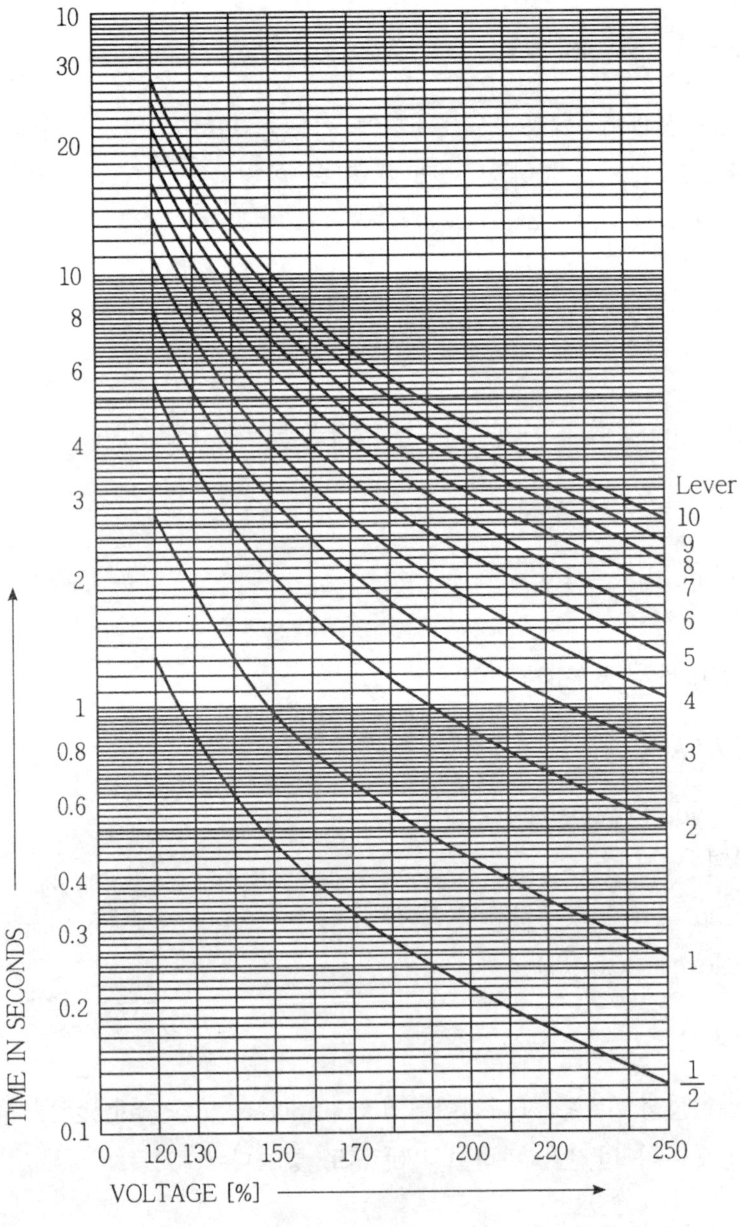

❖❖ 그림 4-22 OVER VOLTAGE RELAY ❖❖

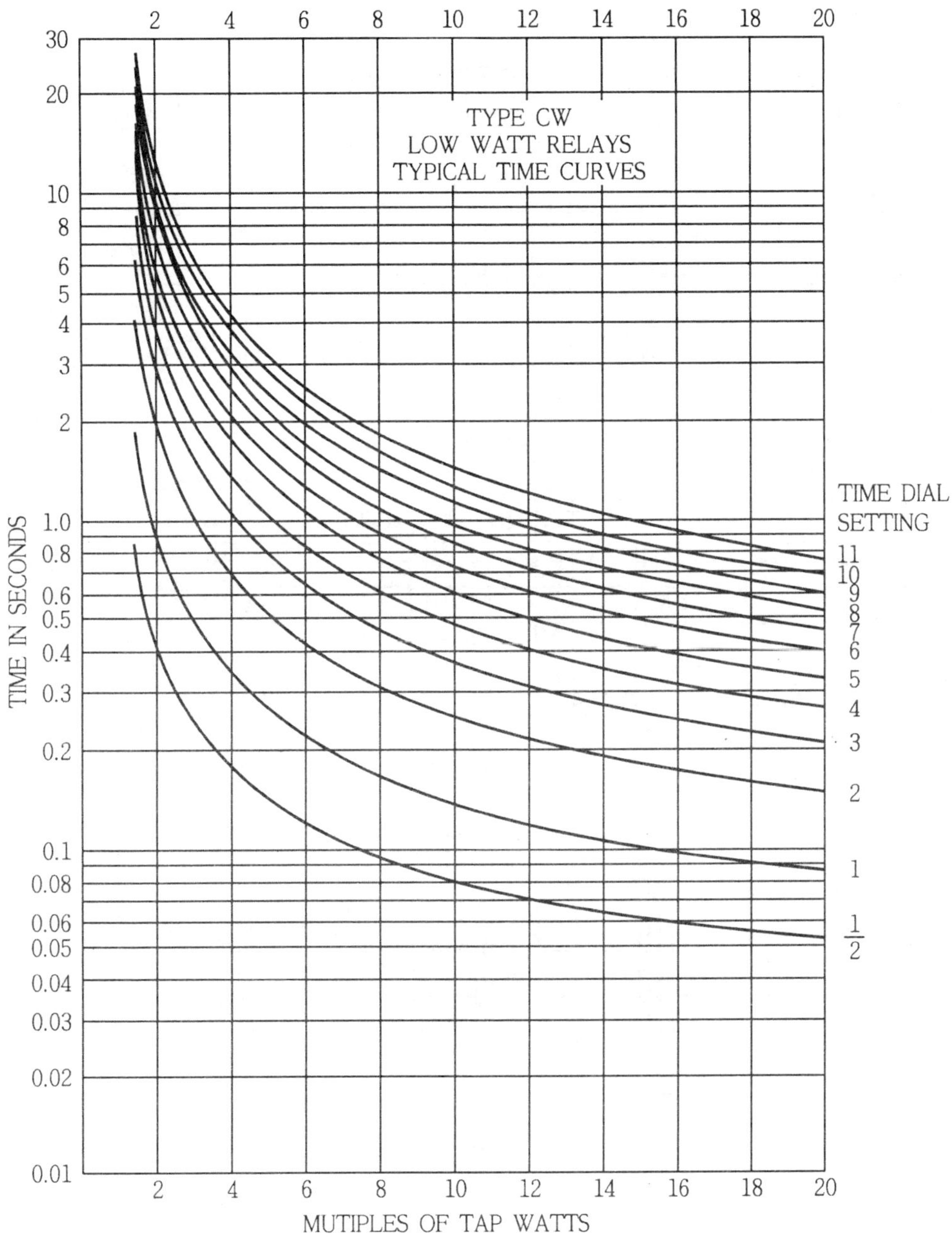

❖❖ 그림 4-23 Typical 60 cycle Time Curves of the 20-120 and 35-200 watt Type CW Relay ❖❖

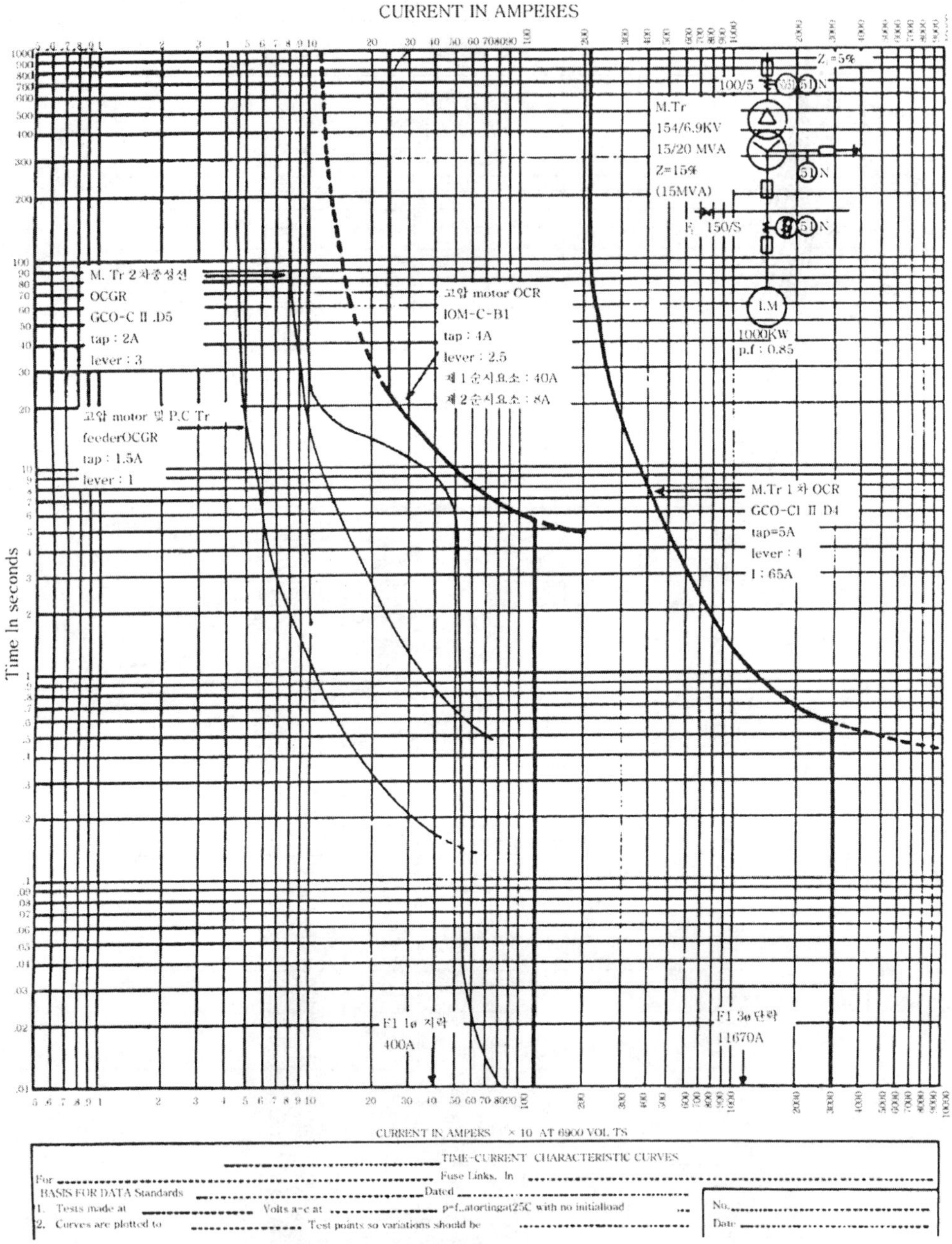

❖❖ 그림 4-24 과전류계전기 협조곡선(고압전동기 수전계통) ❖❖

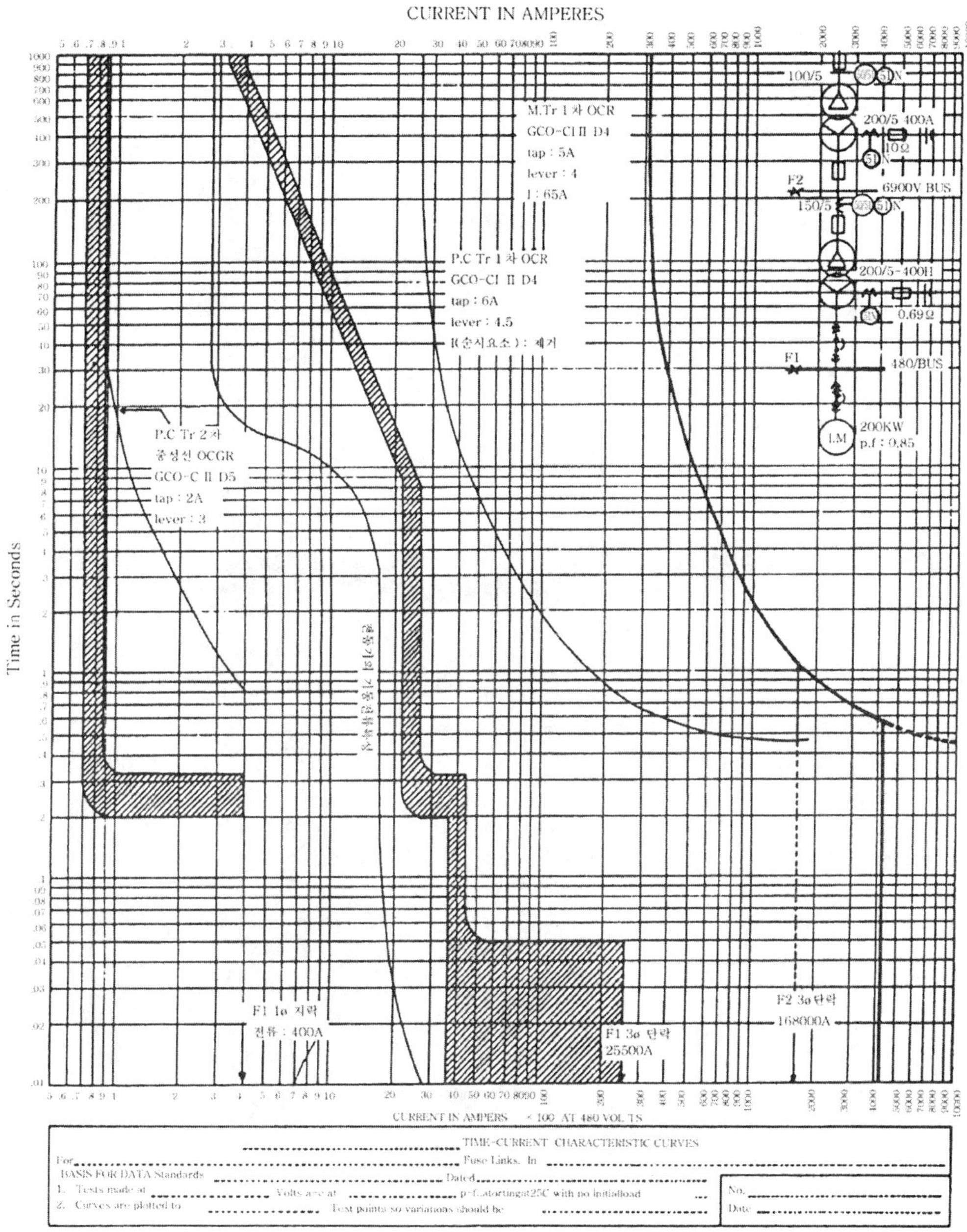

❖❖ 그림 4-25 과전류계전기 협조곡선(저압 모터 수전계통) ❖❖

찾아보기

ㅊ

ㅋ

ㅌ

ㅍ

ㅎ

전철변전시스템공학

2006. 1. 16 인쇄
2006. 1. 19 발행

저 자 : 박창옥 · 유근배 공저
발행자 : 이진권
발행처 : 도서출판 **태영문화사**
주 소 : 서울특별시 강서구 방화2동 589-19
전 화 : 2661-8751
F A X : 2661-8798
등 록 : 1998년 11월 12일 제 2-2682호

정가 15,000원

ISBN 89-91656-13-7